国家社科基金艺术学项目丛书

2018年度国家社科基金艺术学一般项目

“北宋男服‘百工百衣’式样图绘及其构建思想研究”（18BG112）阶段性成果

黄河流域服饰文明的一朵奇葩

“百工百衣”风尚图考

黄智高◎著

中国纺织出版社有限公司

内 容 提 要

提起职业服装，人们首先会想到西装革履、夹克西裤，这似乎是长期以来不能更替、大范围适用的成熟形制。殊不知，在距今千年的北宋，有一种职业男装风貌则以更丰富的形态走向成熟，成为当时的世界时尚，一度被海外人士跟风效仿。这就是“诸行百户，衣装各有本色”的“百工百衣”。这是一种中华特色鲜明、体系完善、功效突出，大可择优植入当代职业生活方式的服饰风尚。对此风貌，作者历时多年进行了深入调研与考证，收集了大量历史实证图像与文献资料，在参考前人成果和纵横向比较的基础上，产出了一系列研究成果，其核心内容凝结为这部以图证为核心，涵盖其溯源、内容、建构、海外传播与比较启发等板块的宋代职业风尚史作品。本书所采集的图例广泛且精美，细节展示丰富，表达信息多元，对每个行业类别均做了前后多代、内容多样的推敲与考证，呈现了“百工百衣”这一黄河流域服饰文明奇葩的跨时空魅力，令人近距离、多视角感受宋代服饰文明绵延不尽的历史价值。

图书在版编目（CIP）数据

“百工百衣”风尚图考／黄智高著．--北京：中国纺织出版社有限公司，2021.11

（国家社科基金艺术学项目丛书）

ISBN 978-7-5180-9002-0

Ⅰ.①百… Ⅱ.①黄… Ⅲ.①制服－服饰文化－研究－中国－宋代 Ⅳ.①TS941.732-092

中国版本图书馆CIP数据核字（2021）第208173号

责任编辑：宗　静　　苗　苗

责任校对：王蕙莹　　责任印制：王艳丽

中国纺织出版社有限公司出版发行

地址：北京市朝阳区百子湾东里 A407 号楼　邮政编码：100124

销售电话：010—67004422　传真：010—87155801

http://www.c-textilep.com

中国纺织出版社天猫旗舰店

官方微博 http://weibo.com/2119887771

北京华联印刷有限公司印刷　各地新华书店经销

2021 年 11 月第 1 版第 1 次印刷

开本：889 × 1194　1/16　印张：17

字数：248 千字　定价：198.00 元

PREFACE 序

宋代多被学界认为“积贫积弱”，甚至文学艺术作品也常不能正面视之。但当我们将视角转向深入，进行专题化的比较研究时却会发现，这个朝代有很多可圈可点、值得中国人引以为傲的地方，特别是在教育、科学技术、艺术文化以及经济水平等诸多方面都达到了封建社会的高峰。史学家邓广铭曾对此评价说：“两宋期内的物质文明和精神文明所达到的高度，在中国整个封建社会历史时期之内,可以说是空前绝后的。”英国科技史专家李约瑟还指出：“在技术上，宋代把唐代所设想的许多东西都变成现实。”这不得不令人产生丰富的想象。作为想象的依据有很多来源，其中被誉为中华第一风俗画作的《清明上河图》就以十分生动、真实直观的画面为我们呈现了北宋繁荣发达的社会世态，直接或间接地传递了上述史学家所评述的信息内容，诸多内涵值得深入研究，这成就了一门学问，即“清明上河学”。对此专题，大量学者从不同角度发力探索，产出了丰富的研究成果。其中，人物形象也受到了深切关注，其数百种不同形象启发了“百工百衣”概念的提出，以其为典型实例，宋代衣冠的丰富性分析渐次展开。但是，就“百工百衣”的相关研究大多浅尝辄止，缺少更深入的专题研究。这应该是受困于历史资料的缺乏。宋代距今时隔千年，历史跨度较大，存留服饰实物资料多以豪门贵族为主体，平民实证不足，文献记载也不够翔实，所以研究起来难有突破，这也是大多数宋代研究成果以上层阶级为主而缺乏平民阶层成果的主要原因。难能可贵的是，作为青年学者的黄智高因兴趣驱使能迎难而上，展开了具有一定广度和深度的“百工百衣”风尚研究，这将会充实宋代平民服饰的研究成果，特别是其专题性展开的男性百工服饰研究将会为我国传统职业男装资源的丰富与拓展提供一定的支撑。他的这项研究是其所主持的2018年度国家社科基金艺术学一般项目“北宋男服‘百工百衣’式样图绘及其构建思想研究”中的阶段性成果，也是国家社科基金艺术学项目中的第一项男装专题研究。研究过程中，他和他的团队通过交叉研究策略实施，从其他学科成果及存世文献中获得了有效的资源支撑，更通过中外古今比较获得了不少旁证启发，从而在服饰领域历史实证不足的情况下取得了一定突破。经过黄智高团队的努力，一些具有说服力的图像实证和文献资料凝聚在同一方向，再结合其前期理论研究成果，以当代行业分类和历史学建构视角继以精心爬梳，这本书的内容便被构建起来。不少内容细节都是首次探索，具有一定的基础性价值。

宋代职业男服是一个庞大的文化体系，其传承于唐代并在新型社会力量的支撑下完成了系统蜕变，具有鲜明的时代特色。其中的“百工百衣”风尚堪称中华服饰的一大奇观，是黄河流域服饰文明的一个典型代表，承载信息十分丰富。黄智高的这本专著也就此提出了以下值得肯定的学术观点：

其一，在新儒学思想指导下，北宋男服不只是单纯生活意义上的服装，相对女服来说更是规范社会发展秩序的工具，内蕴了北宋社会发展变迁以男性为主导的文化解码，是以中原地区为核心的社会建构形成的一面镜子。

其二，“百工百衣”现象从侧面揭示了职业服饰的社会作用和价值，它既是北宋经济社会发达状态的一种具象描述，更是北宋服饰职业风尚的典型映像。

其三，“百工百衣”有着自己独特的、以儒学为核心的服饰构建思想体系，对其进行挖掘、提炼和传播有利于改善中国服装设计师盲目追随西方设计哲学与方式的现状。

其四，“百工百衣”暗含中华职业男装的渊源与基因构成，历经南宋及元明多代稳定演绎，沉淀为经典，是当今中华风格服饰承继发展的宝贵给养，同时对其他各类服饰创新也会有着积极的影响和促进。

这本书的图文资料来源丰富，问题思考有代表性，能为服饰领域的学术研究及教学实施提供相关灵感。同时，其在“百工百衣”的行业分类中采用了古今比较且融合的方式，即对行业大类划分采用当今习惯，以便与当代行业职业形象做出比较，提供借鉴及启发；而对于具体小类则采用了古代习惯，以便使人借古时社会语境对其行业存在、职业岗位等内涵和特征予以准确理解。这为当今行业的职业服饰研发提供了难得的历史资料，也为社会其他领域人士了解古代社会职业形象提供途径，并开阔了他们的眼界。

东华大学服装与艺术设计学院教授、博士生导师

2021 年10月于上海

CONTENTS 目录

绪论

众所周知，中国古代素有“衣冠上国”之称，特别是唐代时万邦来朝，更使中华服饰得以融汇各国、各民族服饰艺术与文化精华，组合、分化出日益多样的服饰系列，在中国服饰史上留下了浓墨重彩的一笔，至今国际社会在一定程度上对中国服饰还以“唐装”代称。

但是，从本质上来讲，唐代服饰并不具备划时代的意义与价值，这需要究其实质。唐代服饰的异彩纷呈多因胡服元素的渗入、并置，胡服的中原多样化发展是其繁荣的关键。其实在南北朝及隋代就有如此迹象，只是不如唐代那样繁盛。所以，我们应将视角再往后代社会移动一下，多看看宋代，笔者认为这里才是具有划时代、本质化意义的服饰变革期。也就是说中国古代的“衣冠上国”之称，宋代贡献重大。

就此，我们可以从多个视角进行探讨。

其一，唐代服饰被宋代大幅度延续并拓展。宋代承继了汉唐之旧，并做出了较大程度的创新。其中，除了上流社会服饰的多样化和创新发展外，民间服饰也发挥了很大的作用。例如，百工服饰实现了“百工百衣”的职场盛貌，此前也有多样化百工服饰，但远不如宋代的“百工百衣”。可以这样说，唐代服饰中除了占比甚小的统治阶级更为富丽外向的服饰风格在宋代少有延续外（如女装之色彩、图案等），其他服饰精粹多得以承继（图0-1~图0-3），中华文化也深植其中，且在新的技术和理念支撑下得到了充分的创新性发展和创造性转化。所以，宋代服饰既包含唐代服饰精华，且有独特的创造改进，展现了中华服饰开放包容、与时俱进的先进特质，开启了服饰形制近世化的新时

▲图0-1 《摹张萱捣练图》（局部，北宋，赵佶，美国波士顿美术博物馆藏）中的女装及其比较图
该局部图展现了《摹张萱捣练图》中的系列女装，其虽源于唐代女装，但其质料、色彩等风格已经宋代化（可参校其画面右上部的比较图：《孝经图长卷》局部，北宋，李公麟，美国纽约大都会艺术博物馆藏）。此着装风格还可参校图0-2、图0-3。

▲图0-2 《捣衣图》（局部，南宋，牟益，台北故宫博物院藏）中的女装
该局部图中的女装出现于南宋，其中女性体态、服饰搭配、材质风格等均类似唐代。

▲图0-3 《仿周昉戏婴图卷》（局部，南宋，佚名，美国纽约大都会艺术博物馆藏）中的女装
该局部图中的女装虽摹写唐人周昉，但其服饰质料、色彩等风格元素已经呈现浓厚的宋代特征，可鲜明标识宋服的承继与发展之所在。

代。纵观唐宋可以觉察，随着中唐以后社会经济的日渐衰微，中华服饰风貌在越来越浓厚的、哲学化的儒学背景下就已经走向了内敛，直至宋代形成了深度理性的服饰面貌（图0-4、图0-5）。所以，在较长历史阶段中，中华服饰风格更以理性内敛为主体，这才是本质化、基因化的特征。

▲图0-4 《女孝经图》(局部，南宋，佚名，北京故宫博物院藏) 中的帝后及职役服饰

在哲学化的宋学影响下，宋代服饰体系承上启下，传承并升华了中华服饰物质内容和文化内涵。该局部图中的帝后服饰承继上衣下裳服制并进行了以宋学为基础的革新发展。职役服饰大幅度传承自唐代，在细节上也有更新。

▲图0-5 《春宴图》(局部，南宋，佚名，北京故宫博物院藏) 中的士大夫及职役服饰

该局部图展现的是宋代士大夫及其附属职役的典型服饰形象。其中的交领与圆领袍服共处，职役幞头有了新式样，低帮鞋搭配白裤成为普及套装，整体色彩呈现高明度、低纯度特征。

其二，宋代的服饰创造更具有可持续性。宋代服饰不仅延续了汉唐精华，还充分应用新的科学技术与“致用利人”的理性思维进行了融合性的“胡汉融通”改进，使胡服元素隐性融入其中，发展了襻膊、缚袖、勒帛、短摆小袖衫、头巾等功效性服饰，提升了其科学性、适用性、先进性，实现了胡服的本土化和民族化改造，体现了文化自信和创新自觉（图0–6）。特别是其中质朴俭约并融合中医养生思维的特性更凸显了社会责任感，具有可持续性，因此更具有后世示范性。如此比较，唐代感性的华丽外向风格似乎只是昙花一现，并未发挥重要的历史推动作用。

其三，宋代服饰得到更为广泛的传播与发展。这一点可在后文“百工百衣”风尚的中日古今比较中获得认知，可见其魅力与生命力之强大，其中的衣裤装形制、质朴风格、高明度低纯度色彩系列、“便身利是”的造物观念等诸多先进要素在后世，甚至今天依然被承继、发展（可借当代市场的新中式服饰作参校）。

以上比较可以鲜明感知宋代服饰的先进性与生命力，这是基于宋代在中国古代历史上的独特地位和发达社会境况而成就的。也许，当今中华服饰形象或元素的勃兴延续可从宋代服饰中汲取更丰富的营养与灵感。

宋代，是中国封建社会经济最繁荣、科技最发达、文化艺术最兴隆、人民生活最富裕的朝代，

▲图0–6 《小庭婴戏图》（局部，南宋，佚名，台北故宫博物院藏）中的孩童服饰

该局部图中的人物形象虽为孩童，但蕴藏了极有价值的信息。其服饰以短窄的衣裤装为主体，舒适便捷的小袖褙子上衣形制充分吸纳了胡服缺胯结构，融合汉儒服饰观念，建构了新型的服饰形态，成为后世成人服饰借鉴、发展的形制基础。

也是封建社会不抑商的朝代。史学大师陈寅恪认为："华夏民族之文化，历数千载之演进，造极于赵宋之世。"❶史学家邓广铭谈道："两宋期内的物质文明和精神文明所达到的高度，在中国整个封建社会历史时期之内，可以说是空前绝后的。"❷科技史学家李约瑟也赞叹："谈到11世纪，我们犹如来到最伟大的时期。"❸他还指出："在技术上，宋代把唐代所设想的许多东西都变成现实。"❹由此可以想象宋代所处的历史高峰，也可想象作为社会文明重要发展成果的宋代服饰会有着怎样的含金量。

可以说，此时的中华衣冠经过数千年的演绎，已逐步成为中华观念、中华方式和中华元素等经典内容的深厚载体，从而支撑后来的广大学者展开的价值丰足的系列研究。但研究成果多与统治阶级相关，平民相关成果并不多见，特别是对凝结了民生元素、礼序等差、行业管理、思想信仰、人文精神等多层次经典内容的"百工百衣"职业服饰风尚更是所及寥寥。基于此，本研究避开主流视角，试从中华衣冠经典的平民职业服饰传承、发展与成熟化呈现角度，针对"百工百衣"风貌进行系列挖掘与探讨，力图取得平民职业衣冠物质文化、职业价值观念与道德规范等经典内容的研究成果。

"百工百衣"，是古代社会广大平民阶层努力冲破统治枷锁，广开经济门路，团结协作，谋求家庭发展，进行高度职业化建设的结果。借助历史我们可以理解，这个风貌的建构主体是男性平民群体。再者，平民群体要想顺利地在古代社会生存，均应有一定的职业支撑，又为了职业工作的效率与有序竞争则不得不以百工着百衣。所以，"百工百衣"是平民服饰的典型，是高度职业化建设的结果，其研究对象也就是宋代的平民职业男服。在某种程度上，平民服饰就是平民职业服饰。

进一步讲，在北宋社会高度发达的背景下，"百工百衣"带领中华平民男服（本研究之男服为汉族服饰范畴）走进了"黄金时代"。特别是以东京（今开封）为核心的中原地区，平民男服款式类别十分多样，工、商各行均有特定服饰，其款式分类及规制水平达到了封建社会高峰，在当时世界也居于领先地位。所以说，"百工百衣"是中华职业装发展历程中的一个典型风貌，是一个里程碑式的发展成果。其形成过程使我们不难想象平民阶层为社会建设做出的努力与贡献，更不难预见当时社会经济的繁荣景象。"百工百衣"在印证北宋平

---

❶陈寅恪：《金明馆丛稿二编》，上海：上海古籍出版社，1980年，第245页。

❷邓广铭：《谈谈有关宋史研究的几个问题》，《社会科学战线》，1986年第2期，第138页。

❸潘吉星：《李约瑟文集》，沈阳：辽宁科学技术出版社，1986年，第115页。

❹[英]李约瑟：《中国科学技术史：第一卷：导论》，北京：科学出版社，上海：古籍出版社，1990年，第138页。

民伟大创造力的同时，也突出反映丰富的社会发展信息。具体来讲，北宋进入了特征鲜明的平民时代。随着“白衣秀才平地拔起”进入社会上层❶，管理阶层的处世态度相较以往发生了有趣转向，空前关照民众生活，高度肯定平民创造力，多维度向庶人阶层予以关爱倾斜，亲民倾向突出❷，以北宋名作《清明上河图》为代表的文人作品洋溢着民间风俗描写，呈现了官民共享的幸福生活画面。由此，中国进入了“纯粹的平民社会”❶，门阀大族等传统特权群体的影响与势力被彻底削弱，平民思维、平民审美、平民志趣受到推崇。所以，相较于上层阶级的服饰，平民服饰更具社会基因的承载性；而相较于女服，男服集中反映男权社会的意识形态，更是体现管理者意志、规范社会秩序的工具。所以，平民男服可以深刻折射北宋平民化社会的主流人文精神、审美意识、生活观念、管理策略等内容，对其展开系列研究对加强北宋社会认知和当代传承借鉴具有较高价值与意义。

对于该领域的相关研究，目前不外乎两种方向：其一，介绍宋代“百工百衣”服饰形态。孟元老以生动的文字描述介绍了“百工百衣”的概貌：“其卖药卖卦，皆具冠带。至於乞丐者，亦有规格。稍似懈怠，众所不容。其士农工商，诸行百户，衣装各有本色，不敢越外。谓如香铺裹香人，即顶帽披背；质库掌事，即着皂衫角带、不顶帽之类。街市行人，便认得是何色目。”❸张择端（1101年）则以盛大图景具象展现了“百工百衣”风情面貌（可见其画作《清明上河图》）；尹笑（2006年）、韩天爽（2008年）、孙立（2009年）、张晓璞（2014年）等均在其论文中以简要文字对“百工百衣”风情面貌进行了描述或提及。其二，以“百工百衣”的社会着装面貌为依据进行相关研究。例如，卞向阳（1997年）、李轶南（2003年）等以“百工百衣”之着装现象为例证撰文阐述了中国传统服饰所遵循的礼仪性及严苛的社会规范之特征。另有大量文献对北宋男服均有一定介绍和研究，可以说是对宋学熏陶下的含蓄、严谨、质朴、典雅之中华平民男服风格的集中展现。

国内大多数相关研究成果多是对北宋传统男性服饰的基本形制及文化内容的一般性介绍，缺少分门别类的职业着装比较研究。丁锡强在其著作《中华男装》中将北宋男装资料进行了归纳整理，为业界展示了典型服饰的图片资料，但未涉及本书所指对象的专门研究。目前也尚未发现国际学界的相关研究。

上述研究存在问题有三：第一，未对“百工百衣”进行分类、具象地比对研

❶钱穆：《钱宾四先生全集》（第二十三册），台北：联经出版事业股份有限公司，1998年，第280页。

❷刘淑丽：《北宋男服“百工百衣”生成探赜》，《服装设计师》，2020年第Z1期，第166页。

❸[北宋]孟元老：《东京梦华录：精装插图本》，北京：中国画报出版社，2013年，第84页。

究；第二，未从服装学、社会学、历史学、艺术学等综合角度对“百工百衣”进行学术研究；第三，未对“百工百衣”进行系统的理念研究。笔者则将力图从这三个方向取得突破。

另外如前文所述，笔者聚焦于普通市民、小人物的服饰风情，异于大多数学者定位于上流社会服饰的研究视角。

本研究的任务要点有以下三个方面。

其一，“百工百衣”存世例证图考。

这部分是在对中国服装历史文献、存世文物、相关图像例证等做出深挖细探的基础上，按照既定研究路线和架构，逐步展开存在问题的剖析与结论试举。其具体内容是就北宋士农工商各行业形象各异的典型男服予以尽可能详尽的多层次、立体化的文献、图像举证。笔者不仅对其服装服饰应用场景、基本造型予以解读，还尽力剖析其色彩、结构、材质、工艺等内容，力图全面表达形象多样、繁华喧闹的市井风情画卷。更进一步地讲，借助以上专业视角，可放大、拓展、再现《清明上河图》所映现的北宋职业男服风尚体系架构。

其二，“百工百衣”之职业风尚文化。

在前期研究基础上，笔者对“百工百衣”架构形成的背景及其中暗含的北宋文化及其管理思想、服饰美学、职业内涵等诸多方面进行再研究，并联系其具体的色彩、材质、结构、造型、款式细节与工艺技术等服饰要素内蕴的系统线索对北宋男服职业风尚体系做深入解读。

其三，“百工百衣”综合研究及其启发。

综合北宋男服之“百工百衣”相关研究成果，并借助相关实证资料，对中国古代经典的职业男装文化、管理思想及其具体物化设计等值得当今借鉴的内容予以凝练提取、梳理，做出系统化结论。另外，日本在同时期及其后相当长一段时间，市井文化发展迅速，对中国古代“百工百衣”职业风尚有非常系统的借鉴与发展。所以，这部分将通过中日职业男装比较研究，深入探索并解读中华职业男装的一般性特征、发展渊源、海外传播之路径、方式。在比较过程中，进一步明确“百工百衣”在日本的可传承内容、要点及其缘由，持续明确中华职业男装基因要素，为当代相关设计创新提供文化给养、基因依据与相关启发。

由于研究文献、实证资料的局限性，本书研究的难点也较为突出，正如沈从文先生对元代百工服饰文献记载的评价所言：“元初人记宋事，如北宋的汴梁、南宋的临安等大都市服务行业的人，衣着多各有区别，但记载实不够详尽。……这些不同名目，在当时虽为一般人民所熟习，七百年后的现在，有许多种因无实物比证，画图也不具备，究竟是什么式样，已难于具体明确。从各种图像及近年新出土实物中去探索，也只能得其大略。”[1]所以在本研究中，主要难点是：

其一，“百工百衣”职业男服风尚面貌描述的准确性、代表性和全面性。针对性措施是：一方面，通过对文献、博物馆史料及其他历史遗迹的最大限度考证，提取有价值的借鉴、参考信息；另一方面，通过对各行业通史、相关职业记述资料的搜集整理予以充实佐证；另外是通过类似行业职业及历史背景资料予以佐证与推断，以图最大限度地实现“百工百衣”职业风貌形态考察与典型形象再现。努力克服以上困难，应会对本领域研究进行一定程度的空白填补、增益，这是本研究的核心价值所在。

其二，通过对“百工百衣”之内在服饰文化联系解析进行其职业风尚体系的理论研究与构建，以及其构建思想提炼和总结的准确性和完整性。这个难点需要通过尽可能全面地对中国古代职业系统考察、类似文献借鉴、该时期文化成果的针对性凝练及业界学人的咨询交流来予以有效解决。

不可否认，在世界享有“衣冠王国”之盛誉的中国曾有着发达的服饰体系，有着自己独特的、以儒学为核心的服饰构建思想体系，但在西方服饰体系的冲击下，中华服饰体系与构建思想都出现了发展的困难与断层。因此，笔者试图通过对北宋中原地区主体行业职业男服式样的分类实证表现，以及对中日古今进行服饰形制、规格、类别及其设计思想的深入比较研究，厘清北宋男服职业风尚体系，尽力掌握其博大精深的构建思想并为新中式服饰的设计创意提供思想支撑，进一步明确中华职业男装的根源与基因构成，为较准确、合理地传承、创新、发展相关传统服饰提供有力依据和借鉴。同时，通过放大诠释《清明上河图》之服饰形象还可更具象地深挖中原传统服饰色彩、造型、材质、工艺等物质文化体系的典型内容，继而探索表达中华职业男装的成熟形貌。

总之，笔者以北宋男服“百工百衣”风尚为核心，借助系列图证资料，在比较视角下对后世同领域平民服饰进行对比探索，以准确提取其中的典型内容，继而清晰认知该风尚系统的基本面貌，最终以一定量研究成果为中华衣文化的传承与发展做出微薄贡献。

[1] 沈从文：《中国古代服饰研究》，北京：商务印书馆，2011年，第591–592页。

第一章 『百工百衣』风尚溯源

联系当时社会语境和中国服装演变史，可以说“百工百衣”是北宋社会风尚中的一大衣冠奇葩。之所以称之为奇葩，是因为其风貌形态及穿着时空境况空前绝后。具体来讲，其一，北宋之前，百行百业职业化状况还不够成熟，虽有百工衣着之差异，但远不如北宋百工所达到的“百工百衣”各不相同之盛景，且因此前朝廷实行宵禁制度而使职业服饰的应用时段较为短暂；其二，北宋时期，“百工百衣”风貌形成，出现了诸多因行业不同而各有差异且实用、新颖的穿法，并能够应用于夜市，揭示了宋朝商业经济维系发展的时空条件，甚至被称为近世化风貌，这在古代环境中当然可视其为奇葩；其三，北宋以后，该职业风尚在南宋予以全面沿袭，但至元明又因管制有所收紧，政治环境不如以往自由宽松，商业经济下滑，致使自南宋形成的四百四十行到了明朝却减至三百六十行，“百工百衣”的风尚盛况即不如以往。所以，北宋的“百工百衣”是中华职业衣冠史上的一朵奇葩。那么，其有着怎样的渊源和生成背景呢？

前文中已经呈现了《东京梦华录》百行百业“衣装各有本色”的记载，可以说是十分有代表性的、深入浅出而具体可感的风貌描述。这种风貌形态可以做出怎样的追溯呢？

我们可以先从概念入手追溯。何谓“百工百衣”？古今文献均有相关阐释。

对于“百工”，我国古代文献多有记载。殷墟卜辞中有“多工”的说法[1]，其“多工”即“百工”之义，即先秦已有百工（图1–1）。《尚书·商书·说命（上）》记载：“高宗梦得说，使百工营求诸野，得诸傅岩，作《说命》三篇。”[2]这里所说的“百工”意指绘画之工。《尚书》成书于周代，可见周代已有“百工”概念。又有金文记载，周代宫廷之内设有“百工”[3]，其为皇室专属工奴，不能服务于其他官府。大概成书于战国时期的《周礼·考工记·总叙》记述曰：“审曲面执，以饬五材，以辨民器，谓之百工。”[4]此处“百工”即手工业者的统称。《礼记·王制第五》记载：“凡执技以事上者：祝史、射御、医卜及百工。凡执技以事上者：不贰事，不移官，出乡不与士齿……”[5]说明了先秦时期官府所属“百工”之职位与所受规制。值得注意的是，此处“百工”与各种职官一起排列，说明其为管理工匠、也具备专业技术的工头，是较低地位的职官名，与前述周代宫廷中的工奴属性不同。《论语·子张》有“百工居肆，以成其事”的表述[6]，说明了先秦时期“百工”概念不再仅限于官奴，也包含拥有独立作坊的工匠艺人。进入汉代，“百工”成分呈现多样化，有源自农民与市民之“工”及来自戍卒、更卒之“卒”，还包括具备专业技术的工巧奴隶“徒”[7]（图1–2）。魏晋南北朝时期，“百工”的来源已可包含农民、市民、刑徒、奴婢、士卒、职业工匠等[9]（图1–3）。至宋代，“百工”涉

[1] 张亚初，刘雨：《西周金文官制研究》，北京：中华书局，1986年，第49页。

[2] 阮元：《十三经注疏（附校勘记）》，北京：中华书局，1980年，第174页。

[3] 张亚初，刘雨：《西周金文官制研究》，北京：中华书局，1986年，第90页。

[4] 闻人军：《考工记译注》，上海：上海古籍出版社，2008年，第1页。

[5] 阮元：《十三经注疏（附校勘记）》，北京：中华书局，1980年，第1343页。

[6] 徐颖异，吴智慧：《由百工发展历史窥探百工家具文化》，《家具》，2018年，第39卷第2期，第82页。

[7] 杨稷：《民间家具生产方式研究》，中南林学院硕士学位论文，2005年，第21页。

[8] 该图选自沈从文：《中国古代服饰研究》，北京：商务印书馆，2011年，第64页。可参具体说明。

[9] 李青青：《魏晋南北朝工匠身份地位的变化》，《上海文化》，2018年第10期，第47–48页。

▲图1-1 先秦百工服饰
左图为1976年安阳市妇好墓殷墟出土的商代后期玉跽坐人形佩，可能为工奴；中图为山西侯马牛村出土的春秋时期男陶范线描图[1]，应为低级官吏或侍从；右图为1975年三门峡市上村岭出土的战国跽坐人漆绘铜灯，应为侍从角色。

▲图1-2 汉代百工服饰
汉代百工服饰形象奠定了此后百工服饰发展的基础。左图为1955年陕西咸阳杨家湾兵马俑坑出土的西汉彩绘陶兵马俑（北京故宫博物院藏）；右图为南阳市出土的东汉“泗水捞鼎”画像砖局部（河南博物院藏），应为工奴。

及行业分类更加细化，南宋时已达四百十四行[1]。而且，宋代“百工”与此前范畴、性质均有不同。此时，以往的门阀制度被大大削弱，以身份所属为标准进行的等级划分基本消失，以财富拥有量作为等

[1] 孟元老，等:《东京梦华录 梦粱录 都城纪胜 西湖老人繁胜录 武林旧事》，北京：中国商业出版社，1982年。文中内容引自《西湖老人繁胜录》第18页，其“诸行市”部分有“京都有四百四十行”的记载。

▲图1-3 魏晋南北朝百工服饰

左图为1972-1973年甘肃嘉峪关出土的三国至魏或西晋画像砖局部（中国国家博物馆藏），为农民形象。中图为1958年河南邓县出土的南朝画像砖（中国国家博物馆藏），为侍役形象。右图为洛阳市偃师区寨后空心砖厂北魏墓出土的彩绘仪仗男陶俑（洛阳博物馆藏），为仪仗兵卒形象。

级划分的标准日益被重视，这种情况逐渐致使士、农、工、商等各阶层纷纷投身工商、租雇等行业活动，从而使其牢牢成为“百工”成分，并有“行”“团”“作”“会”“社”等组织来分而管之，“虽医卜工役，亦有差使，则与当行同也。”[1]从而，“百工”范畴扩大而概念泛化，工匠与农民地位平齐而成为平民阶层，“士、农、工、商，各有一业，无不相干；……同是一等齐民。”[2]改变了平民阶层不曾包含“杂役”“伎作”等以往概念中下等人群的历史[3]。所以，北宋时期“百工”的概念已归属于平民概念。

“百衣”概念在早期文献中尚无确切阐释可以追溯，但有“百工”着装规范的相关记述。例如，《全晋文》记录了“士卒百工，履色无过青绿……”“士卒百工，不得着假髻……”“百工不得服大绛、紫襈、假髻、真珠、珰珥、文犀、玳瑁、越叠以饰路张、乘犊车……”等内容[4]。这说明魏晋南北朝时期的“百工”衣着已有严格局限。唐代也多次颁布衣着法令，如“自今以后，衣服下上，各依品秩。上得通下，下不得僭上。仍令有司，严加禁断”[5]。唐代服饰中的不同层级等差亦

[1] 陈国灿：《论南宋江南地区市民阶层的社会形态》，《史学月刊》，2008年第4期，第89-90页。

[2] 陈传席：《陈传席文集》，郑州：河南美术出版社，2001年，第1013页。

[3] 李青青：《魏晋南北朝工匠身份地位的变化》，《上海文化》，2018年第10期，第50页。

[4] 严可均：《全上古三代秦汉三国六朝文》，北京：中华书局，1958年，第2294页。

[5] 王溥：《唐会要》卷三一，《中国社会科学网》，http://www.cssn.cn/shujvkuxiazai/xueshujingdianku/zhongguojingdian/sb/zsl_14314/thy/201311/t20131120_850496.shtml，2019年6月25日。

可由此想象。宋代服制基本沿袭隋唐，且差异化鲜明的服饰规制对宋代影响深远并被发展。如前文《东京梦华录》所述"其士农工商，诸行百户，衣装各有本色，不敢越外……"，可见更具规范、不同行业各具本色的"百衣"惯例已经成熟。当代学者对"百工百衣"概念则有诠释，即"'百工百衣'指宋代平民百姓服装的统称。'百工'即普通官宦、绅士、商贩、农民、郎中、胥吏、篙师、缆夫、车夫、船夫、僧人及道士等。'百衣'是指各种不同样式的服装与服饰……"[1]。可见就其认识，北宋时期的平民概念基本等同了"百工"的概念范畴，说明各行业、各人群职业化的广泛存在。

综上所述，"百工"的狭义概念长期专指专业技术工匠，但随着社会行业的变革与发展，"百工"之"工"应作各类"专业技术工作"的解释更为合理。所以，其主体范畴应包含较低技术等级的技术相关职官、专属官府的工奴、独立的职业工匠及可提供各类技艺或行业服务的文人、农民、市民、商人、兵卒、僧道等。而"百衣"则是上述主体在严苛的等级法令与行规惯例规制之下，依据行业差异与实际需要以不同规格制式穿用的、多种多样的服装服饰。两者概念合并即为"百工百衣"，即百工必需百衣，各不相同，描述的是一种职业衣装社会风貌，而非某服装款式。其在适应不同工种、职业之实际需要的同时维护不同行业之间的秩序和职业象征，诠释职业规则与操守，最终在北宋社会形成特色鲜明的职业服饰风貌。

基于此处"百工百衣"概念的追溯与确定，需要重申的是，该风貌的对象主体是现实中的男性，所以本书中的"百工百衣"之主体为男性。

借前述概念，由北宋名画《清明上河图》《闸口盘车图》《村医图》，山西省高平市开化寺壁画及《东京梦华录》等不难确认，北宋男服"百工百衣"服饰形制涵盖内容广泛，袍服、衫袄、半臂、短褐等均有涉及，其色料质朴，造型务实，结构简约，风格文雅。同类款式基本形制变化不大，但"百工"所着巾裹、幞头、腰带、鞋履等服饰细节却是等差鲜明，整体风格含蓄内敛，能明确感受到其所受的观念约束。那么，这种职业着装风貌是如何生成的呢？下面将从以下几个方面进行探究。

第一节　行业条件："百工"业态至成熟

北宋之前，"百工"各行均没有达到分阶层、有组织的存在状态，缺少有序管理。

[1] 丁锡强：《中华男装》，上海：学林出版社，2008年，第118页。

一、“百工”职业发展

如前文所述，“百工”的发展最早可追溯至三代时期，当时已有“多工”“百工”之说。战国时期，“百工”已经明确指向所有手工业者，此时同类技术人员没有可能做出统一的着装规定。战国时期已经产生可以提供定点服务的民间工匠，为民间工匠职业化着装的发展打下基础。进入魏晋南北朝，“百工”已经包含工、农、兵、奴、徒等较多平民类群，且有了较严格的着装要求，但因缺少职业组织管理而并未多样化。到了唐代，开始要求各阶层多样化、差异化的穿着，但缺少具体细化的平民着装规制。

进入北宋，经济复苏发展，并且逐渐达到古代高峰。漆侠认为：“唐末农民战争后两宋统治的三百年间，是我国经济和文化取得极大发展的时期。……经济作物、商业性农业都有了发展。农业劳动生产率超越了以前的任何历史时期。”[1]因而，大量剩余农产品和劳动力诞生。日本学者宫崎市定也认为北宋定都商业都会开封，开启了“运河经济”时代，围绕运河构建了独特的商业模式，“财富的不断积累，促进了近世文化的发展……导致宋代社会不得不倾向于一种资本主义式的统治方式”。[2]可见，北宋时期的农业已经脱离唐朝以来自给自足的模式而走向商业化。剩余劳动力日益增多并开始从事工商业，更为庞大的工商业队伍形成，商人地位明显提升，从商成为时尚。北宋时的大多数城市成为商业都市，政府的经济管理呈现资本主义方式特征。如此一来，商人群体的发展促进了多样化消费的生成，穷人可凭本事顺利获得工作，富人也可借此安逸生活，各类行业迅速发展，社会稳定，治安良好。正如庞德新的记述：“构成两京上层阶级的皇室、贵族、官僚、豪强，凭借着剥削得来的大量财富，自然可以在京邑里享受着美宫室、精饮食、贮声伎、饰游观的奢华生活。不但‘章醮也，花鸟也，竹石也，钟鼎也，图画也，清歌妙舞，狭邪冶游，终日疲役而不知倦。’即灯宵月夕，雪际花时，乞巧登高，观潮游苑，一年四季，无时不是对景行乐的良辰佳日。至于一般市井小民，是无力，也无暇及此的。就是在主要为中下层市民服务的瓦舍栏里，‘放荡不羁’，‘流连破坏’的，也多有闲阶级的子弟郎君。”[3]基于此，不难想象当时各行各业的繁荣状态，其中的关键是平民职业化。其一，最受关注的职业化群体是士人。该职业因崇文的时代氛围令全社会趋之若鹜。当时科举考试向全社会开放，没落的地主及其他各行都可通过科考转入士大夫阶层。正如苏辙曰：“凡农工商贾之家，未有不舍其旧而为士者也。”[4]这使士人群体迅速膨胀，呈现出阶层化特点。士人阶层的发展促进了文人经济的繁荣。其二，军士与胥吏职业化。唐末以来的兵农分离促进了军士的职业化，而后其相关生活及物资需求均由地方官府予以供给。也因此，地方官府事务日益繁杂，急需大量办事练达的专业人士，于是又诞生了处于官府底层的职业化差使人员即

---

❶漆侠：《关于中国封建经济制度发展的阶段问题（代绪论）》，《宋代经济史》，上海：上海人民出版社，1987年，第26页。

❷宫崎市定：《东洋的近世》，砺波护，编；张学锋、陆帅、张紫毫，译；北京：中信出版社，2018年，第28–30页。

❸庞德新：《从话本及拟话本所见之——宋代两京市民生活》，香港：龙门书店有限公司，1974年，第463–464页。

❹宫崎市定：《东洋的近世》，砺波护，编；张学锋、陆帅、张紫毫，译；北京：中信出版社，2018年，第141页。

胥吏。再者，此时期为新晋资本家或士人阶层的地主服务的业主、商业中介也诞生并呈现职业化特征。其他各行也呈现出特征鲜明的职业化倾向，“百工”大类已可划分为士、农、工、商、兵、僧道六民。在这样的职业化行业状态下，行业组织管理的规划必会提上日程，其着装的职业标识性必被进一步强调。

二、“百工”组织建设

随着北宋城市经济发生方式的悄然变化，“百工”职业类别增加，行业规模扩大，旧有的管理制度显得纤弱无力，不能适用，急需新的管理理念、规则、模式的支撑。

为利于有效的科索执行与徭役征调，北宋政府令各行业按照一定的规则及其职业所属进行行会组织建设，要求每个职业者、行业机构必须“投行”加入，否则予以取缔制裁。正如《东京梦华录》记述：“市肆谓之行者。凡雇觅人力、干当人、酒食作匠之类，各有行老供雇。觅女使，即有引至牙人。”[1]再如《文献通考》曰：“京师如街市提瓶者，必投充茶行，负水担粥以至麻鞋头发之属，无敢不投行者。”[2]行会组织的管理也配套了相应模式与规则。正如前述“……其士农工商，诸行百户，衣装各有本色，不敢越外。”尔后北宋着装行规也几乎完整传承至南宋，其风貌呈现正如《梦粱录》记载：“且如士农工商诸行百户衣巾装着，皆有等差。香铺人顶帽披背子。质库掌事，裹巾着皂衫角带。街市买卖人，各有服色头巾，各可辨认是何名目人。”[3]可见，整个宋代的行业管理均有“百工百衣”的惯例与习俗，且作为成熟范式被不断发展，这为行业相关生产、营销、消费、交际、信誉等社会关系的维系提供了实用性衣冠系统的支撑。

综上所述，北宋政府的“重商”举措使早就有所发展的“百工”走向成熟的职业化，更使行会等组织获得实质性建设与发展，最终促进了“百工”行业的成熟，这是前朝各代不能相比的，因此到了北宋时期才出现了“百工百衣”的职业风尚奇观。

第二节　思想背景：援释引道证儒理

北宋统治者提出“恢尧舜之典则，总夏商之礼文”[4]“仿虞周汉唐之旧”[5]。继而北宋迎来儒学复兴的黄金时代，大幅度地以古制规范宋廷统治秩序，违者罪为逾制或僭越，必会受到国法制裁。孔孟

❶[北宋]孟元老：《东京梦华录：精装插图本》，北京：中国画报出版社，2013年，第56页。

❷梁国楹：《略论宋代城市工商业行会的形成》，《德州学院学报(哲学社会科学版)》，2004年第20卷第5期，第39页。

❸上海师范大学古籍整理研究所：《全宋笔记》(第八编第五册)，郑州：大象出版社，2017年，第269页。

❹[宋]聂崇义：《新定三礼图》，丁鼎，点校，解说；北京：清华大学出版社，2006年，第1页。

❺朱河：《设计社会学视域下程朱理学对宋代造物的影响探析》，武汉理工大学硕士学位论文，2013年，第31页。

思想复归尊崇，北宋服饰不再只是生活用品，更是“礼”的象征，成为维护封建统治秩序的工具。《荀子·王制》认为，君臣士庶各阶层均应“衣服有制，宫室有度，人徒有数，丧祭械用皆有等宜”[1]。再者，此时的儒学思想体系也呈现出革新趋势。北宋文人不仅崇尚儒学复归，还重视吸收佛家文化，特别是对“灭欲观”的认识与消化。所以，该时期“儒士参禅，阴禅阳儒，成为鲜明的时代特点”[2]。此外，文人们还积极地援道入儒，使儒、释、道三家思想文化充分交融，创造性地吸收释道理论重构儒学思想。这种三教合一的意识形态迅速波及全社会，也被皇帝以“以佛修心，以道养生，以儒治世”[3]的观念给予强化提倡。如此一来，传统儒学便在“援释引道”的状态下获得新生，成为新的主流哲学，即后世所称的“宋学”。

“宋学”的相关流派有荆公新学、温公学派、苏学派和以洛关为代表的理学派等，特征是援释引道以证儒理，注重义理阐发，使儒学哲学化。宋仁宗嘉祐初（1056年）到宋神宗元丰末（1085年）是宋学兴盛时期，其中最具影响力的是荆公新学，其所持核心观点是“道者，天也，万物之所自生，故为天下母……”“天与道合而为一”。[4]理学派诞生后，也积极地通过著述、讲学、辩学、授徒等途径使其“人随天道”的主张广泛传播。虽北宋时期未成为官学，但其基层受众却也十分广泛，包括北宋帝王在内的统治阶级也能深受启发。宋神宗曾多次召见理学家程颢，每退，必曰：“频求对，欲常常见卿。”[5]“宋初三先生”[6]融合释道思想，“借助政府办学中的教授任职对三教合一之思想进行大力传播，贡献巨大，在社会上形成了一定的意识形态背景。”[7]以上诸流派以“人随天道”为核心观点，影响深远。这种观点与其具体服饰设计理念相统一。“宋学”认为器物造型与图形符号表达着礼仪秩序，代表着社会伦理，所以按照封建礼教规则进行的造物设计才是正确和美的，即“道寓于器、载礼释道”。这也反映了“宋学”具有理性思辨的意识特征。这承继了传统设计思想。《考工记》记载曰：“天有时，地有气，材有美，工有巧，合此四者，然后可以为良。”[8]这典型阐释了中华设计观，也凝练为我们的设计原理，意思是造物设计要顺应宇宙之存在和自然之规律，遵守万物秩序及其自然属性，设计制作的器物才可谓上乘。基于此，服饰形象被理性规制，引导了政府出台的多重着装秩序法令和民众自觉理性的着装层次与规矩思考。只许平民服用皂白二色和铁、角带；宋仁宗庆历八年（1048年）又禁止“士庶效仿胡人衣装，裹番样头巾，着青绿，及骑番鞍辔……”，各类少数民族服饰自上而下屡被禁止，违者“以违御笔论”；[9]皇祐七年（1055年）因民间士庶模仿皇室成员及内臣所着色衣而下令禁天下衣“黑紫服者”，嘉祐七年（1062年）十月

---

[1] 毕经纬：《山东东周鼎簋制度初论——以中原地区为参照》，《管子学刊》，2010年第3期，第54页。

[2] 高建立：《程朱理学与佛学》，郑州：中州古籍出版社，2006年，第28页。

[3] 李秉宸：《理学与宋代服饰文化关系的探究》，北京服装学院硕士学位论文，2018年，第38页。

[4] 漆侠：《荆公学派与辩证法哲学》，《河北学刊》，1999年第6期，第66-72页。

[5] 李娟：《宋代程朱理学官学地位研究》，长春：东北师范大学出版社，2015年，第76-78页。

[6] 即胡瑗、孙复、石介。

[7] 高建立：《程朱理学与佛学》，郑州：中州古籍出版社，2006年，第36-38页。

[8] 闻人军：《考工记译注》，上海：上海古籍出版社，2008年，第4页。

[9] 李秉宸：《理学与宋代服饰文化关系的探究》，北京服装学院硕士学位论文，2018年，第43页。

又禁天下衣“墨紫”。同时，民间自觉消费中原服饰，不同于唐代大幅度的胡服风尚。例如，颇具文雅气息的头巾几乎遍布各阶层男士，军人服饰也常有幅巾相配，与前朝大有不同。如此而下，理性消费形成。北宋“百工百衣”中的褙子，含蓄儒雅，暗含礼仪，腋下开衩的结构设计更满足了四肢活动（图1-4）。这符合了当时“便身利事”的理性设计要求。所以“百工百衣”是理性规范而实用的职业着装，更体现了中国传统服饰的礼仪性内容。基于“宋学”的哲学观，一种淡泊超然的独特心境逐渐诞生、普及，促成了平实、简朴、文雅、自然、理性的民间服饰风格，“百工百衣”即呈现出“典（典庄）、序（仪序）、蕴（内含）、便（方便）”的美学特点。[1]北宋服饰渐趋等差鲜明、温然有序，都城汴梁更是赢得了“风俗典礼，四方仰之为师”[2]的肯定。

▲图1-4　市井百工着褙子形象

这是北宋张择端所作《清明上河图》的局部。图中左侧两人及右侧两人（一瘦、一胖）均着褙子，这是与女式不同款式，交领右衽为主体结构。

第三节　科技支撑：创造能力达高峰

借前文对“百工百衣”风貌的追溯描述，可以感受到其标识科学、工艺有差、分类精细、体系完整、管理严苛。不得不令人深思细省，缘何至此呢？

漆侠认为：“宋代官私手工业特别是私人手工业有了很大的发展，远远超过了前代。火药、罗盘、活字印刷术以及胆铜法、火柴等，大多是在10世纪末到11世纪发明创造的；这些发明创造是宋代手工业生产发展极为显著的标志。”[3]可见，北宋有着高度发达的科技水平，这无疑促进了生产效率的提升，文化艺术与经济的快速发展，促进了安定社会环境的生成和商业的繁荣。在这样的条件下，科技为思想家们的哲学思辨供给了依据，使其基于客观世界的探究构建了利于社会管理与国家长治久安的新儒学思想体系。这些思想指导了人们颇具理性特征的、面貌一新的实践活动。因此，宋朝被

[1] 赵联赏：《服饰智道》，北京：中国社会出版社，2012年，第13页。

[2] 上海师范大学古籍整理研究所：《全宋笔记》（第八编第五册），郑州：大象出版社，2017年，第5页。

[3] 漆侠：《关于中国封建经济制度发展的阶段问题（代绪论）》，《宋代经济史》，上海：上海人民出版社，1987年，第26-28页。

称为“中国的文艺复兴”[1]。

于是，科技力量刷新了宋人的世界观，理性思维导向下强化了效率意识。基于此，管理者深刻思考了行业服饰对生产、经营等效率改善、管理水平提升的影响作用，并投入了相关实践。首先，在标识性上予以强化，结合色彩、材质、形制等要素属性进行设计而做出了十分细致的阶层、等差的区分。其次，发达的纺织服装科技为更多更细致的差异化工艺技术选择提供了可能，使各阶层在不同条件下的不同服饰工艺施用有所等差体现。最后，理性化认知力、逻辑性思维力、规范化管理意识等都得以强化，这在服饰分类管理水平提升、服饰系统设计构建及其社会功效与管理价值之再认识等诸多方面发挥了积极的作用，这使行业服饰有效而严格的管理成为现实，使“百工百衣”风貌的形成获得了有效支撑。所以，“百工百衣”之风尚面貌是时代科技水平达到古代社会高峰条件下综合国力共同作用的结果。

第四节　官方情怀：俗世民生受关怀

宋代这个景气而稳定的时代，生产工具先进，制造业发达，丝绸、茶叶、瓷器成为国际性商品，对外贸易获利丰厚，内忧外患大大减少，平民创造力获得高度认可而使其地位持续提升，人民生活富足而惬意。此时的政府与统治阶级越来越多地将视线投向民间，与民同乐共享的心态在广大上流阶层形成。具体来讲，随着士大夫们参与民间生活的深化，百姓的餐食不仅较以往更注重美味，且讲究雅致格调，所用餐具多为瓷器，比唐代的金属、木质、陶制等器皿更为精细秀雅（图1-5）。吉川幸次郎在《宋诗概说》中描述说：“宋人的生活，与此前中国人的生活截然不同，出现了划时代的变化，更接近于我们现代的生活。……宋诗对日常琐事的观察充满爱意。”[2]可见平民生活得到较大改善的同时还受到了士大夫们的深切关注。宋代的大量风俗画作也同样证明了平民世俗生活的受关注度（可参见后文各行业配图）。依据南宋宝祐四年（1256年）《登科录》记载，601名进士中“平民出身的有417名，官宦子弟只有184名”[3]，进一步说明了宋代统治者对平民人才的重视与关照，也显示了宋代特权阶层的弱化。

同时，在厚德价值观的引领下，各阶层均重视与民间生活价值观的统一，注重生活消费的质朴与节制，凸显修心为上的精神追求。《宋朝事实类苑》载：“太祖服用俭素，退朝常衣绝袴麻鞋，寝殿门悬青布缘帘，殿中设青布缦。”[4]可见宋太祖坚持了与民间共同奉行节俭的生活规则。北宋其他多

---

[1] 谢和耐：《中华文明史》，耿昇，译；上海：上海古籍出版社，1991年，第330页。

[2] 宫崎市定：《东洋的近世》，砺波护，编；张学锋、陆帅、张紫毫，译；北京：中信出版社，2018年，第242-243页。

[3] 吴钩：《知宋》，《天下新闻》，载《济南时报》第A15版，2019年07月05日。

[4] [宋]杨亿，陈师道：《杨文公谈苑后山谈丛》，李裕民，李伟国，校点；上海：上海古籍出版社，2012年，第29页。

个皇帝也曾三令五申，多次申饬服饰“务从简朴”“不得奢僭”。所以，北宋的综合视觉呈现出了质朴务实、平民化的格调。在建筑上，白墙黑瓦，本色梁栋；在服饰上，拘谨内敛，缺少变化，色彩质朴、自然。《清明上河图》（张择端版）所描绘的轿夫之褐很短（图1–6），较前代更加窄瘦合身，且便于工作，反映了简朴务实的社会时尚。可见，北宋上层体恤民生，较大程度实现官民共情，多能重视简朴务实的生活品质。可以想象，与民间消费息息相关的诸行百业之发展、规划、管理也自

▲图1–5 《舟人形图》（局部，南宋，马远，日本东京国立博物馆藏）中船头置放的瓷器餐具

▲图1–6 轿夫服饰（《清明上河图》局部，北宋，张择端）

然会被深度关怀，务实高效的思想贯彻深广。基于此，对生活与经营形成较大障碍的坊市制被取消，科学技术也大幅度惠及民间，工商业发展质量及活动的时空范围增大，与其密切相关的行业服饰建设被重视，对民生具有增效提质影响的、务实简朴的“百工百衣”风貌也因此诞生。

“百工百衣”的形成令消费者感受到了生活中的官方尊重，促进了官民共享的幸福感，使从业者获得了归属感与认同感，使行业增强了凝聚力，使管理者获得了高效率，使大宋社会生活获得了秩序性、和谐性与系统性，最终体现了主流社会“天人合一”的价值观。

北宋面目一新的儒学思想、亲民情怀及发达的经济与科技条件为诸行职业服饰的发展塑造了一个千载难逢的“黄金时代”。各行业职业男服之款式分类及规制水平达到了封建社会最高峰，形成了“百工百衣”风尚面貌，居于当时世界十分领先的地位。

经上所述，超乎今人想象的、“百工百衣”职业服饰体系的生成溯源已趋明晰:

首先，“百工”之说起自三代。后经历代发展，其类别内容日益丰富，至北宋达士、农、工、商、兵、僧道六民大类。“百工”服饰自魏晋南北朝时期始已有严格限制，但其形制类别单一，百工差异不明。而后经历代演进，渐成诸行自有特色的服饰形象，至北宋趋于成熟而达成“诸行百户，衣装各有本色”的“百工百衣”风貌。

其次，北宋经济高度繁荣，科技发达，人们生活富裕，品质追求提升。因此，为之服务的诸行发展不断细化，“百工”进入职业化发展阶段，其管理体制与规则不断规范、成熟。同时，更为科学理性的行业管理思想在科技影响下形成，高品质的服务标准、技术与设施出现，符合高标准品质诉求与职业规范的“百工百衣”风貌也自然可以形成。

最后，“百工百衣”形成于一定的意识形态背景。受基于“宋学”援释引道的哲学思想影响，理性思辨成为社会主流，促使更严苛服饰法令的诞生，并引导了文雅、质朴、务实的社会风尚形成。同时统治阶级的亲民情怀使社会关注力转向民间，推动了民间生活的丰富扩容与工商业的规范化管理，出现了官民共享同乐的社会景象。于是，“百工百衣”色彩、材质、形制及着装方式等要素被赋予了与之相合的精神内容而得以构建，呈现出“典、序、蕴、便”的美学特点。

“百工百衣”之北宋男服职业风尚不仅展现了发达的行业面貌，还凸显了政府及行业组织职业标识应用与服饰要素适用融合的先进意识，为今人之榜样。

第二章

『百工百衣』风尚内容

前文所述社会背景，对“百工百衣”风尚的思想基础、诞生过程、文化特征等内容进行了基本阐释。在其孵化下，“百工百衣”风尚有着怎样的具体形貌呈现和内容建构则是这一部分要谈的问题。

“百工百衣”是对平民阶层各行业人士差异化着装的一种风貌描述，魏晋南北朝以来各朝代均有所体现，但到了北宋社会才真正具有了成熟性与典型性。如前文所述，当时的北宋社会进入了实质性的职业化时代，士、农、工、商、兵、吏等各阶层开始从事专职事务，界限清晰，规制明确，着装形象差异鲜明，其男服“百工百衣”的职业风貌得以成熟。

古代文献图像资料对“百工百衣”风尚的直观表达大概有三类，其一是《东京梦华录》《梦粱录》等文字记载，其二是《清明上河图》等古人存世图画的纪实性描绘，其三是考古所获器皿实物信息的展现。其中，存世服饰实物多为上层阶级所用，而平民所着则十分缺乏。所以，文字记载、书画作品、陶俑塑像等是古代平民服饰考证的关键。

前文文献《东京梦华录》记载有“其士农工商，诸行百户，衣装各有本色，不敢越外”等内容，南宋《梦粱录》也有类似阐述：“杭城风俗，凡百货卖饮食之人，多是装饰车盖担儿，盘盒器皿新洁精巧，以炫耀人耳目，盖效学汴京气象，及因高宗南渡后常宣唤买市，所以不敢苟简，食味亦不敢草率也。且如士农工商诸行百户衣巾装着皆有等差。”[1]可以据此揆度，北宋汴京百工百业在高品质的社会需求下是何等讲究和完善，也可试想其职业衣着管理之严苛和品质追求之高级。统治阶级经常互动于平民市集，也大大提升了市场的活力和行业规制的积极性。《梦粱录》的记录，简要解读了“百工百衣”风尚的发生机制和现实境况。作为南宋文献，其更简明揭示了“百工百衣”成熟于北宋而沿袭于南宋的现实。

对于上述记载，《清明上河图》的直观呈现予以了印证（图2-1）。

《清明上河图》虽然表达了北宋末年的生活场景，但其所展现的平民男服款式却是北宋开创以来延续的稳定形象，直至南宋都变化不大，这都可在《东京梦华录》与《梦粱录》的相关描述比较中获取实际信息。根据具体总结可知，体力劳动

[1] 孟元老，等：《东京梦华录　梦粱录　都城纪胜　西湖老人繁胜录　武林旧事》，北京：中国商业出版社，1982年。文中内容引自《梦粱录》卷十八，第149页。

▲图2-1 “百工百衣”的具象表达（《清明上河图》局部，北宋，张择端，北京故宫博物院藏）

从业者所着为各式头巾配以短衣、腰带、长裤、麻鞋等；士人则为交领或圆领长衣，头戴各式幞头、巾帻，多腰带，脚穿各式足衣，随性不受束缚；而胥吏作为北宋时期的职业化新阶层[1]，其穿着被严格规范，必戴幞头、圆领窄袖袍、长裤，配腰带、鞋或靴；商人与前朝不同，其着装各具其具体行业特色，同时也多具文人气质，基本是各式幞头巾裹、不同款式长衣、长裤、腰带配具各式鞋靴；而僧道等宗教业者则因大不同于俗世而衣着特色更甚。

这些文艺作品中所体现的“百工百衣”风尚，可能还不足以表达其全貌，甚至还有一些职业形象根本就没有直接实证予以证明。对此，我们可以参考古今行业分类与存在形态进行分类，依此逐类借助相关不同传世实证资料之比较做出探索，在合理的逻辑中进行佐证推断，以弥补其形象缺乏实证之不足。从而，尽可能全面地考证、呈现“百工百衣”风尚的具体架构与面貌。

[1] 宫崎市定：《东洋的近世》，砺波护，编；张学锋、陆帅、张紫毫，译；北京：中信出版社，2018年，第69页。

第一节　社会服务业

当代社会存在的服务业大概是酒店餐饮业、交通运输物流业、信息传输业、金融业、租赁中介业、卫生及社会保障业、科技服务业、公共设施管理业、文体娱乐业、教育业、居民服务业等，而这些行业在宋代也同样存在，且管理规范，发展迅猛，十分繁荣，远远超出以往朝代。

一、酒店餐饮业

宋代的诸多画作如《清明上河图》《吕洞宾过岳阳楼图》《闸口盘车图》《寒林楼观图》等，其中均有酒楼、食店的分布与经营形态表现（图2-2），从中不难窥见大宋酒店餐饮业的繁荣。当时的东京汴梁就有大酒楼（称为正店）72家[1]，小饭店（称为脚店）更是不计其数，另有流动性的、走街串巷中的食货商贩更是数不清了。那么如何判断哪家是酒楼呢?

中国社会进入宋代，民间高楼渐多，且多为酒楼，这不同于以往高楼为官家所用的社会现实[2]。这一大特色典型展示了宋代市井消费，特别是酒店餐饮娱乐业发展迅速的经济形态。依此看，市井高楼基本为酒楼。同时，酒楼前也都有明确标识可供辨别。洪迈所撰《容斋续笔》卷十六载："今都城与郡县酒务，及凡鬻酒之肆，皆揭大帘于外，以青白布数幅为之，微者随其高卑小大，村店或挂瓶瓢，标帚秆……"[3]这说明酒楼前常有大帘悬挂，多为青白相间配色，其上还会有图案或文字标识（图2-3）。而小型酒肆也都有类似悬挂物作为标识。《东京梦华录》卷二载："凡京师酒店，门首皆缚彩楼欢门。"[4]可见大酒店门前都设有"彩楼欢门"，即一种以彩帛围挂而装饰搭建的门楼。

借以上特征便可以判断酒店餐食铺之所在，其中忙碌的服务人员着装可深察细品，继而明确该行业形象（图2-4~图2-9）。但是，在画作中，大型酒楼的职业着装因处于层层建筑构件和深邃景观的掩映之中，多不能明确认定。

---

❶刘建美：《衣食住行与风俗》，太原：山西人民出版社，2007年，第107-108页。
❷伊永文：《宋代市民日常生活》，北京：中国工人出版社，2018年，第194页。
❸上海师范大学古籍整理研究所：《全宋笔记》（第五编第五册），郑州：大象出版社，2012年，第410页。
❹上海师范大学古籍整理研究所：《全宋笔记》（第五编第一册），郑州：大象出版社，2012年，第129页。

▲图2-2 宋代酒楼

上图为《闸口盘车图》（宋代，佚名，上海博物馆藏）局部，有称其为五代作品，但从建筑、服饰判断应为宋代；左下图为《吕洞宾过岳阳楼图》（元代，佚名，美国纽约大都会艺术博物馆藏），有称其为元或明代作品，但从服饰风俗及建筑可判断应为宋代；右下图为《寒林楼观图》（台北故宫博物院藏）局部，为南宋作品。

▲图2-3 《清明上河图》（局部，北宋，张择端，北京故宫博物院藏）中的酒帘

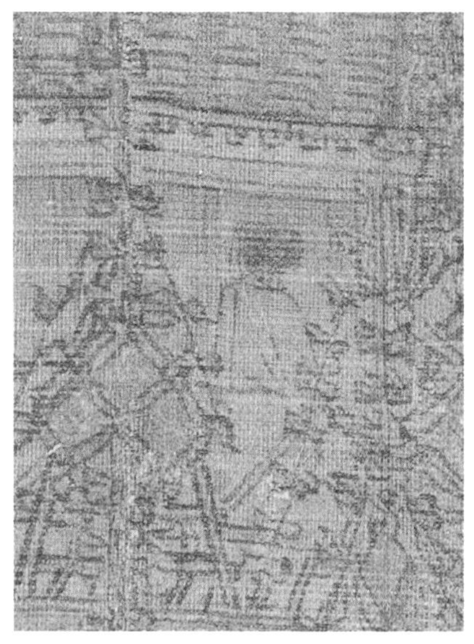

▲图2-4 《清明上河图》(局部，北宋，张择端，北京故宫博物院藏)之孙羊正店楼上雅间中的疑似酒保背影

图中孙羊正店楼上雅间出现了一个站立者背影，其似乎正在忙于酒菜，头戴黑色头巾、身着皂褐色短衫，且可能系扎有餐食劳作必备的围裙之类服饰配件。

▲图2-5 《清明上河图》(局部，北宋，张择端，北京故宫博物院藏)之十千脚店楼上雅间中的疑似酒保形象

该图描绘了宋代脚店中规模较大的十千脚店楼上雅间情景，左图为疑似酒保的角色正在送食进入房间。其头戴黑色头巾，身着白色窄袖上衣。右图则是楼梯间传递餐食的酒保形象，左边一人形象头戴黑色头巾、着深色上衣，半裸前臂；右边一人形象表达抽象，只能看到半裸前臂。

◀图2-6 《清明上河图》(局部，北宋，张择端，北京故宫博物院藏)所绘十千脚店出外送食的伙计形象

该图是十千脚店中出外送食的“外卖小哥”，其着装也代表了这个层次酒肆的工作人员形象水平。其扎髻、着白色裲裆衫，系附兜式围裙，穿小口白裤、敞口白鞋。该职业在宋代社会存在广泛，发挥着重要的生活服务价值。《东京梦华录》记载：“市井经纪之家，往往只于市店旋买饮食，不置家蔬。”[1]这个市场存在为外卖行业发展提供了可能。

[1] 上海师范大学古籍整理研究所:《全宋笔记》(第五编第一册)，郑州：大象出版社，2012年，第137页。

▲图2-7 《清明上河图》（局部，北宋，张择端，北京故宫博物院藏）之某脚店酒保形象[1]

这是一家不知名的脚店，但就当时的市场水平也算是中高级档位。其中的酒保形象为浅色（或白色）头巾、白色短衣、白色小口长裤，腰间系扎白色围裙。这应是普通酒店酒保的常见形象。

▲图2-8 《吕洞宾过岳阳楼图》（局部，元代，佚名，美国纽约大都会艺术博物馆藏）之岳阳楼酒保形象

这应是宋代作品，图中楼上的酒保头裹黑色头巾，身着白色裲裆衫、白色小口长裤，腰间系扎围裙。其着装与前述十千脚店的外卖小哥相似，应是春夏季酒楼常见的酒保形象。

◀图2-9 《醉僧图》（局部，南宋，佚名，美国弗利尔美术馆藏）之疑似酒保形象

《醉僧图》有多个版本，但只有本作中呈现了两个持酒罐的平民人物形象。其二人均戴皂色头巾、穿白色齐膝上衣、白色单梁练鞋，鞋款系带形式不同。左侧一人着白色小口长裤，右侧一人裸出下肢，应着短裤。依据画面情节和酒罐器具、短衣特征可基本判断，其职业角色应为酒保（也可称为店小二），且依据着装品质看应为高级酒保。借其文字描述判断，其正以三百青铜钱为赚头给醉僧送酒而来。

[1] 由于历史原因，原图年代较长或者破损，导致本书部分引用图片不清晰，特此说明。——编者注

▲图2–10 《夜宴图》（局部，宋代，佚名）之宴会上的疑似酒保形象

该图虽然表达的是在士大夫的豪华庭院中举办的夜间文人雅集，但很有可能外请了高级酒楼的厨师、酒保等工作人员提供了私人服务。这种生活方式在宋代是很流行的。酒保的着装与高级阶层着装相呼应，巾带齐整，短衣配长裤、浅口鞋，浅褐色贯之全身。

从以上诸图基本可以揆度总结，高级酒店服务员（也可称酒保、店小二、店伙计、跑堂等）着装基本是头巾、窄袖短衣、小口长裤，炎热季节则会有白色裲裆上衣出现。其整体色彩是以白色为主，间有青、黑、棕绿等深色，材质也较为上乘，整体形制较为规整。而店老板基本没有职业着装，其常以燕居士大夫、乡绅等着装形象示人，不具备行业形象特征。

其次，小型酒店中的普通餐饮服务人员形象在宋代风俗画作中随处可见，其装扮表达直观明确，图2–10~图2–25主要展示了普通脚店工作人员和流动食货商的职业形象。

▲图2–11 《清明上河图》（局部，北宋，张择端，北京故宫博物院藏）之小酒馆伙计形象

该图表现了一位小酒馆伙计的典型形象，即穿着皂巾、袖管卷起的白色小袖短衣、白色小口长裤，腰间围裹具有标识性的白色围裙，手中持有同样是标识要素之一的白色巾帕。

▲图2–12 《清明上河图》（局部，北宋，张择端，北京故宫博物院藏）之小酒馆伙计形象

该图中的酒馆伙计与上图形象相似，只是将餐饮业常用的白色巾帕搭在了肩头，再现了当时该类职业工作中的另一典型形象。

▲图2-13 《清明上河图》（局部，北宋，张择端，北京故宫博物院藏）之流动食贩形象
此两图是《清明上河图》中流动食贩的代表着装形态。其左图为汴梁城内孙羊正店附近的流动食贩，着皂色头巾、白色短衣（应为其中单）、白色小口长裤、麻鞋，腰间系扎饮食业标识物即白色围裙，同时应是将应对天气冷暖变化的皂色备用外套扎于腰间，所持售货支架、托盘也是当时常见的行业工具。右图着装与左图相似，着皂色头巾、青灰色短衣、白色小口长裤、麻鞋，也在腰间系扎白色围裙，也持有售货支架，手托食盒。由两图比较可见，乍暖还寒之季节流动食贩的上衣色彩或浅或深不一，也属当今“乱穿衣”季节现象的古代表达。

▲图2-14 《清明上河图》（局部，北宋，张择端，北京故宫博物院藏）之摊贩形象
该图为《清明上河图》中内城楼门外近处街道拐角处的摊贩形象，亦应为餐食商贩。其头裹皂巾，着白色连身围裙和短款裲裆，裸露臂膀，根据挥汗如雨的场景判断，应是在做煎炸类餐食。

▲图2-15 《清明上河图》(局部，北宋，张择端，北京故宫博物院藏)之流动食贩形象

该图为《清明上河图》中的流动食贩形象描写，其挑担的应是小朋友喜爱的特色零食。左侧一人着皂色头巾，白色窄袖短衣，有腰带，下摆提起卷扎于腰，露出白色内单衣摆，下着小口白色长裤、草鞋。右侧一人为类似装扮，但扎着皂巾，上衣为浅皂色，下装相类，亦应为餐食商贩。

▲图2-16 《吕洞宾过岳阳楼图》(局部，元代，佚名，美国纽约大都会艺术博物馆藏)之食贩形象

该图左右边侧均有贩卖食品的商贩形象。左二人物形象为流动食贩，其头裹皂巾，白色交领右衽长袖上衣，白色长裤，右手举托红色食盘，左手轻提褐色酒罐，正在举目远眺飘然而去的吕洞宾之仙影。画面下排右三为一食摊商贩，黑色头巾、白色短袖衫(半臂)、腰系白色小围裙，白色小口长裤，腰插蒲扇；其左上为一头顶红色食盘的流动食贩，也应着黑色皂巾，穿白色裲裆衫，系白色围裙，下着白色小口长裤、练鞋。其三人着装共同印证了春夏季节的典型食贩形象。

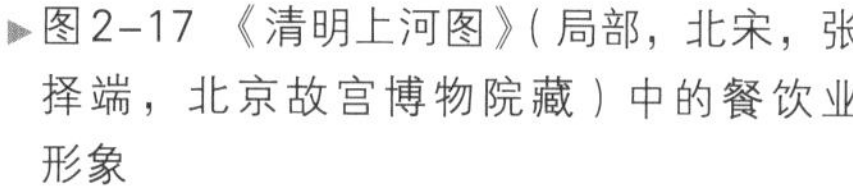

▶图2-17 《清明上河图》(局部，北宋，张择端，北京故宫博物院藏)中的餐饮业形象

左图所示为《清明上河图》中汴梁城外汴河码头附近茶肆的店伙计形象，其头裹皂巾，着白色裲裆衫，正在整理餐桌物件，是小食店伙计常见的春夏季着装形象。右图所示为《清明上河图》描绘的汴梁内城孙羊正店左侧临街食摊的摊贩形象，其头裹皂巾，穿白色圆领长袖上衣，卷起袖管，腰扎皂褐色围裙，下着白色小口长裤、草鞋。其深色围裙不多见，也许该类色彩是熟食摊贩常会有油污着裙而需的耐脏色。

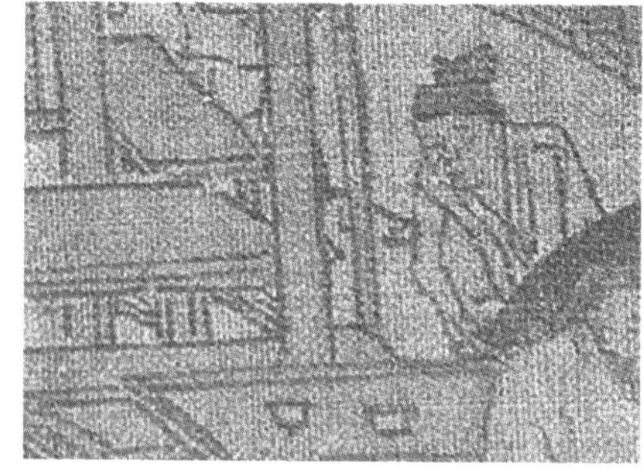

▶图2-18 《清明上河图》(局部，北宋，张择端，北京故宫博物院藏)中城内孙羊正店左侧肉铺职业形象

左图所示为汴梁城内孙羊正店左侧肉铺的店伙计形象，着白色窄口长袖圆领(领口散开)上衣，正在忙着切割待售的肉块。依据行业着装惯例，其应裹有皂色头巾，下着白色小口长裤、浅口鞋。右图所示人物形象肥头大耳，头裹皂巾，皂褐色长袖圆领(领口散开)上衣，卷起袖管，系白色围裙，内着白色内单，下着白色小口长裤，正盘腿坐于木凳之上，应为肉摊屠夫的典型形象。

▲图2-19 《清明上河图》(局部，北宋，张择端，北京故宫博物院藏)中的普通伙计形象

该局部图描绘了汴梁城外十千脚店中忙碌于搬运食材的普通店伙计形象。左侧一人头裹皂巾，着白色裲裆衣，腰扎褐色备用外套，下着白色齐膝束口短裤和草鞋；其紧邻的右侧一人也头裹皂巾、着白色裲裆衣、腰扎皂色备用外套，下装则为白色小口长裤和草鞋，最右侧一人也着褐巾，其余形象不完整，但应为相似着装。这些形象表明《清明上河图》所绘季节应为全天温差较大的清明时节，其三者着装便为体力劳动者春夏之交的典型形象。

▲图2-20 《清明上河图》(局部，北宋，张择端，北京故宫博物院藏)之汴梁城郊小食店的店家形象

该图所示为汴梁城郊普通小食店的店家形象。其头裹皂巾，上穿白色交领窄袖短衣，腰扎棕色围裙（可与图2-17右图进行比较，由此判断，其职业层级的围裙色彩可能不做规范要求），下着白色小口长裤、麻鞋。

◂图2-21 《清明上河图》(局部，北宋，张择端，北京故宫博物院藏)之汴梁城内孙羊正店前的小食摊

图中所绘为汴梁城内孙羊正店前的小食摊。其食贩着装均为皂色头巾、白色窄袖缺胯短衣、腰间系带、白色小口长裤配以草鞋的装扮。只是其未着围裙，据此判断应为在销售水果或某种甜食的摊贩。

▲图2-22 《明皇斗鸡图》（局部，南宋，李嵩〈传〉，美国纳尔逊·艾特金斯美术馆藏）中的食贩

该作品表现了围观唐玄宗斗鸡取乐场面的百工衣着，其中托举食盘、捧持食盒的应为餐饮业人员。其着装均为白色衣装。特别难得的是其中展示了少能见到的白色裹巾首服式样（可与图3-7比较）。白巾帽一般为丧服所备，少用于日常。目前尚未发现宋代相关文字记载，但《万历新昌县志》明确记载了与其有传承关系的明代平民着装："小民俭啬，惟粗布白衣而已。至无丧亦服孝衣帽，盈巷满街，即帽铺亦惟制白巾帽，绝不见有青色者，人皆买之。"说明生活贫苦的平民会着用白头巾的，可推断宋代穷人也会用白巾。左上托举食盘的食贩上衣应为圆领窄袖短衣，直观看是因方便所需而散开了衣领，呈外翻垂挂状。最右侧的一人则着白色交领短上衣，配小口长裤、练鞋。

▲图2-23 《卖浆图》（局部，南宋，佚名，黑龙江省博物馆藏）之茶贩形象

该图表现了茶贩们在售卖之余聚集在一起，彼此品尝交流茶汤的场景。茶贩们均着皂色纱巾，裹扎方式不一，上着白色或灰褐色交领或圆领窄袖短衣，衣领松散敞开，腰间所扎多孔革带应为便携物件之需，衣摆多提扎腰间以图便捷，下着白色小口长裤，裸露脚踝，着线鞋、布鞋或跣足。其后腰吊挂的伞装器物为席囊，是盛装茶叶的编制品。就其所携带器具、腰带、头巾等配件的鲜明特点可见，茶人着装具有高度的行业象征性与职业规范性（可参照图2-24）。

▲图2-24 《货郎图》（局部，南唐，李昇，北京故宫博物院藏）中的茶贩

这是南唐李昇所作的《货郎图》（局部），也表达了几个茶贩的着装，与图2-23可做不同时代的比较。画面中的茶贩着装款式相似，均含头巾、衣裤、鞋，但头巾、上衣色彩不一，与宋代所规制的"皂白二色"之平民着装差异甚大。茶贩们所着腰带均为不同色彩的布帛材质，不同于图2-23的多孔革带。其所带席囊为茶人常备之物，在后世被承袭。可见南唐与宋代茶贩服装之间的承继关系与时代异同。

▶图2-25 《盘车图》（局部，南宋，佚名，北京故宫博物院藏）之店伙计形象

该局部图描绘的是山林客栈的生活场景。其中的店家着皂巾、白色交领右衽小袖（束口）短衣、白色围裙、白色小口长裤、练鞋。这应是寒冷季节店家的常见打扮，上衣应为有里子的夹衣，且有中衣。宋代百姓常穿多层内衣御寒，当时尚缺填充棉絮的厚棉衣。

总体而言，宋代时期小型酒家及其他普通餐饮业服务人员着装与高级酒店相似，但是不够规范，着装局部随意、制服属性不强。具体来讲，小食店的店老板和店伙计等助手着装相差不大。店老板常有装扮为：裹巾自前额折后覆着后脑，具体细节形态不定，多皂色；其上衣多为白色交领小袖短上衣系扎白色或褐色短围裙，有条件的可配有皂色或其他深色外套（深色因染色成本高而使弱势家庭不能备，且因宋代平民用色规制严格而终为色彩单一）；其下着白色小口长裤与低帮鞋。而冬季多增加穿着层数，缺少专门的冬款职业装。有条件的还可能会穿相似款的粗毛褐（可与图2-26进行比较），加猪裘帽、耳暖等服饰。店伙计通常穿用：皂色或白色束髻小裹巾，白色交领、圆领右衽小袖短衣或裲裆衣，裹围裙，扎腰带，着白色小口长裤，低帮鞋（草鞋或麻鞋）；寒冷季节也常会增加内衣层数防寒。

接下来，可借助其他朝代的相关服饰图证（图2-27~图2-29）来对应深化宋代餐饮业平民职业服饰形象的理解，并对其间承继的经典形制有所认知与掌握。

▲图2-26 《太平风会图》（局部，元代，朱玉〈传〉，美国芝加哥艺术博物馆藏）之裘衣售卖

这幅落款为元代朱玉的作品应非元代，由其中平民六合帽、官员明式乌纱帽等细节判断应为明代作品，落款则是古人常有的伪托做法。该局部图是销售裘衣的市井流动商贩，可见明代平民有机会穿用质地粗糙的裘皮服饰，大概宋代也应有此类服饰。

◀图2-27 《清明上河图》(局部，清院本，台北故宫博物院藏)中的餐饮职业者

该版本《清明上河图》[为清宫画院的五位画家陈枚、孙祜、金昆、戴洪、程志道在1736年(乾隆元年)合作的纸本浅设色画，简称“清院本”]的局部，表现了一位肩搭巾帕的普通酒店店家(右1)，这是明清时期百工着装之典型形象。其着皂巾、青色窄袖交领右衽短上衣、黑色腰带、白色长裤、黑色低帮布鞋，基本形制沿袭北宋。但在细处可看到些许差异。例如，头巾式样更简洁，服装色彩搭配更丰富，上衣衣长短至臀围线，其裤裆部似更为宽博。其裤长不像北宋吊翘至踝部以上，也许是因为材质多为棉布，其比麻布垂感更好。

▲图2-28 《清明上河图》(局部，清院本，台北故宫博物院藏)中的餐饮职业者

该局部图表现了明清时期流动食贩的形象，同样是皂巾裹头，上着青色或褐色交领窄袖短衣并扎皂色腰带，内着白色中单，下配青色或本白色小口长裤、低帮皂色布鞋。

▲图2-29 《清明上河图》(局部，清院本，台北故宫博物院藏)中的餐饮职业者

该局部图中的流动食贩裹皂巾，着褐色小袖对襟结襻短衣。同前图所示，衣长相比宋代同类更短小；下所着白色宽裆小口长裤不露脚踝，与宋代不同；足配皂鞋，与白色多见的宋代也不同；再者，可综合此前多图看，此时百姓着装色彩丰富了许多。大概是染色工艺的改进促使了多色衣裤、皂鞋在平民中的普及。

上述清院本《清明上河图》所呈现的百工着装形象，典型再现了餐饮类平民职业装的特征：皂巾、青褐等多色类短衣及小口长裤。其形象大致类似于宋代，但差异也较明显，大概受到了理学思想、科技等综合因素的影响。

餐饮业职业人物形象在艺术作品中也常有表现，我们可以从其与历史真相间的比较中探寻异同，以进一步明确宋代平民服饰的特征(图2-30~图2-32)。

◀图2-30 连环画《七侠五义》(局部，赵明钧)中的店家着装[1]

该局部图为连环画《七侠五义》之一《包拯出世》中的店家着装形象。其左侧一人右手托举酒盘，扎髻无巾，肩搭巾帕，小袖短衣系扎腰带，小口长裤配以低帮麻鞋或草鞋，露脚踝。该形象基本如宋制，但腰部以下的服装细节层次相比历史实际明显更为短小简洁，更趋近明代形制(可与图2-27进行比较)。再者，画面中店小二不着头巾的现象在宋明并不多见。右侧站立于柜台之内的店家着头巾、窄袖短上衣、围裙、长裤，搭巾帕，也基本符合宋制，但上衣较短。从上述图例可断，宋代酒保短衣形象多为短摆内衣、裲裆单衣、提摆外衣的形象塑就，而实际的正式衣长均可至大腿中部或膝盖。所以可以判断，该画作受明代同类人物形象的影响更突出。

▲图2-31 连环画《水浒传》(局部，殷国庆)中的酒保着装[2]

该局部图中的酒保(右侧人物)头系裹巾，外穿长至大腿中部的裘皮半臂，内着长袖中单，下着扎系于膝裤之内的小口长裤，着低帮布鞋。相比宋制，其基本形制大概不错，但细节上有所出入。比如此处衣摆边缘多了饰边，膝裤穿着方式也不同于常藏于裤管之内的宋代习俗。该着装习惯也应是明代多见。

▲图2-32 连环画《水浒传》(局部)中的店小二[3]及流动食贩形象[4]

该局部图中的店小二(左图)以长巾扎髻，着交领右衽小袖短衣，其衣领饰有色织条纹宽领缘，衣摆也饰有宽衣缘；且系扎腰带，肩搭长巾，下着裤管扎于膝裤内的小口长裤与低帮鞋。其低帮鞋应为白麻布制作的练鞋。该服饰配套也基本符合宋制，但扎髻、花色宽领缘、衣摆宽饰边及膝裤应用方式在有宋一代的酒店职业形象中均非典型，应为戏剧着装形象的误导。其右图为流动食贩形象，是《水浒传》之武大郎角色。其扎裹巾，上着皂缘交领窄袖过膝直身衣，扎腰带，下装与左图基本类似，只是低帮鞋为皂鞋，是明代典型足衣形制。该形象中的皂缘衣领形态在宋代常用于公人、士人、官方侍役等，其他阶层不多见。

---

[1] [清]石玉昆:《七侠五义之一：包拯出世》，赵明钧，绘画；北京：海豚出版社，2008年，第62页。

[2] 刘洁:《水浒传之六：林教头雪夜上梁山》，殷国庆，绘画；北京：海豚出版社，2017年，第61页。

[3] 刘洁:《水浒传之六：林教头雪夜上梁山》，殷国庆，绘画；北京：海豚出版社，2017年，第6页。

[4] 刘洁:《水浒传之十一：武都头怒杀西门庆》，于绍文，绘画；北京：海豚出版社，2017年，第1页。

由此可见，餐饮业百工职业服饰有着共同的基因特征：相比其他行业，上衣衣长更短，可至大腿中部；系扎围裙、标识性裹巾及其他配件；衣裤更为短窄修身，整体实用功能至上（表2-1）。

表2-1　宋代酒店餐饮业的代表性服饰

类别	首服	体服	足服
图例	 《醉僧图》（南宋，佚名）局部  《夜宴图》（宋代，佚名）局部  《明皇斗鸡图》局部  《卖浆图》局部	  左：《醉僧图》（南宋，佚名）局部，右：《吕洞宾过岳阳楼图》局部   左：《清明上河图》（北宋，张择端）局部，右：《卖浆图》（南宋，佚名）局部	 《醉僧图》（南宋，佚名）局部：练鞋  《神骏图卷》（五代，佚名）局部：麻鞋（款式类同餐饮业） 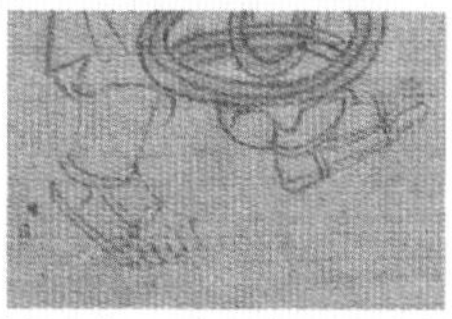 《饮酒图》（北宋，李公麟〈传〉）局部：草鞋
说明	宋代酒店餐饮业首服着裹巾为上，依据所处人群层级而在巾式、材质等方面差异微妙，但裹扎方式多为裹顶堆后型，顶部巾式轻松随意而不突出发髻形态	该行业体服多为不及膝修身缺胯上衣配小口散腿（即不扎绑腿或缚带）长裤，且多有围裙，取其便捷防污之实效。结合其配件则整体标识性强	该行业足服应因仪表所需而大多讲究，多为练鞋（麻、帛材质）、麻鞋。流动食贩在暖季多着草鞋。《神骏图卷》为五代作品，但可类比宋代。《饮酒图》的实际内容应为斗茶

结合上述系列图例可以总结，酒店餐饮业职业形象涵盖了高级酒楼及普通酒店的服务员（古称酒保、店小二、店伙计等）、迎宾员（基本由店小二代替，其旧称同前）、厨师（古称厨人）等职业范畴，因经营规格及内容不同各有差异。其中，店老板着装不具备职业特征，此处不予赘述。

二、交通运输物流业

宋代的交通运输物流业十分发达，这通过张择端的《清明上河图》所描绘的车水马龙、船来舟往之繁忙境况即可感受。当时的汴梁有着发达的运河经济网络，河道畅通至四通八达，船舶业发达而类型层次多样，各类行业均能通过河运经营。其陆路车轿租赁与官私营运商业也极为成熟。《东京梦华录》记载："士庶家与贵家婚嫁，亦乘檐子，只无脊上铜凤花朵，左右两军，自有假赁所在。"[1]还记载："寻常出街市干事，稍似路远倦行，逐坊巷桥市，自有假赁鞍马者，不过百钱。"[2]可见当时的运输租赁成本不高，这方便了大多数平民的快捷出行。从《清明上河图》画作中可见，大街上的使役牲畜很多，如骆驼、驴、马、牛等。另外还有运输人力，都忙碌在以汴梁为核心的庞大物流网络中。这都是前代无法相比的（图2-33~图2-73）。

此外，由于当时商业工作的繁忙，与其配套的外卖递送、公办邮差也很发达，这从前后图例（图2-6、图2-80、图2-81）可寻得业态踪迹。

▲图2-33 《清明上河图》（局部，北宋，张择端，北京故宫博物院藏）中虹桥上的挑夫

该图所绘挑夫头裹皂巾，白色裲裆衫着身，腰裹皂色外套，下着白色缚裤、草鞋，是宋代运输行业中重要的一类角色。

▲图2-34 《清明上河图》（局部，北宋，张择端，北京故宫博物院藏）之郊外挑夫

此处挑夫着青灰色交领小袖短衣，衣长至大腿中部。另扎腰带，头裹皂巾，下着白色、不及踝小口长裤和草鞋。

[1] [北宋]孟元老：《东京梦华录：精装插图本》，北京：中国画报出版社，2013年，第69页。

[2] [北宋]孟元老：《东京梦华录：精装插图本》，北京：中国画报出版社，2013年，第71页。

▲图2-35 《清明上河图》（局部，北宋，张择端，北京故宫博物院藏）之郊外挑夫

一袭白色修身衣裤装是该图中挑夫着装的基本特征：皂色头巾、白色及膝小袖上衣并扎腰带、七分小口白色长裤、草鞋等。

▲图2-36 《清明上河图》（局部，北宋，张择端，北京故宫博物院藏）中的城外挑夫

该图画面右侧挑着行李物品的两人也是挑夫。其左一位，皂巾裹头，上着白色小袖短衣，下着小口白色九分长裤，所着足衣为深色低帮鞋。右一位也为皂巾裹头，上着白色小袖短衣，扎腰带，同时系扎皂褐色外衣，所着小口白色长裤应有七分长度，足穿帛鞋。两者可能均为圆领上衣。整体来讲，两者衣装基本形态为白色修身衣裤装。

▲图2-37 《清明上河图》（局部，清院本，台北故宫博物院藏）中的挑夫

同样是清明时节，明代挑夫的着装形态则内敛了许多。其衣款形制偏于单一，均为交领小袖缺胯短衣，外扎腰带，宽松款小口长裤配棉布鞋。其长裤应因棉布材质而更加垂畅，不露脚踝。鞋子、上衣色彩均偏深且多不同，可见此时皂色等深色技术水平提升而流行。总体来看，短衣配裤的基本形态被传承，平民着装形制基因被进一步凸显。

▲图2-38 《清明上河图》（局部，北宋，张择端，北京故宫博物院藏）中汴河沿岸的搬运工和监工

左图表现的是正在从抵岸的货船上卸载货物的搬运工。其上衣色彩不一，但为皂白二色的范畴。其大多系扎腰带并提束衣摆以利于劳作，下着白色小口长裤、草鞋，有的还在腰间围裹了备用的皂褐色上衣。画面中还有一名正在发放计件竹竿的监工，着皂巾、圆领褐衣和白色长裤。由多图揆度，白色上衣多为中单，皂色或褐色应为大多数平民行业外套的通用色彩。右图中出现了劳动者常见的裲裆背心和缚裤，还有穿着犊鼻裈者，可见搬运工的着装是多样的。

▲图2-39 《清明上河图》(局部，北宋，张择端，北京故宫博物院藏)中汴河上的船夫

图中所示为货船上的船夫，均以皂巾裹头，着小袖交领或圆领上衣，也为皂(或褐)、白色，下摆提起扎于腰带内，下着白色小口长裤，裤裆多合体，裤腿缚裤或散开，足着草鞋。

▲图2-40 《清明上河图》(局部，北宋，张择端，北京故宫博物院藏)中汴河上的船夫

此图所示也是货船船夫，均以皂巾裹头，着小袖白色短上衣。船舱正在生火烧饭的船夫衣着简洁，穿白色小口长裤、练鞋，坐在船顶的船夫则为围摆扎腰的着装方式。

▲图2-41 《清明上河图》(局部，北宋，张择端，北京故宫博物院藏)中汴河上的船夫

此图也展现了货船船夫的典型形象。其均皂巾裹头，着皂褐或白色交领小袖短上衣，多以腰带扎提下摆的方式控制衣长以利于劳作。下着白色小口长裤、练鞋。由上下多图推敲，练鞋应多见于船夫。

▲图2-42 《清明上河图》(局部，北宋，张择端，北京故宫博物院藏)中汴河上的船夫

该图表现了货船船夫形象，其焦点是一位站在船顶正在焦急地喊话指挥处于危险之中的船只上的船工做出正确操作的老者。其以皂巾裹头，皂色外套裹身，衣长应可及膝，系扎腰带，下着白色小口长裤、练鞋。这应是货船上的管理者形象，其上衣可能是圆领。画面上半部的白衣船工所着体服类同前述船夫图例，其足服也多为练鞋。

◀图2-43 《清明上河图》(局部，北宋，张择端，北京故宫博物院藏)中汴河上的船夫

从上下两图可见，船夫着装与前述图例相类，进一步能够证实，船夫着装多短窄，且有交领、圆领之差异，应为不同工种之分别所在。其足服多练鞋，也应为职业标识所在。

◀图2-44 《清明上河图》(局部，北宋，张择端，北京故宫博物院藏)中汴河上的船夫

此图展示了船夫着装与虹桥上其他职业角色的异同。可见大多数职业均以皂巾裹首，着皂、白二色小袖短衣，其差异基本是细节之处，如裤式、巾式、领式等。处于虹桥栏杆外侧意欲协助行船掌控的白衣者应为同一机构或同为船运行业的职业者。其着装与船上人员相类，圆领、练鞋特征明显，还存有缚裤方式。

▲图2-45 《清明上河图》(局部，北宋，张择端，北京故宫博物院藏)中汴河上的船夫

此画面展示了一艘客船，立于船舷的船夫着装较为典型。其也以皂巾裹首，上穿交领右衽小袖短衣(衣摆提扎腰间而减短)，下着小口长裤，但似适当宽松，足着练鞋。

▲图2-46 《清明上河图》(局部，北宋，张择端，北京故宫博物院藏)中汴河边的人物

此图所示职业角色应为河运商和船夫，均有皂巾裹首。其中立于岸上与一褐衣人作揖交谈的河运商，着皂巾、皂褐色圆领右衽小袖过膝长衣，扎革带，下着白色长裤和练鞋。其余白衣者及船上皂衣者均为款式类同前述图例的船夫。

◀图2-47 汴河上的船夫塑像(开封博物馆陈列)

此图为开封博物馆陈列的汴河船工雕塑形象。其扎浅色头巾、着短衣与长裤，脚穿皂色布鞋，基本形制似乎与历史事实接近，但具体看细节多有不同。前述图例中皂巾裹首、白色或皂色短衣、白色小口长裤、练鞋等船工形象特征均未能表达出来。这应是依塑像作者的主观意象所作。

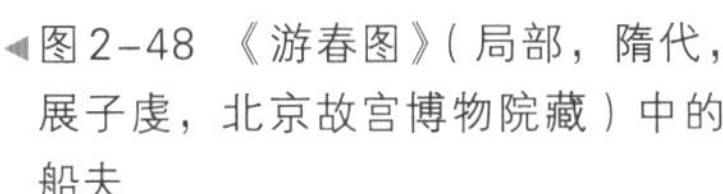

◀图2-48 《游春图》(局部，隋代，展子虔，北京故宫博物院藏)中的船夫

从该局部图可见，隋代船夫为皂巾(应为皂色幞头)、白衣、白裤、白鞋，这与宋代船夫着装常态是一致的，说明了宋代船夫衣着所具有的承袭性。

▲图2-49 《清明上河图》(局部，清院本，台北故宫博物院藏)中的船工

该图表现的船工着装色彩相比北宋船工鲜艳丰富许多。左侧船工头戴草色斗笠，着草绿色小袖短上衣、深色腰带、本白色小口长裤、褐色低帮鞋；右侧船工基本形制与左侧人物类似，只是色彩不同。整体来看，明清时期的船工服饰与宋代有一定差异，且相对自由，但基本形态还是短衣、长裤、低帮鞋的搭配，显示了对北宋以来服饰形制的传承性。

▲图2-50 《清明上河图》(局部，清院本，台北故宫博物院藏)中的船工

该局部图展示了多种色彩着装的船工。可见上衣普遍更短，交领形制在民间更普及，裤裆加宽，裤口松垂可遮住脚踝，蓝、黑等深色低帮布鞋普及，缚裤方式少见而行縢开始多见。此外，还可见船家有着皂巾、长衣、皂带、皂鞋的配套，此长款服式应为运输商多代沿袭的基本形制。

▲图2-51 《清明上河图》(局部，清院本，台北故宫博物院藏)中的船工

此图中有两位船工，分别位于小游船的左右两端。左侧船工为皂巾包首，着皂青色至膝小袖上衣(应为交领)，并提衣摆掖入腰带，下着本白色小口长裤；右侧船工则以巾带扎髻，着褐色至膝交领小袖上衣，下着浅青灰色小口长裤和皂色低帮鞋。两位船工较重视穿着的礼仪性，应为明清客船船工的典型形象，基本可类比宋代客船船工形象(图2-45)，只是在首服形态、裤料质感、服装色彩等细节上有所不同。

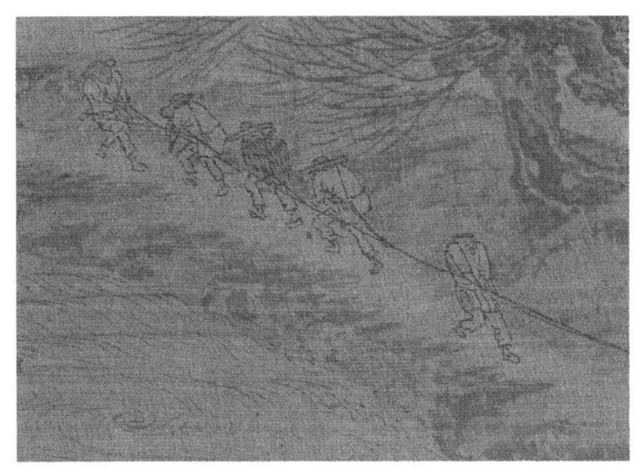

▲图2-52 《清明上河图》（局部，北宋，张择端，北京故宫博物院藏）中汴河边的纤夫

此局部图表现的人物形象是汴河边正在全力拉纤的纤夫。其着皂巾或本色草笠，上着白色圆领窄袖缺胯短衫，腰间扎带，下着白色小口窄裆长裤、草鞋。有的还披挂蓑衣，可能小雨刚过。可见，纤夫的基本衣式与船工相似，而局部有差异。

▲图2-53 《清明上河图》（局部，清院本，台北故宫博物院藏）中的纤夫形象

相比北宋《清明上河图》中的纤夫，此图衣着形态更整体完备，衣长更短，但色彩更丰富。裤为白、青、绿、褐色等，其裆更宽松，裤长过脚踝。鞋子色彩由白色转为棕色主体，应为棕线编制。首服也有不同，多为皂色网巾。

▲图2-54 《清明上河图》（局部，北宋，张择端，北京故宫博物院藏）中郊外的毛驴出租者

图中出租毛驴的租户（右侧两人）以后覆式皂巾裹首，外着齐膝圆领褐衣，领口松散外敞，腰间扎带，下着白色小口长裤、草鞋。其巾式、领式、衣式等行业特征鲜明。

▲图2-55 《清明上河图》（局部，北宋，张择端，北京故宫博物院藏）中城内的牛车车夫

图中牛车随从有三人，均为皂巾裹首形象。而牵牛者则是典型的车夫形象，只以皂巾系扎发髻，上穿白色小袖齐膝短衣，其衣领敞开外翻，可判断为圆领衣的闲散着装方式。腰间系白色巾带，上衣下摆部分上提扎腰，下着白色小口九分长裤、线鞋。

◀图2-56 《清明上河图》（局部，北宋，张择端，北京故宫博物院藏）中城内的牛车车夫

本图中的牛车车夫与前图（图2-55）相似，特别是前图中伴随两侧的随从形象在这里已呈现为车夫角色，其亦均为皂巾裹首形象，只是左下一位老者系扎腰间的外衣为白色。老者皂巾裹首且垂覆脑后（发髻应偏后），上着衣长至膝的白色小袖上衣，下着九分白色小口长裤与麻鞋。其右上一位年轻人，亦为同式样的头巾、上衣，只是裤子稍短，亦着麻鞋。由此可见，城内车夫不同于郊外车夫着装。

▲图2-57 《清明上河图》（局部，北宋，张择端，北京故宫博物院藏）中城内的驴车车夫

北宋张择端画作《清明上河图》中所描绘的驴车较多，结合前文判断，驴和牛应为北宋较为流行的使役动物。但运输车辆所使役牲畜无论是牛还是驴，其驾驭者即车夫之着装似乎差异不大。该画面中的车夫着装基本相同：皂首，巾式不一；上衣白色，圆领多见，后背均有背缝，两侧开衩，衣长至大腿中部，腰部裹有皂色外衣以备御寒；下着白色小口长裤，围度较窄，裤管舒展，或以缚裤方式将裤管提升并紧束于膝盖之下以图行动方便，足部配以草鞋。这应为大型远途运输车夫的典型着装。

▲图2-59 《清明上河图》（局部，北宋，张择端，北京故宫博物院藏）中城内的车夫与挑夫

此画面中部也有驴拉独轮车，二位车夫头戴笠帽，上下装形制基本一致，而颜色不同。前行者上着白色圆领小袖短衣，袖管卷起，腰间应扎有腰带，下摆提起裹扎于腰部，下着白色小口长裤，膝下缚裤，脚穿草鞋；后推者上衣为褐色缺胯圆领，腰间也应扎有腰带并提扎下摆，下着白色小口长裤，膝下缚裤，脚穿草鞋。而其画面下方的挑夫着装与之不同，皂巾裹首，上着小袖白色缺胯短衣，此应为内衣外穿，应为交领，外裹皂色外衣；下着白色小口七分长裤，足着草鞋。综上可以推测，车夫外衣基本为圆领缺胯上衣，衣长应至膝，皂色与白色兼有，内衣为白色交领短衣或裲裆衣，足部所着基本为草鞋或麻鞋，裤子或扎行縢、缚裤，或舒散裤管。

▲图2-58 《清明上河图》（局部，北宋，张择端，北京故宫博物院藏）中城内的车夫与挑夫

车夫与挑夫都是宋代重要的运输业从业者。画面的中上部以一头驴为运输助力的独轮车夫及其右后侧的挑夫、右下角的挑夫着装极为相近，均为皂巾、白色裲裆衣（背心）、白色裤子、低帮鞋，基本都将皂色外衣围裹于身（具体方式有差异），只是细节有所不同。例如，独轮车夫小腿部扎有行縢，脚着草鞋；右上挑夫下着白色小口长裤，裤管舒展，足着草鞋；右下左侧挑夫则着白色修身齐膝短裤，另一挑夫下装形态不明朗，二人应穿以草鞋。再者，民间挑夫多以皂巾扎髻。

▲图2-60 《清明上河图》(局部，北宋，张择端，北京故宫博物院藏)中城内的挑夫与车夫

画面中“刘家上色沉檀拣香”香药铺前的挑夫以皂巾扎首，上着浅褐色圆领缺胯小袖短衣，腰间扎带并提掖衣摆，下着白色小口七分长裤，足穿草鞋；其右侧车夫则皂巾裹首，着白色圆领缺胯小袖短衣，领口松散未扣，下摆提扎腰间，下着白色小口七分长裤，足穿草鞋。通过此处的首服比较可以发现，挑夫以皂色长巾扎髻者普遍，而车夫则以皂巾覆裹头部者居多。

▲图2-61 “三月蚕市”微缩场景(局部，成都博物馆陈列)之车夫与职役

此处展示了表现宋代成都“三月蚕市”繁忙景象的成都博物馆所制微缩场景局部。画面运输工作中走在前头的应为一位职役，其头戴皂色无脚幞头，上着皂色小袖、衣长齐臀而无侧开衩的短衣，腰间系带，下着小口长裤与皂色短靴；推车的车夫，头戴笠帽，穿浊褐色小袖、衣长齐臀两侧无开衩的短衣，腰间系带，下着较宽松长裤，扎行縢，着皂色浅口鞋。这与宋代实际情况是有出入的，职役短衣长度太短且无开衩，着筒靴也非典型。车夫在成都三月的气候下应以皂色头巾为典型，其着宽松裤的形象不多见，上衣无侧开衩的形象也不准确，其黑色敞口布鞋应为明代特征。今人所塑造宋代形象多不准确，一般会更多受到明清历史形象的干扰，其原因是宋人平民形象的相关研究成果较为缺乏。

◀图2-62 《清明上河图》（局部，北宋，张择端，北京故宫博物院藏）中郊外的驮货驴队

该局部画面中自丛林穿越而缓缓行进的驴驮队伍之驴夫似为一童役，黄发垂髫，束双丫髻，身着白色交领小袖短衣，腰间无束带，下着白色小口七分长裤、草鞋。

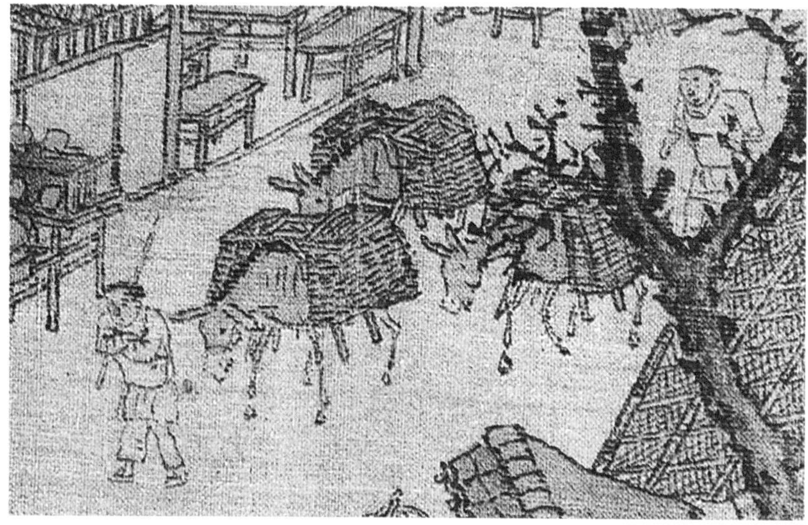

◀图2-63 《清明上河图》（局部，北宋，张择端，北京故宫博物院藏）中外城的驮货驴队

此图中驮运货物的驴队驴夫也应为一年轻人，其头发应有束带，着白色圆领小袖短衣，腰扎束带，下着白色小口九分长裤，足着草鞋。可见，乡下小型驴队驴夫着装缺少明确规范，只是多为白衣短装。

◀图2-64 《清明上河图》（局部，北宋，张择端，北京故宫博物院藏）中的驼队驼夫

画面中穿过汴梁内城门前行牵引骆驼的驼夫以皂巾裹首，裹髻部分后覆于脑勺；着皂褐色短上衣，领型应为圆领，腰间束带系挂外衣下摆，白色中衣露出底摆；下着白色小口长裤，其足衣也应为麻鞋或草鞋。北宋百姓因与西域各地商贸往来密切，受此影响而有圈养、使役骆驼的习惯，所以各城市驼队也常见。

▶图2-65　1987年四川广汉雒城镇宋墓出土北宋晚期牵物行进俑[1]（四川省文物考古研究所藏）

该陶俑表现的是官属侍役，也是典型的运输职业之马夫形象。其头巾裹扎有型、讲究，应为一种软装幞头式样。上着圆领小袖缺胯短身上衣，下摆提扎于腰带，中单衣摆外露，下着较宽松长裤、加缚裤，低帮鞋配膝裤。这里需要强调的是，圆领衣常用于官方役从，而提摆之着装方式则是宋代百工常见，职役着膝裤或行縢也较常见。其缚裤为当时的常用方式，但在后世逐渐少见。从中单常被露出的便捷着装表现，可以推测其长度极可能启发了后世百工衣长渐短的设计。

▲图2-66 《清明上河图》（局部，清院本，台北故宫博物院藏）中的车夫

由此左图可细察，明代车夫衣着对宋代也有较大程度沿袭。前行牵引车夫头部系扎一独髻且罩有网巾，上着白色小袖缺胯短衣，腰间系扎皂色腰带，下着白色宽松小口长裤、皂色低帮布鞋。后推者则戴斗笠，上着白色小袖短衣，也应有缺胯设计。右图独轮车夫均上着小袖缺胯短衣，腰间系扎皂色腰带，下着宽松小口长裤，扎有行縢，足登皂色低帮鞋。前后两人色彩不同，后推者上着皂色，裤为白色，而前行者上为白色，裤为蓝灰。这种色彩习惯及服装细节与宋代大不同。再者，明代平民上衣多见后背的过肩衣片结构设计（图2-67），比例也较大，其利于后身松量处理，可更合体，也因其一般为双层设计，而增加了耐磨牢度。这与宋代不同，可见明代服饰已趋向更为便捷实用的近代特征。

[1] 该图选自陈显双，敖天照：《四川广汉县雒城镇宋墓清理简报》，《考古》，1990年第2期，第123~130页，第196~199页。

▲图2-67 《清明上河图》(局部，清院本，台北故宫博物院藏)中的车夫、挑夫

画面中的车夫头裹皂色网巾，上着浅蓝灰色小袖缺胯短衣，此衣相较宋代更短小。其腰间系扎皂色腰带，下着藕荷色宽松小口长裤，扎有行縢，足登皂色低帮鞋。挑夫者，有的戴斗笠，有的裹巾子，其式样、色彩多样。上衣应交领居多，均较宋代短小，色彩多为浅青灰、灰褐色、藕荷色等。腰间均有束带，裤子围度多较宋代宽松，下扎行縢或松散裤管，裤长均过脚踝，足登皂色或褐色低帮布鞋。此时，缚裤已罕见。总体上看，明清百工衣着虽有实用演进，但形制规范性已不如宋代严格。

▲图2-68 《清明上河图》(局部，清院本，台北故宫博物院藏)中的车夫、挑夫

此图中的车夫与挑夫着装与前述明代特征基本一致。可以证实一点，上衣的交领形态、首服之网巾普遍，与宋代有差异。不过，明代百工更短窄而简洁的服饰形制即“短衣简型”之衣裤装形态更为纯粹、突出。

▲图2-69 《清明上河图》(局部，北宋，张择端，北京故宫博物院藏)中的郊外轿夫

还有一种重要的运输职业是该图所示的轿夫。此图中轿夫的着装模样不甚讲究，应为普通人家雇佣或者乡下轿行职业。其头裹皂色头巾，上着白色裲裆衫，腰间系扎褐色备用外套，下着短裤、草鞋。这种行装式样与城内轿夫差异明显，是边缘化的轿夫形象。

▲图2-70 《清明上河图》(局部，北宋，张择端，北京故宫博物院藏)中的虹桥轿夫

该图中的轿夫着装讲究，从其轿子制式规格及前驱喝道的随从人员行为特征可以判断，应为有一定势力的士绅所属轿夫。其着装以皂色为主体，头裹皂巾，上着小袖修体短衣(应为圆领右衽)，下着白色小口长裤、低帮麻鞋。值得注意的是，其腰间盘扎的备用外套和现着单衣均为皂色(外套色彩偏暖色)，这是不同于普通轿夫的，应是大家富户常有的轿夫形象。

▲图2-71 《清明上河图》(局部，北宋，张择端，北京故宫博物院藏)中外城的轿行轿夫

该图表现的是城外轿行轿夫进行出租交易的场面。其着装相较乡下同行讲究，以形态完整的白色衣裤装为主体。其头裹皂巾，上着白色交领或圆领小袖修体短衣，下着白色小口长裤、草鞋，腰间盘扎脱色严重的皂色外套或褡裢。这是轿行轿夫的典型形象，与士绅富户的专有轿夫着装不同。

▲图2-72 《清明上河图》(局部，北宋，张择端，北京故宫博物院藏)中孙羊正店正面大街上的轿夫

该图中有两组轿夫，着装明显不同，应为两类职业归属。左侧应为轿行轿夫的着装，与图2-71相似。而右侧轿夫应为士绅大户所属轿夫，衣着讲究，与图2-70相似。

▶图2-73 《清明上河图》(局部，清院本，台北故宫博物院藏)中的轿夫

图中上部是与宋代轿夫可做比较的明清轿夫形象。其着装色彩不一，头着裹巾，小袖短衣，衣摆也提裹于腰带，下着宽松长裤，或着行縢或散裤脚，足着布鞋。经比较可以看出，其与宋代差异明显，但衣裤装的基本特征有承袭。

由上述系列图例表现的诸多形象可以总结，宋代交通运输物流业职业形象涵盖了船夫、牛夫、驴夫、驼夫、车夫、挑夫、轿夫等多种职业范畴，皂白二色统领的衣裤装之“短衣简型”形态为其核心，偶有至膝盖以下的长衣配裤，下着低帮鞋。具体而言，其行业大类虽然相同，但因其具体所事各有不同而着装差异鲜明，不能一语而概之。不过，其中也有明确的代表性服饰式样（表2-2）。

表2-2　宋代交通运输物流业的代表性服饰

类别	首服	体服	足服
图例	四川广汉雒城镇宋墓出土北宋晚期牵物行进俑局部 《清明上河图》（北宋，张择端）局部	《清明上河图》（北宋，张择端）局部	《搜山图》（宋代，佚名，北京故宫博物院藏）局部：练鞋 《豳风七月图卷》（南宋，马和之〈传〉，美国弗利尔美术馆藏）局部：草鞋 《罗汉图》（南宋，刘松年，台北故宫博物院藏）局部：麻线鞋
说明	宋代交通运输物流业的典型首服式样有两种：后束髻式皂色裹巾、上束髻式皂色裹巾，分别用于平民与官方	该行业体服也较为多样，其典型特征以缚裤、行縢、裲裆背心为局部标识。小袖上衣领型含有圆领、交领等。官营运输机构着装形制完善，私营则较为随意轻松。运输行业的外衣色彩偏青灰色居多，并非准确的皂色	上述足服款式图例均非该行业实际图例，但其式样清晰，均可类同

需要说明的是，本书的实证资料中所采用的《清明上河图》等画作因印刷版本不同，其色调差异也较大，本书所选用局部图片也有差异。但其具体服饰式样已能够明确，同时为了尽可能准确表达色彩实际也做了合理甄选与调色处理。总之，所选图例均有必要的应用价值。

三、信息传输业

信息传输业在当代主要涵盖通讯、互联网、报纸杂志等概念范畴。该行业在古时候也存在，比如印刷术发达的北宋，书籍、报刊、图画等承载信息发达，图书编辑、印刷出版及销售三位一体的书坊遍布，行业十分繁荣，从业队伍庞大（图2-74~图2-82）。《东京梦华录》记载了相国寺的书市："殿后资圣门前，皆书籍、玩好、图画及诸路罢任官员土物香药之类。后廊皆日者货术、传神之类。"❶又曰："寺东门大街，皆是幞头、腰带、书籍、冠朵铺席，丁家素茶。"❷还记载了同为信息类的书画艺术品："以东街北曰潘楼酒店，其下每日自五更市合，买卖衣物书画珍玩犀玉。"❸虽然宋代文献记载显示书坊等出版信息业较为发达，但存世图像记载并不多见。再者，宋朝的邮政业务也十分发达，出现了职业化的、体系健全的递铺衙门，这在前文已有记述，其中的从业者归当时的兵部管理。

▲图2-74　宋代书坊微缩场景中的职业着装（扬州中国雕版印刷博物馆藏）

该图书坊中的工作人员之首服为头巾，短衣长裤搭配，着低帮鞋，整体质朴便捷，基本符合宋代平民着装的基本格调。但其头巾普遍为上束髻裹头方式，不同于自然随意而多样的宋代伎术职业常有裹头方式，所以其塑像作为当代人作品应较多参考了明代形象。而其他如小袖交领短衣、窄口长裤、低帮鞋等服饰形制则较为符合宋、元、明、清等多代实际（当然每个朝代间也存有细节差异）。

❶[北宋]孟元老：《东京梦华录：精装插图本》，北京：中国画报出版社，2013年，第45页。

❷[北宋]孟元老：《东京梦华录：精装插图本》，北京：中国画报出版社，2013年，第47页。

❸[北宋]孟元老：《东京梦华录：精装插图本》，北京：中国画报出版社，2013年，第27页。

◀图2–75　活版印刷术发明人毕昇职业形象（中国人民银行1988年发行的中国杰出历史人物银质纪念币）

该图所示为中国人民银行于1988年发行的中国杰出历史人物金银纪念币第五组中的一枚银质币，核心人物形象为北宋活字印刷术发明者毕昇。该形象首服为幞头，上衣为长款圆领袍并扎系腰带，此形象是否属实呢？山西省高平市开化寺壁画中有类似的形象（图2–76），其裹皂色头巾，着白色圆领窄袖缺胯过膝袍，腰扎白色帛带，内着皂青色齐膝裳和纳补丁白色长裤，足着白色麻鞋。这是北宋中后期常见平民着装形象，一般用于士人、职役、伎术等职业。毕昇工作于文化机构（书坊），所以银币上的形象应属合理（该形象还可参考图2–77）。

▲图2–76　平民职业形象（山西省高平市开化寺壁画，局部）

▲图2–77　毕昇像（开封博物馆陈列）

该塑像首服为后覆式头巾，着圆领右衽小袖及膝短上衣，腰间系带，下着长裤加膝裤、低帮浅口鞋。其着装形制也基本准确，符合宋代大多数劳动者的形象，但其下半身更具有明代衣着特征。

◀图2-78 《清明上河图》（局部，元秘府本〈传〉，美国国会图书馆藏）中书坊职业着装

该图取自被传为“元秘府本”的《清明上河图》，被认为是北宋张择端的另一真迹，现藏美国国会图书馆。其最初装于一个木制匣子中，木匣刻有“张泽(为‘择’之误写)端清明上河图”，画卷题有“张择端清明上河图，妙品”，盖有元代“秘古阁藏”之印，故称“元秘府本”。但是，宋代棉花种植尚不普及，技术也不成熟，所以其中表现的“棉花行”应不属宋代实际。再者从砖砌城墙、石拱桥等建筑材质，以及无业主姓氏的书坊市招、绘画技法等也可判定此图不应为宋代版本，非张择端所作，而应为元代或明代之作，元代“秘古阁藏”之印也极可能是伪造。所以其中的书坊职业形象也非宋代典型形象。但是，依据其基本巾式、深色小袖上衣等装扮也可以大致判断该类职业者在宋代的基本形象。

▲图2-79 《清明上河图》（局部，明代，仇英，辽宁省博物馆藏）中书坊职业着装

该图取自明代画家仇英所摹绘的《清明上河图》（辽宁省博物馆藏）局部。图中书坊柜台内的店伙计就是一位典型的传媒职业者，其着装为上束髻，以皂色网巾裹首，姜黄小袖交领修身短衣着身，下着之裤应为小口长裤，并配皂色低帮布鞋。走出店门的应为其另外的店伙计，估计是负责整理、搬运之劳力者，其上衣色彩为青绿色，且其束口短裤的裤型也应不同于柜台内的销售者。这些形象细节虽非北宋典型，但基本也反映了该行业着装特征：皂色裹巾、深色上衣、小口白裤、低帮鞋。

▲图2-80 《清明上河图》（局部，元本，北京歌华会馆藏）中书画铺的职业着装

此图据传是元代画作，可见其街头行人所着头巾、鞋裤等形式与宋代形象相近，相比明代《清明上河图》版本之市井百态的摹写，更接近宋代实际。其所绘左二店铺应为售卖书画艺术品的书画店，属于信息传播行业。其中店家裹皂巾，着灰青绿色小袖交领衣。依据同期平民着装常态及普通商人形象判断，其下装应为白色小口长裤。

◀图2-81 《四烈妇图册》(局部，元代，佚名，广州艺术博物院藏)中的铺兵

该图中铺兵(宋代前被称为递夫，也称为驿卒。宋代的递夫由乡民改为兵部士卒充任，实现职业化，称为铺兵)正在飞马报送急件。作品内容虽然是元代背景，但基本形象则为自宋代承继之式样。两位驿卒均束发髻，着缚裤、裹肚(袍肚)、护腰(捍腰)及乌靴，腰束革带。其外着朱红或灰褐色交领袍，并将两袍袖以勒帛横穿袖管后在背颈处系扎，以图便捷。袍内着小袖中单。这里凸显了较具特色的宋代通信兵着装形象，也是运输物流业的一类形象。

▲图2-82 《清明上河图》(局部，北宋，张择端，北京故宫博物院藏)中的铺兵形象

此图所示内容为递铺衙门口正闲卧一处的铺兵形象。这些人头裹形态随意的头巾，着皂白不一的圆领缺胯小袖短衣，下着白色缚裤、麻鞋，或着长裤配膝裤。值得注意的是，此类公人外衣内着有淡红色半臂，应是其职业标识性的局部。这些形象与图2-81中的铺兵形象差异较大。在宋代，递铺得以创建，而原来发挥类似功能的驿站此时被称为馆驿，专门用于使节寄宿，与递铺功能分列，这意味着递送信件物品的工作被职业化。同时，邮递业务有步递、马递和急脚递之分。沈括所撰《梦溪笔谈》卷十一记载："驿传旧有三等，曰步递、马递、急脚递。急脚递最遽，日行四百里，唯军兴则用之。熙宁中，又有'金字牌急脚递'，如古之羽檄也。以木牌朱漆黄金字，光明眩目，过如飞电，望之者无不避路。日行五百余里。"❶所以，图2-81应为"金字牌急脚递"着装，军中所用，着装更为高级、规范。而此局部图中的铺兵着装应为步递与普通马递两类职业形象。

❶[北宋]沈括：《梦溪笔谈》卷十一，扬州：广陵书社，2017年，第71页。

另外，宋代汴梁、临安城市经济发达，各行出行交际频繁，对时间和天气境况的掌握要求极高，所以打更报晓、通报治安状况者不可少。该类职业除了更夫等职役（图2-83）要按时巡夜打更、通报时间和治安情况外，寺院中的行者也大范围充当了这一岗位角色。《东京梦华录》记载："每日交五更，诸寺院行者打铁牌子或木鱼，循门报晓，亦各分地分，日间求化。诸趋朝入市之人，闻此而起。"[1]所以，行者的职业形象也常归入该类。此处所言行者，即在寺院服杂役而未剃发的佛教徒，基本服饰与民间普通着装相似，但多为直裰形制，也可着其他袍衫（图2-84~图2-88）。

信息传输类职业形象在宋代之前少有图像证明资料，其原因是此前业态尚未发达，特别是印刷记录及传播技术也未成熟，书坊等信息集散地规模也较小，不易形成职业化从业队伍，其形象也就难以专有。至于军队中的递夫等也未发现有专业化发展迹象。

▲图2-83 《清明上河图》（局部，北宋，张择端，北京故宫博物院藏）中的职役形象

该局部图所示为汴梁内城城楼所在，楼上是一位值守人员，应为传递信息的鼓楼职役，或许为更夫。其正在扶栏观看楼下税铺里因税务之争而发生的争吵。该职役头裹皂巾，上穿白色袍服，应是典型的值守差役形象。其袍服长度可至膝盖上下，应为圆领缺胯窄袖袍，该形制多用于宋代差役。作为宋代地位较低的职役，其下所着应为白色小口长裤和线鞋，以取其便利。

[1] [北宋]孟元老：《东京梦华录：精装插图本》，北京：中国画报出版社，2013年，第59页。

◀图2-84 《释真慧罗汉补衲图》（局部，明代，佚名，美国弗利尔美术馆藏）中的行者形象

该图为美国弗利尔美术馆收藏的画作《释真慧罗汉补衲图》，虽为明代作品，但为临摹宋代刘松年作品，佛家服饰为宋代衣制。其局部表现了一位侍奉在释真慧罗汉旁侧的行者形象。其蓄发，着青灰色交领直裰，腰间扎帛带，内着白色中衣，此形象应能与行走于汴京大街按时循门报晓的行者相合。

◀图2-85 《罗汉洗濯图》（局部，南宋，林庭珪，美国弗利尔美术馆藏）中的行者形象

此图是美国弗利尔美术馆收藏的《罗汉洗濯图》，其局部左上表现了一个行者半身像。与图2-84相似，依然是蓄发，姜黄色圆领衫，内着白色中单，肩背罗汉席帽等生活用具。

▲图2-86 《祖师图之沩山踢瓶》（局部，日本室町时代，狩野元信，东京国立博物馆藏）中的头陀形象

该日本画作表现了一名头陀形象，也是中国行者的常有形象。其蓄发，着姜黄色交领大袖袍，为直裰式样，内着白色内单，下着阔口白裤和红灰色单梁帛鞋。其形象与宋代行者基本一致。

▲图2-87《罗汉图》系列之二（局部，南宋，刘松年，台北故宫博物院藏）中的行者形象

此图为台北故宫博物院收藏的《罗汉图》系列之二的一个局部，表现了一位侍奉于罗汉身边的、服杂役的行者形象。从其长相及衣冠更倾向西方特征，但其式样在宋代也可见。其蓄发并扎有抹额，上穿灰色圆领窄袖缺胯长衫，颈部缠绕长巾，腰部扎革带，内着姜黄短裤、姜黄丁字夹趾拖鞋，手持木杖、斜背水壶。

▲图2-88 《祖师图之大满送大智》（局部，日本室町时代，狩野元信，东京国立博物馆藏）中的头陀形象
此局部图表现了一位日本室町时代的行者形象，也类同中国宋代。其裹皂色头巾，着皂色交领袍，内着白色内单，腰间系白色帛带，下着白裤，能从侧面反映宋代报晓人的一种着装。

由前文图中形象总结，信息传输业职业涉及书坊刻工及销售者、铺兵（或称驿卒、递夫等）、更夫等公私多种职业范畴，形象差异较大，难以概括，可各以相关图片予以定向具体认知。

四、金融典当业

北宋大部分时间经济繁荣，其金融典当业自然也十分发达，政府设置的官营金融机构类别多样，如交引库、権货务、便钱务、交子务、抵当所、检校库等。同时还有私营的质库、兑便铺等金融机构。《东京梦华录》有记载："街东皆酒食店舍，博易场户，艺人勾肆，质库，不以几日解下，只至闭池，便典没出卖。"❶还载曰："南通一巷，谓之'界身'，并是金银彩帛交易之所，屋宇雄壮，门面广阔，望之森然。每一交易，动即千万，骇人闻见。"❷可见其行业的繁盛。尽管如此，其从业者形象却少有历史图像记载。

据图2-89及其文字说明中的形象表达内容，在堪称中华风俗第一名作的张择端版《清明上河图》中却极难发现类似图例，不戴帽的造型多为白衣平民或皂衣苦役，缺少与《东京梦华录》中描述的对应形象。由此也可以体现金融业工作者着装形象的专有、独特之处，少有类似。这也从侧面凸显了宋代画家社会关注视角的独特性。

❶[北宋]孟元老：《东京梦华录：精装插图本》，北京：中国画报出版社，2013年，第129页。
❷[北宋]孟元老：《东京梦华录：精装插图本》，北京：中国画报出版社，2013年，第27页。

▲图2-89 《宋代交子与纸币发行》（当代，周京新、单鼎凯，中华史诗美术大展）中的金融业者形象

该图为2016年由中国文学艺术界联合会等机构主办的“中华史诗美术大展”参展作品。其右上表现了会子纸局的工作画面，其中的主理人员（掌事）为头巾束发，着皂色交领上衣。前文《东京梦华录》对质库掌事形象的记载是：“质库掌事，即着皂衫、角带，不顶帽之类。”质库掌事是金融业的一个典型角色，即典当行主理人，其着装与交子务掌事相类同。这类着装在南宋时期也有延续，但稍有不同，南宋加了裹巾首服。前文《梦粱录》已述：“质库掌事，裹巾著皂衫角带……”可见着皂衫与角带是该形象的典型。所以，该画作对金融业从业者的形象描绘基本准确。

五、中介服务业

因工商各业的大繁荣，而使北宋中介服务业即经纪人行业也十分发达，该行业被称为牙行，从业者在此时期被称为牙人、牙侩等。

前文《东京梦华录》已述：“凡雇觅人力，干当人、酒食作匠之类，各有行老供雇。觅女使即有引至牙人。”这是对牙人在雇佣人力方面的作用表述，《清明上河图》对此也有描绘（图2-90、图2-91）。

▶图2-90 《清明上河图》（局部，北宋，张择端，北京故宫博物院藏）中内城门外的牙人形象

图中展示的是汴梁内城门外的一个人力市场所在。其中一位裹皂巾，着圆领褐色窄袖短衣并提扎下摆，且在腰间裹着皂巾，下着白色小口长裤、练鞋的男性应为雇佣人力的行老，他似乎正在试图说服跪地乞讨者来充当他的人力。

▲图2-91 《清明上河图》（局部，北宋，张择端，北京故宫博物院藏）中虹桥上的牙人形象
该左图所绘为虹桥上的一个牙人形象，即其中左上者。其裹皂巾，着深青灰色交领窄袖短衣，腰裹皂灰色巾帕（应为该行业标识元素），下着白色小口长裤、练鞋，应为商贸交易类的牙人形象。他似乎正在试图说服右下侧货商与之达成交易。右图所绘二人均应为牙人职业，均裹皂巾，着深青灰交领或白色窄袖短衣，腰裹本白色或灰褐色巾帕，下着白色小口长裤、练鞋，也应为商贸交易类的牙人形象，似乎也正在招呼迎面而来的货商，与之协商交易。

上图总结展示了北宋牙人在租雇和商贸活动中的工作形象，大概是皂巾、腰系巾帕，白裤、白鞋，且多为深色上衣，具体应因工作范畴而有所差异。牙人不仅在北宋普遍存在，在其后的南宋等朝代也存在并发展迅猛。清人徐松所著《宋会要辑稿》记载："太府寺置牙人四名，收买和剂局药材，每贯支牙钱五文，于客人卖药材钱内支。"❶可见南宋官方有牙人设置。南宋著作《名公书判清明集》也基于商人与牙人的职业比较做出了特征阐述："大凡求利，莫难于商贾，莫易于牙侩。奔走道途之间，蒙犯风波之险，此商贾之难也，而牙侩则安坐而取之；数倍之本，趋锥刀之利，或计算不至，或时月不对，则亏折本柄者常八九，此又商贾之所难也，而牙侩则不问其利息之有无，而己之所解落者一定而不可减。"❷这些描述在一定程度上有助于今人对牙人职业的理解。牙人形象在多个朝代都有较为独特的职业形象设定，如《广韵·泰韵》就记载了晋代牙人个性突出的形象特征："'侩'：'晋令'中有，侩卖者皆当着巾，白帖额，题所侩卖者姓名，一足着白履，一足着黑履。"❸虽然后世多代并未传承这种一白一黑之阴阳鞋的奇异着装，但这对后代牙人远不同于一般职业的着装定位应产生了个性化风格影响。

❶[清]徐松：《宋会要辑稿》，北京：中华书局，1957年，第5753页。
❷[南宋]佚名：《名公书判清明集》，北京：中华书局，1987年，第409页。
❸滕华英：《古代经纪人称谓之演变》，《长江大学学报（社会科学版）》，2011年第34卷第10期，第172页。

六、卫生及社会保障业

在发达的社会经济与科技支撑下，北宋的卫生和社会保障业达到了新高度。此时期，针灸铜人、儿科妇科等医疗科技与多科平衡的医疗事业，都进入了新的繁荣阶段（图2-92~图2-94），郎中群体庞大，医馆遍布。同时，人力资源管理、公共设施建设与维护、社会福利建设等都呈现科学化、规范化发展趋势。如前所述，有专门的人力雇佣牙人负责人力资源统筹，这是在政府主导下的行业管理。《东京梦华录》记载："每坊巷三百步许，有军巡铺屋一所，铺兵五人，夜间巡警，收领公事。又于高处砖砌望火楼，楼上有人卓望。……每遇有遗火去处，则有马军奔报军厢主。马步军、殿前三衙、开封府各领军汲水扑灭，不劳百姓。"[1]这是对消防兵的记载，可见当时的消防队伍已经职业化。还记载："日有支纳，下卸即有下卸指军兵士支遣即有袋家，每人肩两石布袋。遇有支遣，仓前成市。近新城有草场二十馀所。每遇冬月诸乡纳粟秆草，牛车阗塞道路，车尾相衔，数千万量不绝，场内堆积如山。诸军打请，营在州北，即往州南仓，不许雇人般担，并要亲自肩来，祖宗之法也。"[2]这里的有袋家能够专职负责粮草搬运的管理以支撑军营和社会赈济。南宋也延续了这种赈济机制。《梦粱录》记载："宋朝行都于杭，若军若民，生者死者，皆蒙雨露之恩。……或年岁荒歉，米价顿穷，官司置立米场，以官米赈济，或量收价钱，务在实惠及民。"[3]北宋还建有专门用于救济鳏寡孤独的居养院、收养医治患病贫民的安济坊、支撑掩埋无名尸骨的助葬机构漏泽院等社会保障机构，南宋也延续之并改制有养济院、漏泽院。南宋还创建了慈幼局、施药局等新的官办保障机构，这在《梦粱录》中也有载："民有疾病，州府置施药局于戒子桥西，委官监督，依方修制丸散㕮咀。……局侧有局名慈幼，官给钱典雇乳妇，养在局中，如陋巷贫穷之家，或男女幼而失母，或无力抚养，抛弃于街坊，官收归局养之，月给钱米绢布，使其饱暖，养育成人，听其自便生理，官无所拘。"[4]可见宋代社会保障体系的健全，也可揆度其职业化队伍建设的完善。这在前朝是很难实现的，且在元、明、清日渐势衰。所以，宋代社会保障业的职业化发展达到了封建社会的高峰。

在宋代卫生医疗系统中，小袖高衩衣不系带的褙子形象多见（图2-95~图2-97）。褙子，也称为背子。《演繁露》阐释曰："今人服公裳，必衷以背子。背子者，状如单襦、袷袄，特其裾加长，直垂至足焉耳，其实古之中禅也。禅之字，或为单，皆音单也。……中单之制，正如今人背子，而两腋有交带横束其上。今世之慕古者，两腋各垂双带，以准单之带，即本此也。"[5]这是对宋代长至脚踝的褙子作为公服中衣的描述，还强调了褙子与襦、袄形制的相似，只是衣长加长，且有带子自两腋垂下，这是对中单的模拟，但多已不用。而对于宋代的大多数普通人来说，褙子的长度是可长可短的，衣领也分为直领、圆领、交领等多种，且多作为外衣穿用。《大宋宣和遗事》载："是时底王孙、

---

[1] [北宋]孟元老：《东京梦华录：精装插图本》，北京：中国画报出版社，2013年，第58页。

[2] [北宋]孟元老：《东京梦华录：精装插图本》，北京：中国画报出版社，2013年，第15-16页。

[3] 上海师范大学古籍整理研究所：《全宋笔记》（第八编第五册），郑州：大象出版社，2017年，第283页。

[4] 上海师范大学古籍整理研究所：《全宋笔记》（第八编第五册），郑州：大象出版社，2017年，第284页。

[5] 上海师范大学古籍整理研究所：《全宋笔记》（第四编第八册），郑州：大象出版社，2008年，第183页。

▲图2-92 北宋医书、针灸铜人模型（开封博物馆陈列）

▲图2-93 北宋儿科图例《钱乙与六味地黄丸》（开封博物馆展示）

公子、才子、伎人、男子汉，都是了顶背带头巾，窄地长背子，宽口袴，侧面丝鞋。”[1]可见褙子在宋末男子服装中多为窄身，与皂色了顶裹巾、宽口长裤、丝鞋相搭配（图2-98）。

▲图2-94 《清明上河图》（局部，北宋，张择端，北京故宫博物院藏）中的郎中形象

该局部图是对汴梁城内赵太丞家医铺的店面表达，应为宋代有代表性的大医铺，规格较高。其中的郎中（右一）头裹皂巾，上衣为褐色、侧边高开衩的窄袖短衣，无腰带而腋下有带子垂下，为男式褙子制式（褙子式样多种，普通百姓着褙长度多齐膝，参考图2-98），内配以白色中单。下则着白色大口长裤、练鞋。

▲图2-95 陕西省韩城市盘乐村宋墓壁画中的医师形象

该图为陕西省韩城市盘乐村宋墓壁画之局部，其中描写的是边研究医书边忙着备药的两位医师形象（右侧二人）。其均着皂色头巾，式样统一，上着白色或褐色圆领窄袖长褙子，内着白色中单，下着白色尖头鞋。这应为宋代医学管理机构的医师形象。

▶图2-96 陕西省韩城市盘乐村宋墓壁画中的墓主人形象

该图是图2-95所述壁画中的墓主人形象，其角色应为宋代具有一定政治地位的高级医疗机构管理者，也为医师职业。从其鞋履及上图医师、左侧扎髻缚带并持药盒者所着翘头白鞋可推测官办医疗机构的医师鞋履之制式。该医师头戴皂色丫顶高巾，上着圆领小袖皂色长袍（应为公服褙子，可比较明代式样，即图2-97），内着白色中单，应为宋代典型儒医形象。

[1] 上海古典文学出版社：《新刊大宋宣和遗事》，上海：上海古典文学出版社，1954年，第143页。

▲图2-97 明代郎中着褙子形象

左为《清明上河图》(局部，明代，仇英，辽宁省博物馆藏)中的郎中，右为《太平风会图》(局部，元代，朱玉〈传〉，美国芝加哥艺术博物馆藏)中的郎中(药摊内人物)，分别为着交领、圆领褙子的明代医师形象，可比较理解宋代医师着装。

▲图2-98 《清明上河图》(局部，北宋，张择端，北京故宫博物院藏)中着男式褙子的形象

该图左一人物所着应为宋代男式褙子的典型形制，只是其制式为士人着褙形象，与图2-94中的郎中不同。该衣长至足，浅灰色交领窄袖，也无腰带，两侧开衩高至腋下并附垂带。与之交谈中的男性也应为同类职业，浅红褐色窄袖长褙子，腋下高开衩，无腰带。画面右一男性也着腋下高开衩的灰褐色窄袖褙子，皂巾、阔口白裤、白丝鞋，无腰带；示以正面的皂巾胖体男性，着浅红褐色窄袖褙子，宽口白裤，皂鞋。此二人与上述郎中着装基本相同。

另有一些走方郎中、村医等着装则与城内具有固定处所的医铺郎中不同，其均有自己的特色衣着(图2-99~图2-101)。

▲图2-99　宋元郎中

左图为北宋张择端所作《清明上河图》，局部表现了宋都汴梁城郊汴河边上的走方郎中形象（但也有人认为其为算命先生）。其头戴褐色丫顶幞头，着灰褐色圆领窄身小袖长衫，腰扎黑绦带，下着低帮练鞋。右图则为山西省右玉县旧城城关镇宝宁寺水陆画《往古九流百家诸士艺术众》中的元代郎中，着装相类于宋代。其所着与左图相似，只是所着巾裹不同，其为东坡巾。可见圆领为宋代常规郎中领型。

▲图2-100《清明上河图》（局部，北宋，张择端，北京故宫博物院藏）中随地摆摊的走方郎中

此图所表现的是汴京外城斜街上摆药摊的走方郎中着装形象（也可能为占卜师），与图2-99左图着装近似，头戴皂色丫顶幞头，着褐色交领小袖长衫。由此可知，交领在郎中服装中也有应用，与明代常有形象相类。

▲图2-101 《灸艾图》(局部，南宋，李唐，台北故宫博物院藏)中的村医形象

此局部图表现了村医为村民实施艾灸治疗的场面。正在进行诊治的老年村医(右二)，头戴皂青色幞头，上身为浅青灰色小袖圆领短衣，腰扎同色帛带，下着近乎同色的小口长裤、低帮浅口棕鞋。从破损的裤管、打了补丁的衣身可以判断，这是游走于穷苦乡村的普通村医，但其衣着尽可能地保持了乡下村医的职业化形象。

综上所述，医生着装因其具体职业岗位、社会地位不同而也有多样化形态。

卫生及社会保障业所涉及公共设施建设与维护、社会福利等相关机构均为官方所属，其从业人员的职业所属为职役，形象规制严苛而更具统治意志表征性(图2-102~图2-109)。

◀图2-102 《清明上河图》(局部，北宋，张择端，北京故宫博物院藏)中的铺兵

北宋军巡铺虽为城市常设消防治安兵种，但其铺兵少有形象记载。结合前文所述(“交通运输物流业”中的递铺铺兵)可断，铺兵包含巡警与递送信函公文之兵职。不过结合具体工作，其所附着的符号标识和相关职业工具应有不同。所以，据图2-82中的递铺铺兵形象也应可以推测军巡铺相关着装，即本局部图所表现应为社会保障行业中常见的兵卒形象。另外，负责京师安全的还有禁军之兵种，这从《东京梦华录》之前文阐述可以明确。再者，《续资治通鉴长编》也记载:“(景德四年十二月五日丁酉)京城河南草场遗火，城外都巡检、步军副都指挥使王隐命殿前虎翼都虞侯高鸾以近便营兵救扑之。”[1]充分说明禁军常作为京城安全的保障力量，其形象即为社会保障业职业形象之一。

[1] 李焘:《续资治通鉴长编》卷六七，上海师范大学古籍整理研究所、华东师范大学古籍整理研究所，点校；北京：中华书局，2004年，第1511页。

▲图2-103 《春游晚归图》（局部，宋代，佚名，北京故宫博物院藏）中的官差

该画作名为《春游晚归图》，描写的是官吏携领一众差役春游而晚归的情景。但据沈从文先生分析，此应为县官赴任情景，且认为其中的公差人员所着幞头为曲脚式样❶。总体来看，该图差役形象除了首服式样外，其他服饰形态与前述《清明上河图》所绘递铺铺兵相类似，也应与军巡铺铺兵相近似，即为社会保障力量中的衣着形象之一。

▶图2-104 差役形象（2005年电视剧《大宋提刑官》剧照局部，中国国际电视总公司出品）

该局部图来自2005年开播的电视剧《大宋提刑官》（何冰主演）剧照，该差役为武士出身，所着交脚幞头、紫色袍、腰间裹肚的形象虽有一定的主观演绎成分，但也较为符合宋制，呈现了社会保障队伍中的一种基本形象。

❶沈从文：《中国古代服饰研究》，北京：商务印书馆，2011年，第525-526页。

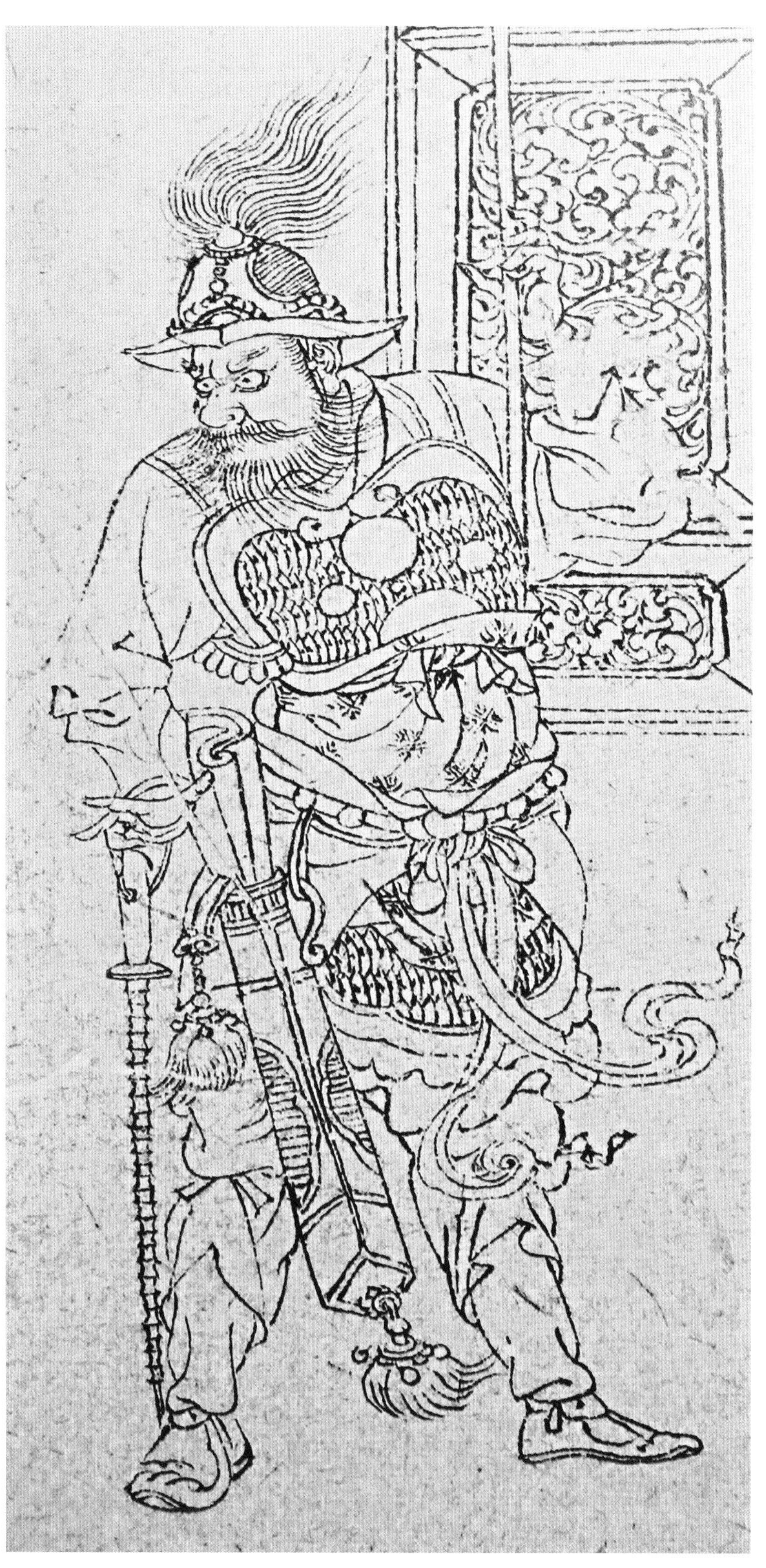

◀图2-105 《道子墨宝·地狱变相图》(局部，宋代，佚名，美国克利夫兰艺术博物馆藏)中的卫士

此图为藏于美国克利夫兰艺术博物馆的宋代画作《道子墨宝·地狱变相图》(局部)，作品中的卫士应为禁军形象。其头戴宽沿兜鍪，外披胸甲，内着圆领窄袖战袄，铠甲外着裹肚，以帛带系扎，并裹扎巾帕。其下为长裤加缚裤，白膝裤、敞口白鞋，是一种衣裤装形象。禁军着装自宋太祖时就有严格限度。《梦溪笔谈》记载："太祖朝，常戒禁兵之衣，长不得过膝……"❶此图形象也大概相类。结合前述文献记载，可知这种形象也常常出现于潜火灭灾、扶贫救困的保障队伍中。

❶[北宋]沈括：《梦溪笔谈》卷十一，扬州：广陵书社，2017年，第153页。

▲图2-106　侍卫石刻像（宋代，四川泸县牛滩镇滩上村2号墓出土）

该图为四川泸县牛滩镇滩上村2号墓出土的宋代侍卫石刻像。其头戴交脚幞头，着圆领窄袖齐膝短袍，外穿胸甲（裲裆），扎裹袍肚（裹肚）、捍腰，扎有革带，袍内着甲裙，长裤加缚，足衣为靴子。这是宋代侍卫（禁军）的一种典型形象，据前述文献，其也常出现于社会保障队伍之中。

▲图2-107　侍卫形象（2020年电视剧《清平乐》剧照，正午阳光影业、中汇影视、腾讯视频联合出品）

2020年开播的电视剧《清平乐》在卫士的服装形象上较为考究。该图中的卫士形象为高级禁军，其交脚幞头之造型、材料、工艺及铠甲形制基本符合宋制，可类比于图2-106、图2-108，为社会保障队伍一线形象之一。

▲图2-108 《豳风七月图卷》（局部，南宋，马和之〈传〉，美国弗利尔美术馆藏）中的厢兵形象

该图中的兵卒形象包含甲士和普通兵士两类。其首服，或红缨头盔，或扎束头巾，有裹肚、护腰（捍腰），腰扎革带或帛带。下着行縢，或有缚裤，着线鞋。此处所描写形象应更多地出现在地方城市的治安维护、社会保障之中，依据其年龄状态判断，其应为厢军常具。

▲图2-109 《搜山图》（局部，南宋，佚名，北京故宫博物院藏）中兵卒模样的魔怪

《搜山图》中描绘的魔怪着装类同宋代兵士，如宽檐头盔、幞头、圆领窄袖四䙆袍、手甲、衣摆提挂于腰间，革带、白色长裤加红色缚带方式、练鞋等，均为宋代兵士常备服饰。

以上诸图形象共同诠释了参与宋代社会保障行业的各类职业形象，其中的卫生行业与社会救助等行业形象差异巨大（表2-3）。卫生行业的核心从业者即郎中，多从于文人形象特征，褙子、衫袍多用；而社会救助之类的从业形象多从于兵卒常规形象，其中尤以军巡铺之铺兵着装为核心代表形象。这与当今扶困救济、灾难救助行动中常能见到人民军队指战员的情形可做一比。当时宋代的兵士已经充分职业化，肩负了社会治安、困难救助等方面的义务与责任，其形象分兵种、岗位之不同而有差异。

表2-3　宋代卫生及社会保障业的代表性服饰

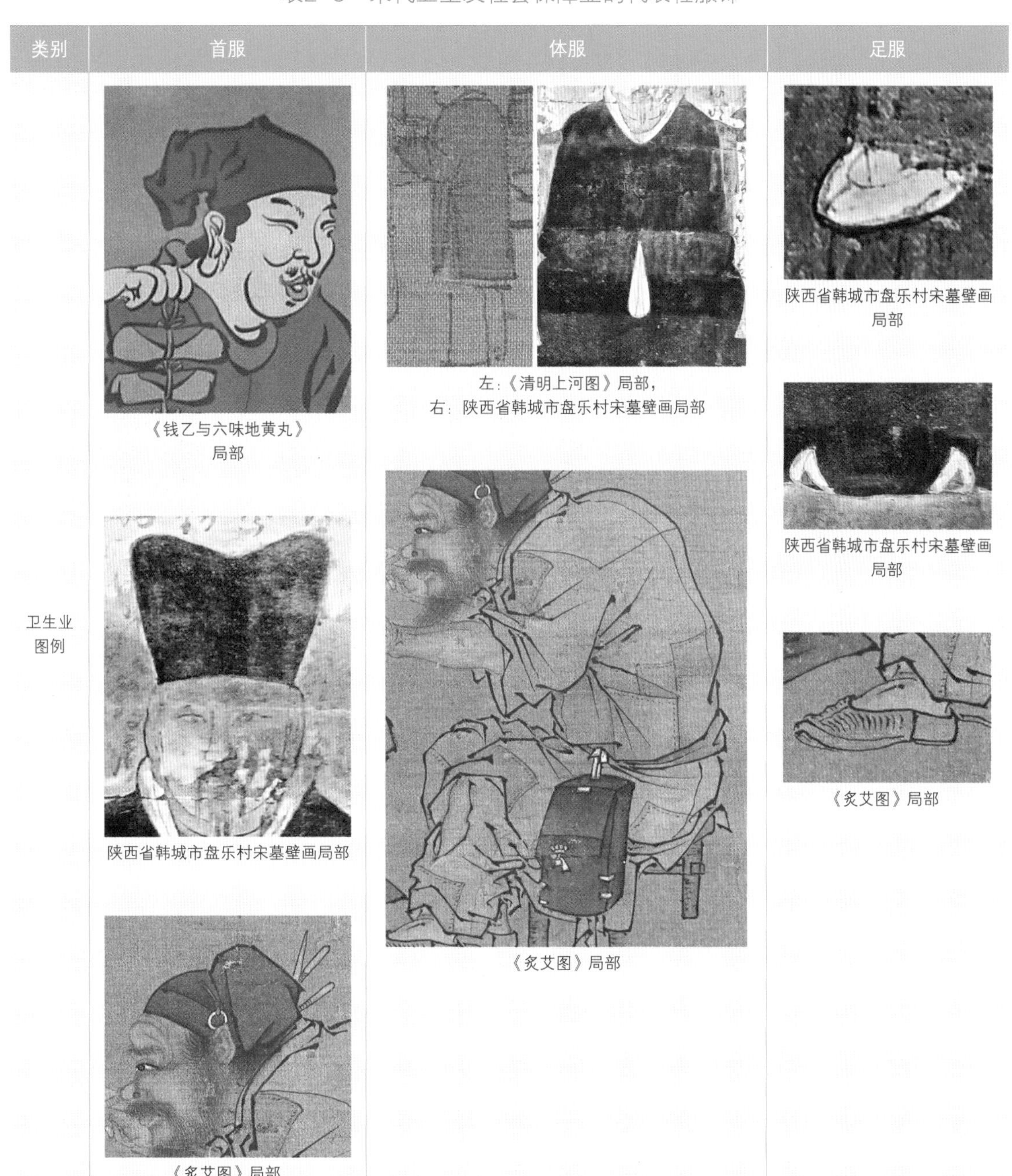

类别	首服	体服	足服
卫生业图例	《钱乙与六味地黄丸》局部 陕西省韩城市盘乐村宋墓壁画局部 《炙艾图》局部	左：《清明上河图》局部， 右：陕西省韩城市盘乐村宋墓壁画局部 《炙艾图》局部	陕西省韩城市盘乐村宋墓壁画局部 陕西省韩城市盘乐村宋墓壁画局部 《炙艾图》局部

类别	首服	体服	足服
社会保障业图例	《清明上河图》局部 《道子墨宝·地狱变相图》局部 《搜山图》局部	《清明上河图》局部 《渭水飞熊图》（南宋，刘松年，日本早稻田大学图书馆藏）局部	《道子墨宝·地狱变相图》局部 《搜山图》局部 山西高平市开化寺壁画局部 《搜山图》局部
说明	宋代卫生及社会保障业的首服制式因具体岗位差异各有不同。卫生业大概有软巾、幞头等；社会保障业除了消防兵以外均为皂色裹巾（或软顶幞头）	卫生业体服多为深色圆领小袖褙子和圆领短褐（村医）；社会保障业则以青灰色圆领小袖短衣配缚裤为主体，其内着腰裙色彩会因工种不同可有红、黄、青绿等色彩差异。另外，消防任务执行者往往为禁军，其所着正是消防工作所需的、防护严密的整装盔甲，配以消防工具便成为专业消防队伍	卫生业足服常为白色帛鞋（练鞋），村医则可能为普通棕鞋、麻鞋。社会保障业中的消防兵卒所着应为防护性较好的靴子（如《搜山图》所示），其他则以练鞋为主体（含帛鞋与麻鞋）

七、科技服务业

如前文所述，北宋的科技水平达到了中国古代高峰，享誉世界。其科技服务业十分兴盛。我们所熟知的代表性科技成果如活字印刷术支撑了信息传播业，而天文馆支撑了太空探索，水利的发达推动了农业发展。总之，医疗、纺织、火药、造纸、印刷、铸造、陶瓷等各类科技发展均能突飞猛进，广泛服务于民间和政府，大力支撑了宋代社会生产力的高度发达。有研究指出："据统计，在宋代手工业中，为皇室服务的手工业作坊共分150多座。这些作坊分工细密，规模宏大，而且生产技术也很高。如东西作坊有5000人，续锦院有匠1034人。东西作坊分火药、青窑、猛火油、金、火等十作。在生产技术方面，纺织上已使用装配双经轴和十片综等结构完整的大型提花机，能够织出复杂花纹的丝织品。"其还强调："当时已广泛用木版印刷书籍，还用铜版印刷商业广告，蜡板刻印快报。活字印刷术的发明也备受重视。"❶

▲图2-110 《睢阳五老图·王涣像》（局部，北宋，佚名，美国弗利尔美术馆藏）

此为美国弗利尔美术馆所藏《睢阳五老图》中的北宋礼部侍郎王涣像，但其衣着是他燕居时的平民式样，为士大夫常装之一。该形象头戴黑色高装巾，衣皂色圆领窄袖袍，腰间扎红鞓金铐带，下着白色便履。其服饰规格虽普通人所不能备，但也非官员所着制式服饰，而是文人阶层着装。燕居士大夫在私人时间常展开符合个人兴趣的科研活动，沈括、苏颂等北宋名家均如此。结合其圆领窄袖的职业化形制之便捷功效，便可以推想高级科技服务从业人员的着装形态。

此时期，专门从事科技服务的科学社团、科研机构多为官方管理，其中的科技工作者是官方职业形象，即着官服和职役服装。另有民间工坊、私塾等科技与教育机构也有一定量的科技工作人员，其职业服饰形象多如前述活字印刷术发明者毕昇的着装特征。以上两类服饰形象共同构成了该行业职业群体着装风尚，而本研究仅涉及其中的平民职业范畴，并以北宋中后期成熟的相关职业形象为参考。此时期代表人物除了毕昇外，还有沈括、鲁应龙、张世南等，均在布衣阶段做出了巨大的科学贡献。这些人物均为士人，同时又奔忙于科技实践，所以其着装应该会以宋代所倡导的简朴、实用、文雅思想为指导（图2-110），常服应为儒士头巾、衣长过膝的襕衫或直裰、阔口长裤，有帛履、腰带等与之配套（图2-111）。

❶王星光，张达：《试论宋代科学技术兴盛的原因》，《郑州大学学报（哲学社会科学版）》，1993年第5期，第89页。

◄图2-111 《罗汉图》系列之四（局部，南宋，刘松年，台北故宫博物院藏）中的文吏

该画作为南宋刘松年所绘《罗汉图》系列之四，其局部展示了一名年轻文吏形象（也有称此为处士职业形象）。其着黑色高巾，穿黄褐色圆领过膝袍，其下露出者或为皂色腰裙，腰系绦带，下着白色窄口长裤、白色短袜和线鞋。该形象也便捷实用，常出现于官方办公、文化工作场合，也应为科技服务人员着装形象之一。

对于普通阶层的大多数科技工作者来讲，其科学发现和科技发明成果基本都是在各行各业的日常劳动中取得的，所以其职业形象均与其本职岗位相关联，而非表现为科技工作之专属形象（图2-112~图2-114）。

◄图2-112 《山溪水磨图》（局部，元代，佚名，辽宁省博物馆藏）中的监工形象

《山溪水磨图》的该局部表现了两名官方劳动场合的监工形象。其上为皂色高巾、皂色或红灰色圆领缺胯袍，腰间扎带，着长裤、皂鞋。虽被认为是元代作品，但服饰形象则为宋制，接近前述《罗汉图》系列之四中的文吏形象。

▲图2-113 《撵茶图》(局部，南宋，刘松年〈传〉，台北故宫博物院藏)中的点茶研制人员形象
该局部图细致地描绘了宋代点茶研发的具体过程，其中人物为研制人员。其左右图中技术人员着装色彩有所差别而形制一致，基本是头戴皂色高丫顶前折墙幞头、浅青灰圆领窄袖缺胯短衣、墨绿色革带或帛带、墨绿色腰裙、麻色中衣、麻色小口长裤、灰绿色或浅桃核色系带低帮鞋，另有麻色小围裙（巾帕）、襻膊等职业配件相辅助，典型构成了科技服务人员的职业化着装形象。可见，丫顶幞头、圆领窄袖缺胯衣、扎带、低帮鞋是基层科研人员的基本着装内容。

▶图2-114 《摹楼璹耕织图》(局部，元代，程棨，美国弗利尔美术馆藏)中的监工
《摹楼璹耕织图》为元代作品，但所表现服饰则为宋制。该局部图展现了一名农场监工的形象。其裹皂巾，着青灰色交领窄袖缺胯衫，腰间系扎裹肚，内着白色中衣，下穿白色小口长裤、白色浅口帛鞋。该类职业常常在监工过程中发现问题并积极改良，推进了生产科技的发展。沈括在为官之前也常常痴迷于治水等农业工程科技工作。所以，可以将该类着装推断为农业科技服务人员的职业着装。

另外，基于科学研究工作的存在实际，前述医学、印刷、书画传播等行业职业形象也应作为科技服务业从业形象予以归入。

总之，科技服务业的职业服饰风尚因具体行业的巨大差异而丰富多样，可谓包罗万象，不过其中也有代表性形象可以归纳（表2-4）。

表2-4　宋代科技服务业的代表性服饰

类别	首服	体服	足服
图例	《撵茶图》局部 《韩熙载夜宴图》(南唐，顾闳中，北京故宫博物院藏) 《摹楼璹耕织图》局部	《罗汉图》系列之四局部 《摹楼璹耕织图》局部	《摹楼璹耕织图》局部 《撵茶图》局部 《罗汉图》系列之四局部
说明	宋代科技服务业涵盖农业、工业等行业范畴，其首服有文人常用的丫顶幞头、折上巾，以及各阶层适用的裹巾	其体服涵盖两大类：圆领缺胯衫、交领缺胯衫，均较深衣短。其中以圆领款式为主体，应因具体岗位不同而色彩多样，这是职业化着装的典型形制	丝帛所制的低帮鞋是科技服务业常用形制，白色常见。再者麻线鞋是各阶层均可穿用的经典鞋款，也可以用于本职业。另外，依据需要偶有袜子穿用

八、公共设施管理业

北宋社会各项事业的繁荣与其健全的公共设施管理业有着密切关系。该行业是官方主导而逐步构建完善的，其职业主要是公园寺观、桥梁建筑、市井设施、交通、水利、城防等管理工作中的相关差役。对于以上内容的管理，“北宋初，京师开封府建立起厢、坊管理体制。”❶这种体制得以延续，至“真宗大中祥符二年（1009年）三月，鉴于京城郊外人口、军营大增，‘惟二赤县尉主其事’，已难以管理。开封府提出相度设厢，置厢虞候加强管理，故城外新增9厢14坊。”❶其中，还设置有“左右厢公事所”，其中多有“奔走之役”，其责任为“管理市政设施（如开淘市内渠堑）、防火安全、缉捕小偷、决断公事，检覆抄劄、打量界至、福田院（救济收留所）支贫子钱等杂事。”❷可见，此机构所管辖之事务还包含了前述社会保障业的多个方面。其中，市政管理更有专业机构予以负责，如《宋会要辑稿·职官》卷三七《左右厢公事所》记载的“开渠淘堑委都水监”❸等。

自北宋始，朝廷设置有街道司，其“对城市道路的治理、街道卫生的清洁、城市交通的疏导、违章建筑的处理和市场的管理等起着重要的作用”❹。街道司的职业管理者为兵卒。《宋会要辑稿》记载：“诏置五百人为额，立充街道指挥例物，每人交钱二千，青衫子一领。”❺可见青衫子为其象征服饰（图2-115）。

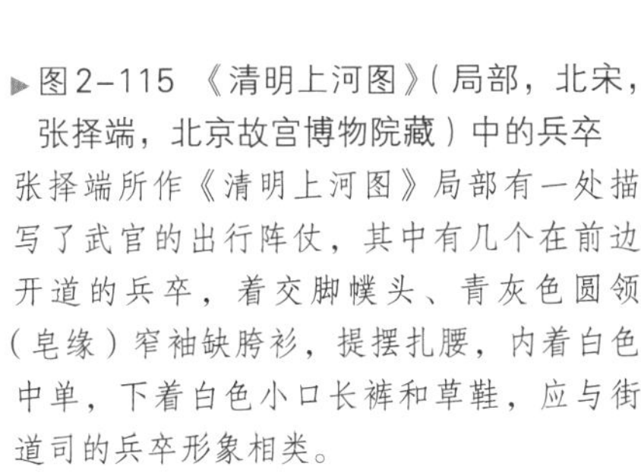

▶图2-115 《清明上河图》（局部，北宋，张择端，北京故宫博物院藏）中的兵卒

张择端所作《清明上河图》局部有一处描写了武官的出行阵仗，其中有几个在前边开道的兵卒，着交脚幞头、青灰色圆领（皂缘）窄袖缺胯衫，提摆扎腰，内着白色中单，下着白色小口长裤和草鞋，应与街道司的兵卒形象相类。

---

❶龚延明：《北宋开封府城厢坊管理制度研究：兼论北宋禁军在京师治安管理中的作用》，《军事历史研究》，2018年第32卷第2期，第25页。

❷龚延明：《北宋开封府城厢坊管理制度研究：兼论北宋禁军在京师治安管理中的作用》，《军事历史研究》，2018年第32卷第2期，第28页。

❸[清]徐松：《宋会要辑稿》，北京：中华书局，1957年，第3966页。

❹王战扬：《宋代街道司研究》，《安阳师范学院学报》，2015年第1期，第65页。

❺[清]徐松：《宋会要辑稿》，北京：中华书局，1957年，第3000页。

除了政府机构的吏兵（图2-116）管理外，公共设施也常有社会各阶层平民的参与（图2-117）。有研究称："在宋代，养桥、养路等社会公益设施的常年维护，一般都是交给佛教寺院去完成，普遍采用'守以僧，给以田'的模式。"[1]"守以僧，给以田"就是委托寺院僧侣长期维护、管理桥梁、建筑、园林、福利院、义冢等公共设施，官府或民间则用金钱或田产作为回报。所以，僧侣也是公共设施管理中的重要职业角色。有研究对此做了具体阐释："在居养院中，寺庙僧侣通常作为主要的

▲图2-116 《豳风七月图卷》（局部，南宋，马和之〈传〉，美国弗利尔美术馆藏）中的兵卒

《豳风七月图卷》之局部表现了两名宋代兵卒牵引五只山羊行进的情形。兵卒着装为：巾帕扎首，交领窄袖或宽袖衣（其窄袖衣为典型），腰间以帛带、革带分别系扎裹肚、护腰，下着小口缚裤、浅口麻鞋。从其工作内容可以判断，该类兵卒应为地方军队兵卒（厢军、乡兵等），其着装可兼顾体力劳作，并适宜于公共设施的修筑、维护管理，应为官府驱使做杂务的差役常有形象，此与禁军常做京城卫戍、维护治安的，具有威武气质和震慑作用的形象不同。

▲图2-117 《摹楼璹耕织图》（局部，元代，程棨，美国弗利尔美术馆藏）中的农场监工职役

该局部图表现了一位正在实施农场监工的职役，其头裹皂巾，着黄绿色交领窄袖缺胯短衣，腰间系扎裹肚，下着白色阔口长裤、练鞋。这应该是农村公共设施管理中可以经常见到的普通吏人（里正、户长等）着装，代表了终宋一代乡间基层管理人员的典型形象。

[1] 张雪松：《中国古代慈善公益事业与佛教制度文化——以宋代寺院传承的制度化保障与优势为例》，《佛学研究》，2017年第1期，第279页。

管理者和负责人，进行统筹的管理工作。管理的僧侣任期一般为三年，期间一般可以领取一定数额的薪金作为报酬；除此之外，具体细致的工作由各州县的官吏负责，承担居养院里面的粮米、被服、钱财等账目问题；由州县的士兵负责院内的炊事、卫生和杂役工作。”如此便可明确，公共设施的管理常常是由官府官吏、兵士、僧侣共同负责，且有明确分工，基于此便可理解该行业的职场形象也是多样化的（图2–118~图2–122）。

▲图2–118 《罗汉洗濯图》（局部，南宋，林庭珪，美国弗利尔美术馆藏）中的罗汉形象

《罗汉洗濯图》（局部）表现了正在洗濯长巾的罗汉形象。图中下半部分别表达的三罗汉之粉绿、青灰、姜黄不同色彩的着装应该反映了僧侣常有的劳作服饰，均为交领大袖直裰（海青）、腰系绦带或帛带，内着白色交领中衣与白色宽口长裤，脚穿夹趾拖鞋。正在洗濯的、着粉绿交领衣的罗汉还系结宽袖以图方便、舒适。这种装束在僧侣负责的公共设施场所应为适用。

▲图2–119 《五百罗汉图之应身观音图》（局部，南宋，周季常，美国波士顿美术馆藏）中的僧人

该局部图表现了一位僧人形象，其着皂青色海青之常服，内着白色中单和皂缘灰色直裰，为寺院管理层的僧侣着装。借此可以推测公共设施管理场合出现的僧侣着装。

▲图2-120 《罗汉图》系列之三（局部，南宋，刘松年，台北故宫博物院藏）中的僧人

该局部图表现了一位似乎处于解悟状态的禅僧形象。其着皂色袈裟（内层粉绿）、青绿宽袖交领上衣、白色内衣、茶褐色下裳及镶白牙黑色单梁帛鞋。从其袈裟色彩及穿着用具判断，其为寺院基层管理者，此着装应会常出现于僧侣参与的管理工作中。该类形象还可参考图2-121，即袈裟、右衽交领直裰、交领中衣、皂鞋的搭配。虽小有不同，但均为寺院管理层常有形象。

▲图2-121 《十六应真图》（局部，南宋，梵隆，美国弗利尔美术馆藏）中的僧人

▶图2-122 《洞山渡水图》（局部，南宋，马远〈传〉，日本东京国立博物馆藏）中的僧人

该局部图表现的是唐代禅师曹洞宗祖师洞山良价的故事，所着服饰为宋代常规僧服。此处，其为正在渡河的行脚僧人形象。行脚僧虽然常在四方云游，极少能参与到寺院承接的公共设施管理工作，但是其着装的简捷便利之功效却可以启发我们对管理参与之僧众一般形象的想象，即袈裟、海青（大袖宽衣，交领直裰形制），形制简洁，方便劳作。

前述《春游晚归图》中的差役、《山溪水磨图》中的监工以及《清明上河图》中的递铺铺兵形象等也应纳入到公共设施管理队伍中的官方形象，而前述侍奉方丈、高僧的行者等类杂役着装则应是此处佛教形象中不可缺少的构成内容。

总之，公共设施管理行业的参与者包含了官府与民间的多种力量（表2-5），但其中的重要角色依然是官署差役，其职业化程度高，利于驱使管理。《东京梦华录》记载："每遇春时，官中差人夫监淘在城渠，别开坑盛淘出者泥，谓之'泥盆'，候官差人来检视了方盖覆。夜间出入，月黑宜照管也。"❶所以，专业性强的公共设施管理工作仍需要衙门差吏作为负责主体，其工作常不可以劳烦百姓而十分艰辛。这要求其服装服饰必备突出的专业性、适用性。

表2-5　宋代公共设施管理业的代表性服饰

类别	首服	体服	足服
图例	丫顶幞头：张择端版《清明上河图》局部 后裹髻（卧顶）系带皂巾：《蓦楼璹耕织图》局部	左：张择端版《清明上河图》局部，右：《蓦楼璹耕织图》局部 左：《十六应真图》局部，右：《罗汉洗濯图》局部	《蓦楼璹耕织图》局部 《十六应真图》局部 左：《罗汉洗濯图》局部，右：张择端版《清明上河图》局部
说明	该行业的首服比较单一，以丫顶幞头为主体，卧顶系带裹巾为辅助。僧侣类少有首服，但裹巾（僧帽）偶有使用	其该行业体服有两大形制，其一为官方职役制式服饰，再者即后勤管理或杂务僧侣职业服饰	该行业足服一般形制为皂白等色的低帮帛鞋为主体，另有草鞋、僧徒拖鞋等，分季节而着

❶[北宋]孟元老：《东京梦华录：精装插图本》，北京：中国画报出版社，2013年，第62页。

九、文体娱乐服务业

在高度繁荣的经济支撑下，唐宋以来的统治者怀有“与民同乐”的思想❶，这使文体娱乐业的参与主体到宋代即从士人转向了全民，推动文体娱乐业走向了封建社会的巅峰，诸多文化艺术、体育运动、消遣娱乐等项目被新创，极大地丰富了人民生活，参与职业人群种类、层次日趋多样（图2-123~图2-129）。

▲图2-123 《打花鼓图》（南宋，佚名，北京故宫博物院藏）中的杂剧人物

杂剧是宋代十分流行的文娱类项，角色着装既能反映世俗风尚，又因具体角色、表演特征做出了适度内容的夸张扬弃，特色鲜明，可令人将其从围观欣赏的人群中快速识别出来。该图中的两位杂剧人物虽然是女性，但其角色着装则是按照男性的社会特征进行装扮的。首先，两者均不施脂粉，这是男性角色的素颜装扮之所需。再者，左侧人物着皂色裹巾和不完整穿搭的直裰，也是男性常有形象；右侧人物也着皂色裹巾，此外所剩是女性常见着装内容，但其后腰所插持的裂口蒲扇书写的“末色”（一种角色）则表明其应为男性角色，这是杂剧道具的标识特征所在。应注意的是，两者裹巾或以巾带系扎的交叉展挺状，或以绚丽鲜艳的折枝牡丹装饰凸显状，均以较为奇特而显性的风格揭示了杂剧角色首服形制的独特性。两者所着的不完整男装打扮，也呈现了角色装扮的临时性、虚拟性，应为市井杂剧女性出演的常见现象。另外，其不完整着装也正好透映了女性杂剧从业者的平时着装：不同颜色的女性褙子、白色长裤，或吊墩短袜配弯弓小脚鞋，或弓鞋尖角微露。借此也可比较揆测男性演出职业人员的平日职业化着装。

至于具体行业，《东京梦华录》有详细记载：“崇、观以来，在京瓦肆伎艺，张廷叟、孟子书主张小唱。李师师、徐婆惜、封宜奴、孙三四等，诚其角者。嘌唱弟子，张七七、王京奴、左小四、安娘、毛团等。教坊减罢并温习，张翠盖、张成，弟子薛子大、薛子小、俏枝儿、杨总惜、周寿奴、称心等。般杂剧，杖头傀儡任小三，每日五更头回小杂剧，差晚看不及矣。悬丝傀儡张金线，李外宁药发傀儡。张臻妙、温奴哥、真个强、没勃脐、小掉刀、筋骨、上索、杂手伎。浑身眼、李宗正、张哥，球杖踢弄。孙宽、孙十五、曾无党、高恕、李孝详，讲史。李慥、杨中立、张十一、徐明、赵世亨、贾九，小说。王颜喜、盖中宝、刘名广，散乐。张真奴，舞旋。杨望京，小儿相扑。杂剧、掉刀、蛮牌，董十五、赵七、曹保义、朱婆儿、没困驼、风僧奇。俎六姐影戏。丁仪、瘦吉等弄乔影戏。刘百禽弄虫蚁，孔三传耍秀才诸宫调，毛详、霍伯丑商谜，吴八儿合生，张山人说诨话。刘乔、河北子、帛遂、胡牛儿、达眼五重明、乔骆驼儿、李敦等杂班。外入孙三神鬼，霍四究说三分，尹常卖五代史。文八娘叫果子，其余不可胜数。不以风雨寒暑，诸棚看人，日日如是。教坊、钧容直，每遇旬休按乐，亦许人观看。每遇内宴前一月，教坊内勾集弟子小儿，习

❶李夏颖，刘漫，韩燕，丁铮：《教化、文化、生态——多元思想融合的宋代公共园林》，《四川建筑》，2020年第40卷第1期，第30页。

▶图2-124 《卖眼药图》（南宋，佚名，北京故宫博物院藏）中的杂剧人物

该杂剧图的表达内容是眼药郎中在向一名患者推销眼药的情形。画面中头戴高装头巾并装饰大量眼睛图案的特点鲜明指向了一种职业：眼科医生。这种巾裹形态及眼睛图案装饰的表达方式夸张，显示了杂剧装束的特色属性。再者，其高巾、宽袍大袖也显示了医生在世俗社会中可比于文人的政治地位，同时也凸显了眼科医生常将眼睛图案装饰于行装的着装现实。再者，从其面容的娇柔、手指的纤巧以及所露出褙子的窄袖、粉色的小脚鞋尖等可以判断，扮演者应为女性。而后腰插持裂口扇的右侧一角色应与图2-123中右侧角色相同，均为末色。其着裹巾的方式依然较为奇特，是紧束上举状，均被称为“诨裹”，典型区别于世俗裹巾。但除此外，其所着圆领窄袖衫、腰间系扎的巾帕，内着的青灰色内单，下着的白色小口长裤、练鞋等，则反映了宋代男性的一种代表性日常服饰内容。

▶图2-125 吹箫杂剧人物雕砖（北宋，1990年温县西关出土，河南博物院藏）

此图为河南博物院陈列的吹箫杂剧人物雕砖，应为一位文官形象的戏剧反映。其着附有花簇顶饰的直脚幞头，穿着圆领大袖宽衫，内着交领内单，腰间扎有鞓带，下着应为革靴，反映了北宋朝官的常服形象。其所着花簇顶饰应为折枝牡丹之类，为此类杂剧人物常有装饰（参见图2-123、图2-127），鲜明区别于该官服形制的实际着装。不过，这种花卉装饰也反映了宋代社会生活着装的现实（参见图2-126），即所谓簪花。《东京梦华录》记载：“围子、亲从官皆顶球头大帽，簪花，红锦团答戏狮子衫……”❶又载：“诸禁卫班直簪花、披锦绣……”❷还载：“开封府大理寺排列罪人在楼前，罪人皆绯缝黄布衫，狱吏皆簪花鲜洁，闻鼓声，疏枷放去，各山呼谢恩讫……”❸所以，杂剧人物形象基本反映了社会现实着装。

❶[北宋]孟元老:《东京梦华录：精装插图本》，北京：中国画报出版社，2013年，第113页。

❷[北宋]孟元老:《东京梦华录：精装插图本》，北京：中国画报出版社，2013年，第129页。

❸[北宋]孟元老:《东京梦华录：精装插图本》，北京：中国画报出版社，2013年，第214页。

队舞作乐，杂剧节次。”[1]而至南宋，各类职业组建的文娱行业组织更是多样。南宋史料笔记《武林旧事》记载曰：“二月八日为桐川张王生辰，霍山行宫朝拜极盛，百戏竞集。如绯绿社（杂剧）、齐云社（蹴毬）、遏云社（唱赚）、同文社（耍词）、角觝社（相扑）、清音社（清乐）、锦标社（射弩）、锦体社（花绣）、英略社（使棒）、雄辩社（小说）、翠锦社（行院）、绘革社（影戏）、净发社（梳剃）、律华社（吟叫）、云机社（撮弄），而七宝、瀼马二会为最。”[2]这些行会组织多为文体娱乐业，充分反映了宋代文娱活动的盛况。

▲图2-126　戴花冠男子陶模（宋代，大观博物馆藏）

▲图2-127　《歌乐图》（局部，南宋，佚名，上海博物馆藏）中的杂剧人物

该局部图展示的是两个少年扮装的杂剧人物形象，也是朝官着装的模拟，其直脚幞头的顶部均装饰有折枝牡丹花簇。在衣服形制上，左侧所着为交领长衣，不符合官服常规。右侧所着形制虽为圆领，但衣摆却提起扎腰，作了世俗化处理。两者均为窄袖，左侧还扎有围腰（或称袍肚、围肚等），右侧内着中衣及帛带外露，这些均有世俗元素的组合混搭，可鲜明区别于官服实际。

[1] 上海师范大学古籍整理研究所：《全宋笔记》（第五编第一册），郑州：大象出版社，2012年，第148页。

[2] 上海师范大学古籍整理研究所：《全宋笔记》（第八编第二册），郑州：大象出版社，2017年，第40页。

▲图2-128 吹口哨杂剧人物雕砖（北宋，1990年温县西关出土，河南博物院藏）

该雕砖中的杂剧人物之首服似乎为装饰性较强的诨裹，并装饰了折枝花卉形态，也应属于一种花冠。从其圆领窄袖缺胯袍、小口裤、帛鞋搭配可判断是对职役形象的一种戏剧性再现。

▲图2-129 绘彩男陶俑（金代，1973年焦作市新李封村出土，河南博物院藏）

该图左侧绘彩男陶俑头戴簪花幞头，着盘领右衽窄袖袍，腰扎双带（看带、束带），前衣摆上提扎腰，中衣的赤色下半部露出，下着白裤、白履。右侧陶俑形象与左侧相同，只是更加清晰地表现了超长左袖的夸张形态，由此结合夸张的簪花幞头、盘领等可推测，其应是杂剧人物形象。同时，该着装也表达了典型的宋代职役服饰，也揭示了宋文化对金代社会的影响深度。

上图展现了宋代代表性文娱类项之一即杂剧，其角色形象呈现了宋代着装的若干特色内容。综合上图可见，其形象常借局部的夸张或装饰性元素应用、性别错位着装、世俗元素混搭等方式实现着装戏剧化，同时典型折射大量社会信息：角色特征、演员职业特征、所扮拟的社会相关职业特征等。

除了杂剧艺人外，乐人、舞人、百戏等其他教坊艺人着装也均有专业形象，其形制因具体角色、场合等因素而多种多样，共同演绎了队伍庞大的宋代文娱力量（图2-130~图2-136）。《东京梦华录》记载："教坊乐部列于山楼下彩棚中，皆裹长脚幞头，随逐部服紫、绯、绿三色宽衫，黄义襕，镀金凹面腰带，……击鼓人背结宽袖，别套黄窄袖，垂结带，金裹鼓棒，两手高举互击，宛若流星。……两旁对列杖鼓二百面，皆长脚幞头、紫绣抹额、背系紫宽衫、黄窄袖、结带黄义襕。诸杂剧色皆诨裹，各服本色紫、绯、绿宽衫，义襕镀金带。……其余乐人舞者，诨裹宽衫，唯中庆有官，故展裹。"❶可见，不同具体场合、角色的艺人着装不同。此处的形象描述可以比较于图2–125、图2–127等相关图片进行理解。其中"背结宽袖""背系紫宽衫"应是以勒帛在后背系结宽大袍袖的便捷方式表述，此方式在宋代职业着装中应用较多（参见图2–81）。还有记载："宫架前立两竿，乐工皆裹介帻如笼巾，绯宽衫，勒帛。"❷这种形象具有复古特色，具体可见图2–131。

▲图2–130 《歌乐图》（局部，南宋，佚名，上海博物馆藏）中的乐工形象

该局部图表现了宋代教坊乐部乐工的着装。其着皂色卷脚幞头、黄褐色圆领右衽缺胯窄袖过膝袍，扎黑色革带，内着白色汗衫与灰色腰裙，下着白色长裤、练鞋。此应为官方乐工常见着装，不同于上文所述。

▲图2–131 《孝经图卷》（局部，南宋，佚名，辽宁省博物馆藏）中的乐工形象

辽宁省博物馆藏的《孝经图卷》描绘了"裹介帻如笼巾，绯宽衫，勒帛"的乐人形象，其宽衣袖以帛带紧束并"别套黄窄袖"的形象符合宋代的着装方式。这是高级礼仪场合的着装，不同于图2–130的平时形象。

▶图2–132 乐舞陶人（宋代，大观博物馆藏）

这组乐舞陶人也展示了典型的娱乐人物形象。除了所配置的专业工具外，其标识性还反映在首服、上衣等多个部位的局部装饰性设计。其中花冠是重点，突出了着装的戏剧性。

---

❶[北宋]孟元老：《东京梦华录：精装插图本》，北京：中国画报出版社，2013年，第181–182页。

❷[北宋]孟元老：《东京梦华录：精装插图本》，北京：中国画报出版社，2013年，第207页。

▲图2-133 《清明上河图》(局部，北宋，张择端，北京故宫博物院藏)中的说书人形象

张择端的《清明上河图》中表现了处于汴梁内城大街上孙羊正店左侧附近的一位说唱艺人形象。其长发束冠，黑髯茂密、夸张，所着袍衫也应阔大长垂，从其围观人群之众也可以判断他的形象魅力所在。可见，这个群体的着装也意在塑造角色装扮的独特性。

▲图2-134 《骷髅幻戏图》(南宋，李嵩，北京故宫博物院藏)中的幻戏人物形象

骷髅是宋代习以为常的、相关于人的谐谑式隐喻，常以表达道家的“齐物、乐死”、佛家的“寂灭、涅槃”观念。该画作作者李嵩即以骷髅幻戏之谐谑有趣的表达方式体现了这种思想观念。该作品中的幻戏艺人以特殊技巧假扮了骷髅形象，具有很强的以假乱真特征，这是幻戏中常见的着装表现特点(参见图2-135)。无论如何幻化奇异，其基本服饰元素依然具有较强的时代世俗特征，如其皂色头巾是宋代典型。

▲图2-135 幻戏陶模(宋代，大观博物馆藏)

▲图2-136 百戏陶模(宋代，大观博物馆藏)

该陶模表现了一组百戏人物形象，但较为抽象模糊。其左侧人物着装大概为头巾、圆领窄袖窄身上衣与小口长裤的套装，其戏剧化的头巾、修身短衣为职业特征。

图2-136所表达的娱乐项目“百戏”是汉族民间表演艺术的一种泛称，但在宋代主要指杂技、竞技类表演。《东京梦华录》对此有记载：“其社火呈于露台之上，所献之物，动以万数。自早呈拽百戏，如上竿、趯弄、跳索、相扑、鼓板、小唱、斗鸡、说诨话、杂扮、商谜、合笙、乔筋骨、乔相扑、浪子杂剧、叫果子、学像生、倬刀、装鬼、砑鼓、牌棒、道术之类，色色有之。……或竿尖立横木，列于其上，装神鬼，吐烟火，甚危险骇人。至夕而罢。”❶其部分具体着装形象可比照本研究中的相关表演图证进行确认，也可借助前后朝代相关形象予以想象（图2-137、图2-138）。

相扑是宋代百戏中重要的表演项目内容（图2-139、图2-140）。《梦粱录》对相扑表演者的着装有记载：“且朝廷大朝会、圣节、御宴第九盏，例用左右军相扑，非市井之徒，名曰‘内等子’，隶御前忠佐军头引见司所管。……每遇拜郊、明堂大礼，四孟车驾亲飨，驾前有顶帽，鬓发蓬松，握拳左右行者是也。”❷可见，“顶帽”“鬓发蓬松”就是正式场合相扑表演者的标准着装要素，再结合在裆部以长巾围护并束腰的赤裸身体，便是规范着装的基本内容了。随着历史的发展，元明时期相扑着装在传承中有所演变（表2-6），长裤并裸上半身成为社会常态，首服、足服变化突出，这与当时的社会意识形态联系密切。

▲图2-137　百戏陶俑群（汉代，洛阳烧沟汉墓出土，河南博物院藏）

该汉代百戏陶俑群的服装内容有袍服、裤装两大类。其中袍服所配首服为平巾帻，这是汉代平民中普遍流行的一种首服，宋代幞头、裹巾与之存有紧密相关性。而裤装则为当时也较流行的阔脚裤，但结合表演内容做了适度的夸张，着装方式也有变化。裤装者的首服是束髻方式。其中，半裸上身的着装方式显示了百戏人物所具有的角色标识性特征。由此可以推测，宋代百戏职业着装与此应有一定沿袭性，同时如杂剧着装一样也应兼容了生活着装内容元素。

▲图2-138　《马戏图卷》（局部，元代，赵雍，美国纽约大都会艺术博物馆藏）中的马戏人物形象

元代赵雍的画作《马戏图卷》之局部所表达的马戏表演者所着服装正是世俗常装之一，只是选择了较为便捷实用的窄袖圆领衫、软脚幞头、高靿靴之搭配。而其色彩、必要道具或实用部件则标识了其职业角色。宋代马戏表演者的着装应与此相似。

❶[北宋]孟元老：《东京梦华录：精装插图本》，北京：中国画报出版社，2013年，第158页。

❷上海师范大学古籍整理研究所：《全宋笔记》（第八编第五册），郑州：大象出版社，2017年，第306页。

◀图2-139　绿釉相扑俑（宋代，河南博物院藏）

河南博物院藏的宋代绿釉相扑俑表现了风靡于世的相扑（又称为角抵、争交等）比赛。这是一种竞技性、表演性运动种类，是“百戏”范畴。其较为典型的装扮是身体赤裸、赤足，仅以一长巾在裆部以十字形围扎（可参见图2-140）。其身体上的圆饼形装饰应为文身，也是宋代流行的美体手法，图2-124《卖眼药图》中右侧的末色便是在手臂作了文身。

▲图2-140　相扑陶模（宋代，大观博物馆藏）

表2-6　元代、明代相扑

朝代	元代	明代
图例	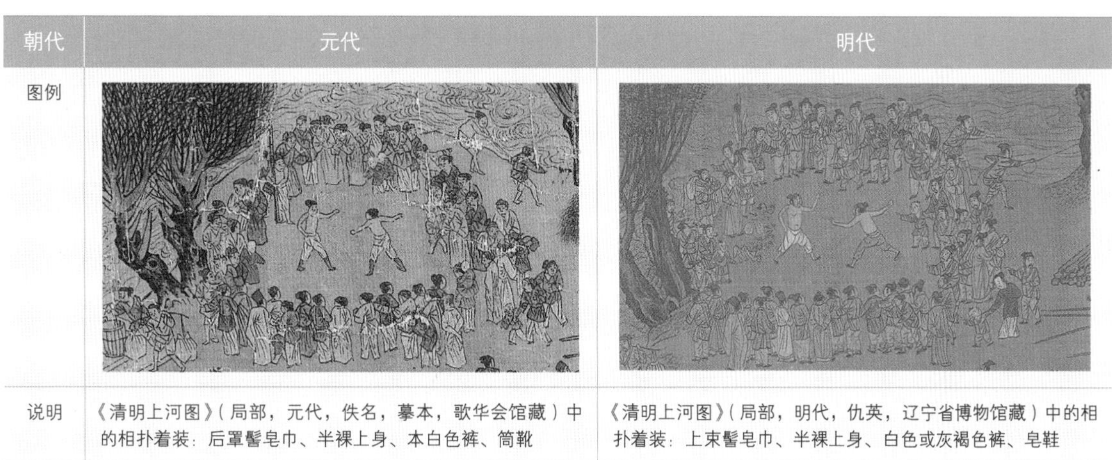	
说明	《清明上河图》（局部，元代，佚名，摹本，歌华会馆藏）中的相扑着装：后罩髻皂巾、半裸上身、本白色裤、筒靴	《清明上河图》（局部，明代，仇英，辽宁省博物馆藏）中的相扑着装：上束髻皂巾、半裸上身、白色或灰褐色裤、皂鞋

从以上多个朝代同类职业着装实例中可以总结，诸多娱乐类职业着装多具有戏剧化、装饰性、角色标识性特征，与其角色的夸张行为、动作相适应，同时兼具了该时代的世俗生活服饰特征。特别是演艺类职业着装，一般会在保留部分生活装元素的基础上植入角色模拟必不可少的适用服饰要素，如花冠、假面、假发等。

宋代体育运动项目大多也兼具娱乐功能，如前述相扑不仅为娱乐表演项目，也常用来锻炼身体、增强体质，在军队和民间普及。蹴鞠也同样是传承历史甚久的一项球类运动项目，在宋代官方和民间均十分普及，娱乐、健身两相宜（图2-141、图2-142）。

再者，宋代文娱活动的蓬勃发展少不了文人阶层的推波助澜，这是具有历史要义的。

具体来讲，“瓦市勾栏、酒楼茶肆，或宋代新兴，或延续前代又有所发展，在营业环境、观众、经营内容等方面各有异同。作为宋代城市演艺场所的代表，他们以不同的样貌，互为补充，共同构成宋代城市生活的丰富繁华。而在这些演艺场所里，文人缙绅以不同的姿态参与其中，他们的影响力不可低估，对娱乐的风尚有着引导的作用。”❶由此可见，在这些多层面的文娱活动中，士人的参与度很高，不只作为欣赏者，还极有可能成为某种表演或活动的执行角色，发挥着十分积极的作用。文人和专业演职人员在蹴鞠、相扑、诗会、演艺创作等活动中常常彼此互动，常有文人成果产出，比如词曲等广为传播的文学作品。

另外，文体娱乐服务业还有一些其他重要职业角色，如为人提供绘画、誊代写文书（佣书业）等服务的自由职业。还有一些被列为“闲汉”（可参见后文“居民服务业”中引证《东京梦华录》的具体描述）的文士，也可作为此类。北宋《清明上河图》中描绘了较多士人、儒生形象，应能作为

▲图2-141　蹴鞠陶模（宋代，大观博物馆藏）

大多蹴鞠运动者着装为生活常态（可参见图2-142），多为袍服，可下摆提起扎腰，下着长裤、低帮鞋。而其表演类职业化着装，角色感、装饰性强，较为讲究。《东京梦华录》对官方蹴鞠职业着装有记述：“左右军筑球，殿前旋立球门，约高三丈许，杂彩结络，留门一尺许。左军球头苏述，长脚幞头，红锦袄，馀皆卷脚幞头，亦红锦袄，十余人。右军球头孟宣，并十余人，皆青锦衣。”❷

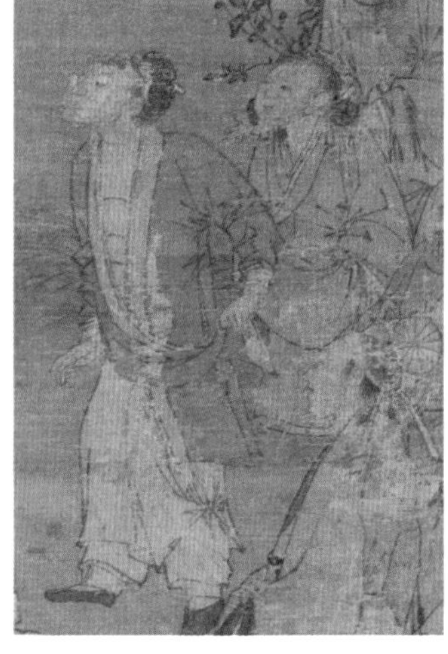

▲图2-142　《蹴鞠图》（左为全图，右为局部；南宋，马远，美国克利夫兰美术馆藏）中的人物形象

《蹴鞠图》表现的是普通百姓做“白打”蹴鞠运动中仰头争球的场景（白打，即不用球门的蹴鞠运动项目）。图中蹴鞠人物着平时生活服装，只是作了便捷结束处理。如右图还表现了两位女性参与者，靠前站立的女性应为较有身份的角色，其褙子右襟作了左向斜牵固定，裙裾开衩处还做了系结固定，均是方便蹴鞠竞技而做的处理。

❶李简：《宋代城市的演艺场所与文人之参与——从瓦市勾栏、酒楼茶肆谈起》，《长江学术》，2013年第4期，第49页。

❷[北宋]孟元老：《东京梦华录：精装插图本》，北京：中国画报出版社，2013年，第183页。

此类代表形象。

对于此处的文人从业者，其着装在《宋史·舆服五》中也有较具体记载。比如，文人在南宋时期祭祀、冠婚时的盛服即“进士则幞头、襕衫、带，处士则幞头、皂衫、带，无官者通用帽子、衫、带；又不能具，则或深衣，或凉衫。”[1]这里所述虽为盛装，但因士人在多数情况下极讲究礼仪而应具有平时着装的参考价值。其中的襕衫、皂衫、深衣（直裰，图2-143、图2-144）等应为宋代大多数士人常穿的，只是在配饰上可能不会完具。灰色风帽加戴宽檐笠帽是宋代士人秋冬常见戴帽方式（图2-145、图2-146）。对于襕衫，《宋史·舆服五》有详细阐释：“襕衫，以白细布为之，圆领大袖，下施横襕为裳，腰间有辟积。进士及国子生、州县生服之。”[2]襕衫形制有多种，该描述为宋代式样中的一种。《图画见闻志》卷一《论衣冠异制》也提及襕衫：“晋处士冯翼，衣布大袖、周

▲图2-143 《归去来辞图》（局部，南宋，佚名，美国波士顿美术馆藏）中的儒生形象

该局部图中的儒生着乌纱裹巾、墨绿饰边白色交领宽袖直裰，扎黑腰带，是宋代儒生职业形象，有别于盛装象的襕衫。此形象还可参见图2-144。

▲图2-144 文人秋冬季着装形象（2020年电视剧《清平乐》剧照，正午阳光影业、中汇影视、腾讯视频联合出品）

该剧照中的文人形象具有一定的真实性。其灰色风帽加盖宽檐笠帽是宋代士人常见秋冬戴帽方式（参见图2-145。另有独立佩戴风帽的形象，参见图2-146）。白麻布为主料的褐缘交领右衽直裰也是文人常用服制。

[1][元]脱脱，等：《宋史》卷一百五十三《舆服五》，北京：中华书局，1997年，第3577-3578页。

[2][元]脱脱，等：《宋史》卷一百五十三《舆服五》，北京：中华书局，1997年，第3579页。

▲图2-145 《寒林策驴图》(局部，北宋，李成〈传〉，美国纽约大都会艺术博物馆藏)中着风帽加戴笠帽的士人形象

▲图2-146 《探梅图》(局部，南宋，马远〈传〉)中着风帽的士人形象

该图为士人在秋冬季着风帽的典型形象，即图2-144剧照中的风帽形态。该巾式也被称为浩然巾，相传为唐代名士孟浩然首戴而得名。

缘以皂、下加襕，前系二长带，隋唐野服之，谓之冯翼之衣，今呼为直裰。"❶所以，襕衫应是白细布为主料制作，并以皂色缘边的大袖麻布衣，是广大儒生常服的职业化服装形制(图2-147)。从多种存世资料来看，襕衫应会被社会多层次的文人效仿并广而推之，终存有多种样貌呈现(如《五百罗汉图之应身观音图》《蹴鞠图》中的文人等)。

▶图2-147 《清明上河图》(局部，北宋，张择端，北京故宫博物院藏)中的士人形象

张择端所作《清明上河图》描绘了大量的士人形象，但白细布加皂缘的圆领襕衫却极为少见，可揆度该形象应仅为南宋士人常见着装，且多见于礼仪场合。该局部图左中两位为皂缘交领青灰或紫灰色长褙子；右侧一位年长文人则为交领皂缘青灰直裰。三人均戴皂色裹巾。所以可断，褙子、直裰、其他色襕衫应为北宋文人常有着装。

❶[宋]郭若虚：《图画见闻志》，黄苗子，点校；北京：人民美术出版社，2016年，第13页。

对于文人的帽衫搭配，《宋史·舆服五》也有阐释："帽衫，帽以乌纱、衫以皂罗为之，角带、系鞋。东都时，士大夫交际常服之。……若国子生，常服之。"❶可见帽衫之配是东京汴梁常有的士人着装，这也解释了《清明上河图》中文人多皂衣的现象（图2–148）。

宋代有一类人被称为"闲人"（如前文所称"闲汉"），其特征是无特长，无固定事业可做，属于没有成就的文人。《都城纪胜》对此类人有记载称："有一等是无成子弟，失业次人，颇能知书写字。抚琴下棋及善音乐，艺俱不精，专陪涉富贵家子弟游宴，及相伴外方官员到都干事。"❷"闲人"，类似今天的陪聊、陪游兼及经纪人。其中有一部分是文人职业，还有一些其他出卖人力的职业，比如传言送语、取送物件等均属于闲人范畴。结合场景、着装应有形态及该类职业特点判断，其中的文人着装应类似于图2–149所绘。

另外，在士人地位十分崇高的宋代社会，文人职业拥有极大的国家和民间岗位服务空间，且因其儒学信仰观念的稳定性并不会因具体所事的服务业不同而在着装形貌上差异太大，所以其形象相对其他职业岗位较为稳定。就图2–150中着襕衫的文人形象来看，其应适用于画家、书法家、史学

▲图2–148 《清明上河图》（局部，北宋，张择端，北京故宫博物院藏）中的皂衫士人形象

▲图2–149 《清明上河图》（局部，北宋，张择端，北京故宫博物院藏）中的闲人形象

该局部图表现的是汴梁内城楼外小桥上扶着栏杆争相下望的一簇人群，其应为较为闲散的文人群体。所着为皂巾、圆领或交领小袖缺胯衫（皂白均有），也为一般士人着装形态。

▲图2–150 《五百罗汉图之应身观音图》（局部，南宋，周季常，美国波士顿美术馆藏）中的士人

该局部图中的文人正在依据眼前呈现的佛界奇妙景象进行绘画创作。两位画家均头裹皂巾，着大袖圆领皂缘姜黄或深藕荷色襕衫，内着白色交领中单，腰系绅带，下着皂色厚底镶鞋或白色鞋袜。这是文人的一种典型形象，应适用于文体娱乐相关服务领域，也适用前述信息传输业中的文人职业着装形象。

❶[元]脱脱，等：《宋史》卷一百五十三《舆服五》，北京：中华书局，1997年，第3579页。

❷上海师范大学古籍整理研究所：《全宋笔记》（第八编第五册），郑州：大象出版社，2017年，第19页。

家、文学家、翻译家及市井耍词者等多种职业。

总之，因士人阶层为诗书、绘画、乐舞、戏剧、考古等各类文化艺术事业的发展做出了积极的推动努力，特别是为各类信息文化繁荣与传播发展做出了突出贡献，所以其职业服饰形态是文体娱乐服务行业形象中不可或缺的内容。可以这么说，文体娱乐服务业的服饰形象也是多种多样的（表2-7）。

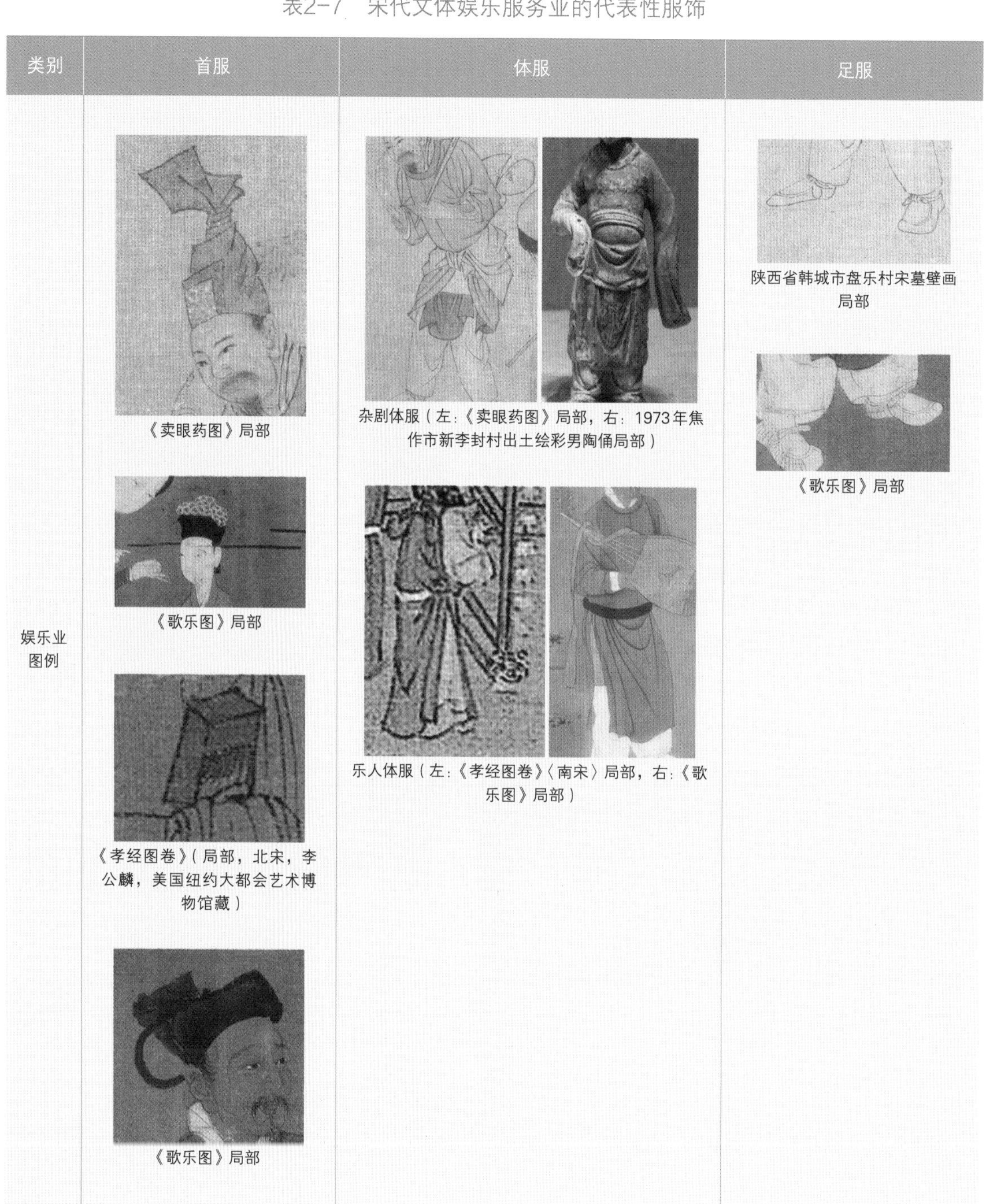

表2-7　宋代文体娱乐服务业的代表性服饰

类别	首服	体服	足服
娱乐业图例	《卖眼药图》局部 《歌乐图》局部 《孝经图卷》（局部，北宋，李公麟，美国纽约大都会艺术博物馆藏） 《歌乐图》局部	杂剧体服（左：《卖眼药图》局部，右：1973年焦作市新李封村出土绘彩男陶俑局部） 乐人体服（左：《孝经图卷》〈南宋〉局部，右：《歌乐图》局部）	陕西省韩城市盘乐村宋墓壁画局部 《歌乐图》局部

续表

类别	首服	体服	足服
文体业图例	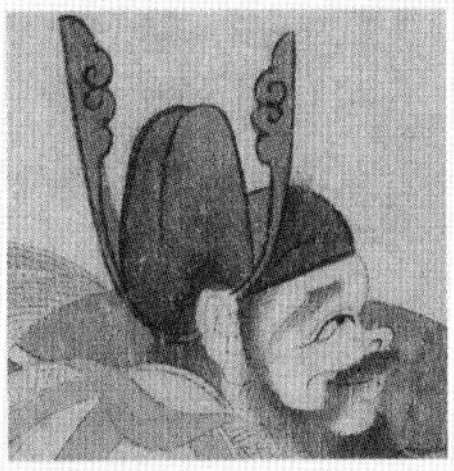 《明皇击球图卷》（局部，南宋，佚名，辽宁省博物馆藏）  《五百罗汉图之应身观音图》局部  《南唐文会图》（局部，宋，佚名，北京故宫博物院藏）  《探梅图》局部	 敦煌莫高窟藏经洞的相扑线描图局部  士人襕衫：《五百罗汉图之应身观音图》局部  左右图分别为士人褙子、直裰：张择端版《清明上河图》局部	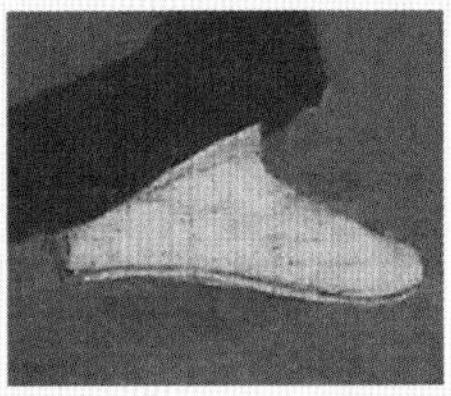 《五百罗汉图之应身观音图》局部 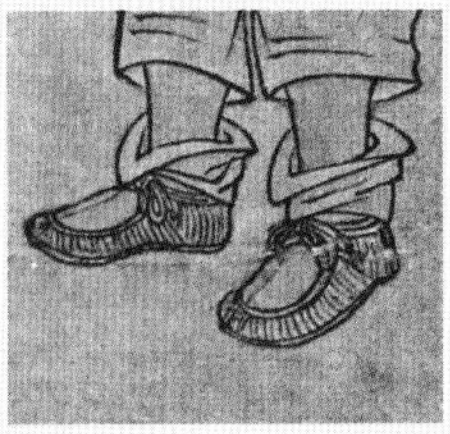 《罗汉图》系列之四（南宋，刘松年）局部
说明	宋代文体娱乐服务业涉及职业岗位类别众多，首服特色突出且形制不一，此处所列均为其代表形制	该行业平民之体服多样，娱乐业多圆领缺胯衫，而文体业则多交领衣（士人为主体）。其中相扑所着运动服特色突出而具有体育类专业服饰的代表性	该行业除了部分职位无足衣外，一般着练鞋、麻鞋，但具体造型有差异

十、教育业

北宋社会能够处于当时世界发展的巅峰，与其标志性重点行业即教育业的高度发达关系重大。当时的教育业从事机构有私塾，也有官学，从业者和受教育者众多。大多数具有地域或国家影响力的文人都从事过教育行业，一定程度上促进了文人社会的形成和文人经济的发展（图2-151）。比如，作为宋学代表流派的、以王安石为核心的荆公学派曾借官学普及其主导"天与道合而为一"等哲学观点，促进了北宋时期的思想进步与发展。再如，以"洛、关"为代表的道学派，也积极地通过官、私教学机构讲学、辩学、授徒等使其"人随天道"的主张得以在基层广泛传播。"宋初三先生"也同样做了官学中的教授并将其三教合一的思想持续传播于社会，使社会各业发展受教于此意识形态，一定程度上推动了社会的繁荣发展。这自然使得全社会形成了仰慕、崇拜文人群体的风尚，其衣着形象也深受关注并形成了一定的风格价值观，如前文所述朝廷对进士、儒生的着装做了"白襴""帽衫"等规定。同时民间也有一定的着装规格认定。例如，宋代晁说之所撰《晁氏客语》记载了一个具体代表即宋代儒士范祖禹的职业形象，其曰："范纯夫燕居，正色危坐，未尝不冠，出入步履皆有常处。……衣稍华者，不服。十余年不易衣，亦无垢汙。履虽穿，如新。皆出于自然，未尝有意如此也。"[1]又有研究称宋代儒师陈烈"力学不群，平日端严，终日不言"[2]，杨适"容仪甚伟，衣冠俨如"[3]，程颐"容貌庄严"[4]等。这些描述是对平民儒师形象的典型提炼，宋代教育者着装气韵与形态的揆度提供了依据。与此"端严素雅"风格形象的形成有着

▲图2-151 《治平帖》（局部，北宋，苏轼，北京故宫博物院藏）中明人所绘苏轼像

这是北宋大儒苏轼书写的《治平帖》卷首所附的肖像画，为明代后人所绘苏轼像。该画像中苏东坡头戴乌纱东坡巾并附乌纱幅巾垂肩，此首服式样在宋代较为少见。而其皂缘交领右衽大袖衣、内着下裳并系帛带、足穿线鞋的形象则是宋代儒师常见（其衣的另一种搭配可参见图2-152）。

---

❶上海师范大学古籍整理研究所：《全宋笔记》（第一编第十册），郑州：大象出版社，2012年，第124页。

❷[明]黄宗羲：《宋元学案》卷五，[清]全祖望，增补；北京：中华书局，1986年，第238页。

❸[明]黄宗羲：《宋元学案》卷六，[清]全祖望，增补；北京：中华书局，1986年，第256页。

❹[明]黄宗羲：《宋元学案》卷十五，[清]全祖望，增补；北京：中华书局，1986年，第590页。

密切联系的是他们的哲学主张：含蓄内敛、简朴儒雅、便身利事。对此，有研究也认为，宋代士人服饰相比汉唐更趋于保守、庄重，“承载了宋代士大夫内秀端庄的雅趣，传递了这时期士大夫的思想动态”❶（图2-152~图2-167）。

▲图2-152 《孔门弟子像》（局部，宋代，佚名，北京故宫博物院藏）中的儒师形象

该画面虽然表达的是春秋时期的孔门弟子澹台灭明（字子羽），但衣着却合宋制。其所着蓝灰色交领右衽大袖直裰配阔口白裤的组合是另一种平民儒师形象表达。其直裰款式与图2-151相类，民间配裤多见。

▲图2-153 《胡翼之像》（摘自《三才图会》❷）

胡翼之即胡瑗，“宋初三先生”之一，宋代教育家。其头巾为东坡巾（后人以儒师形象主观塑就），配以交领宽袖袍，此套装寓意深厚，可折射宋代儒师的着装之典型。高巾是儒士的代表性高级首服，交领、宽袖也都是品德高尚的师者常备之服装部件特征，标识了儒释道三教合一的德行修为成果。有研究称胡瑗认为师表形象应从“正身”开始塑造，而只有不断“修洁自居、自新其德”❸才可以为“正”。此理念也概括了宋代师表形象的内涵特征。可见，其着装形象及其观念是相统一的，这也是被后人称为“宋初三先生”的缘由所在。

❶谭静静：《宋代士大夫服饰研究》，山东大学硕士学位论文，2008年，第1页。

❷[明]王圻：《三才图会》（上册），王思羲，编集；上海：上海古籍出版社，1988年，第680页。

❸张树俊：《胡瑗的为人师表与榜样教育》，《宁波教育学院学报》，2009年第11卷第4期，第30页。

程明道像

▲图2-154 《司马君实像》(摘自《三才图会》[1])
司马君实即司马光，其头巾形制为幅巾，宋代开始流行，也是儒师常有形象。

▲图2-155 《程明道像》(摘自《三才图会》[2])
程明道即程颢，道学（南宋称理学）大家，“洛、关”流派之洛学创始人，著名教育家。其着东坡巾、圆领袍的穿着特征基本具有宋代特征。但其袍服之圆领缘边宽阔，领扣外露，称为盘领，倾向明代特色。再者其所着东坡巾之形貌也不属实。依据历史实际，其与苏轼同为北宋中晚期大家，彼此有哲学思想驳难，不应认同并用此巾式，所以此首服形态应为后人臆想而成，但同时也说明该巾式的士人普及度。

米元章像

◀图2-156 《米元章像》(摘自《三才图会》[3])
米元章即米芾，为宋代著名书画家、教育家、官员。其所戴头巾为明代流行的、四周无檐通体光素之四角方巾，是明代儒生士人中流行的高巾帽。所着大袍之交领领面宽博，也倾向明朝特征，但其基本形制也呈现了宋代教育者的着装形象，还凸显了宋明服饰文化的传承与创新关系。

❶[明]王圻:《三才图会》(上册)，王思羲，编集；上海：上海古籍出版社，1988年，第675页。
❷[明]王圻:《三才图会》(上册)，王思羲，编集；上海：上海古籍出版社，1988年，第677页。
❸[明]王圻:《三才图会》(上册)，王思羲，编集；上海：上海古籍出版社，1988年，第673页。

像静子陸

▲图2-157 《陆子静像》（摘自《三才图会》[1]）

陆子静，即陆九渊，是南宋大臣，但此像并非官服形象，而是文人常有形象，可作为宋代教育业中的典型形象。此图虽为明代画像，但也基本标识了宋代文人的基本着装特征：高巾、交领宽袖袍。

▲图2-158 《朱晦庵像》（摘自《三才图会》[2]）

朱晦庵，即朱熹，也是南宋大臣。但此像所着头巾为只有后披幅的硬裹巾形制，应为元明时期头巾式样[3]，不过也以头巾与交领袍的基本配置再现了宋代文人的儒雅形象。朱熹作为一代大儒、宗师，其服饰规格为南宋儒师争相效仿的对象，一度成为着装标准。

▲图2-159 《山庄图》（局部，北宋，李公麟，台北故宫博物院藏）中的士人形象之一

▲图2-160 《山庄图》（局部，北宋，李公麟，台北故宫博物院藏）中的士人形象之二

❶[明]王圻：《三才图会》（上册），王思羲，编集；上海：上海古籍出版社，1988年，第669页。

❷[明]王圻：《三才图会》（上册），王思羲，编集；上海：上海古籍出版社，1988年，第671页。

❸孙机：《华夏衣冠：中国古代服饰文化》，上海：上海古籍出版社，2016年，第106页。

◀图2-161 《山庄图》(局部，北宋，李公麟，台北故宫博物院藏)中的士人形象之三

图2-159～图2-161所示文人形象来自《山庄图》。《山庄图》又名《龙眠山庄图》，是北宋著名画家李公麟对自己隐居生活的一种理想化表达，画面中山石树木交映成趣，环境亦儒亦禅超然惬意，众人谈经论道亦酣畅淋漓。其中的士人皆着皂色裹巾、皂缘交领右衽白纻宽袖直裰、皂色帛鞋，系扎绦带。整个画面呈现为一派儒释交融、儒学繁盛、思想自由的景象，典型折射了北宋学人的生活崇尚。其中士人着装为北宋时期儒师的典型形象。

◀图2-162 《清明上河图》(局部，北宋，张择端，北京故宫博物院藏)中的士人形象

这是张择端版《清明上河图》的一个局部，画面表现了两位儒士形象，均可作为宋代教师形象以资借鉴。左侧一位着皂色丫顶高巾、皂色宽袖长袍，其衣应为交领，腰间系带并后覆方巾(其装饰及礼仪形态类似官员佩绶)，为十分儒雅而典型的着装方式，应为乡绅职业，但同时又可以是高级教学机构的教授等教育者职业。右上侧一位着皂色裹巾、浅灰色交领小袖长衫，应为普通士人阶层着装，可视为普通教育者的服饰形象。

▲图2-163 《携琴探梅图》（局部，南宋，马远〈传〉，美国弗利尔美术馆藏）中的士人形象

《携琴探梅图》右侧有题“宋马远携琴探梅图真迹”，但又有研究称依据绘画技法判断此应为明代画家杜堇作品，不过其中文人服饰则具宋人风格。其头部裹扎皂巾，着茶褐色交领大袖、同色缘边直裰，内着白色交领中衣，腰系帛带，下着布履。此虽为画家马远的自画像，但也应能反映乡间普通教师的典型着装。

▲图2-164 《三高游赏图》（局部，南宋，梁楷，北京故宫博物院藏）中的士人形象

该局部图所表现的人物形象为士人，其所着一字高装巾是宋代特有的一种士人巾式，以其搭配交领宽袖袍衫、腰带、帛履也构成了一种典型的民间教师形象。

◀图2-165 《香山九老图》（局部，南宋，马兴祖〈传〉，美国弗利尔美术馆藏）中的士大夫形象

美国弗利尔美术馆藏的南宋作品《香山九老图》表现了九位士大夫的燕居生活情景，其着装均为典型的老年平民士人形象。此局部图中的老者头戴东坡巾，头巾上的竖檐交接处还装饰有衔接固件，为宋代文人十分流行的头巾样式。其上着皂缘交领黄褐色宽袖襕衫，腰间系有皂色绦带，内着白色中衣，下着黄褐色翘尖帛履，此为宋代高士常有着装，也可视为宋代资深教授着装形象。宋元明时期的中央及地方官学均设有教授职位（此为平民职业）。

▲图2-166 《〈临宋人画册〉之一：村童闹学图》（局部，明代，仇英，上海博物馆藏）中的小学儒师形象及比较图

明代画家仇英画作《〈临宋人画册〉之一：村童闹学图》表现了宋代小学授课间隙学生嬉闹玩耍的场面。该画面中的老年教师所着皂色高巾后有披幅，宋元多见。从其右衣襟结带的形制判断，该教师应着右衽交领衫。教师所着白衫、白裤与白色麻鞋的搭配应是小学儒师常有形象，其形制大概为文人的休闲装扮（如其右侧比较图，以及《香山九老图》局部）。宋代京师小学、武学中设有教谕职位，所以该教师角色可能为教谕。

▲图2-167 《游春图》（局部，隋代，展子虔，北京故宫博物院藏）之士人

此局部图中的士人为隋代形象，其着皂巾（幞头）、长衫，腰间扎带，这种搭配形态及其青灰或练色之用色习惯一直延续至宋。

文人着装形象虽然有因宋学崇拜而被局限于一定范围，但也较为丰富多样，未尽之处可以参考前文“文体娱乐服务业”所及文人形象。

以上诸学术流派的代表人物着装及其他平民形象的士人着装构成了宋代教育从业者的主流师者仪表风貌（表2-8），而这种风貌源于稳定的哲学思想背景，即上述众多宋学流派所共有的“人随天道”之观念。

表2-8　宋代教育业的代表性服饰

类别	首服	体服	足服
图例	《五百罗汉图之应身观音图》局部	襕衫（左：《五百罗汉图之应身观音图》局部，右：《香山九老图》局部）	《五百罗汉图之应身观音图》局部 《香山九老图》局部

续表

类别	首服	体服	足服
图例	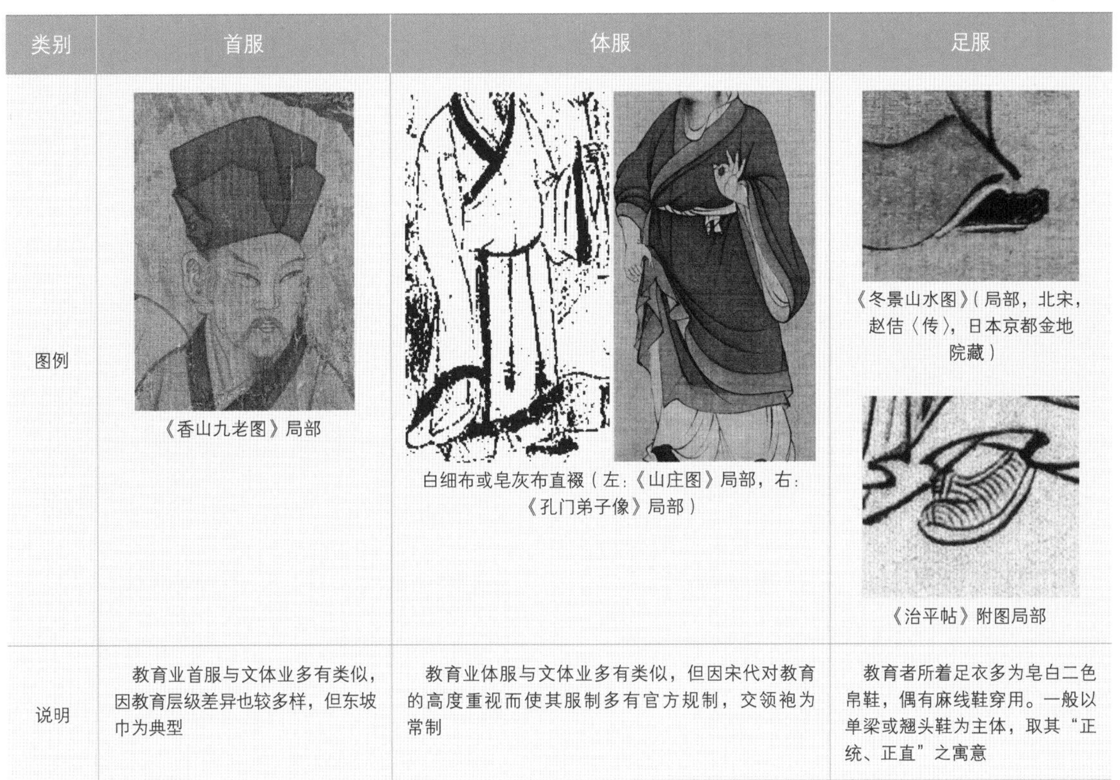 《香山九老图》局部	白细布或皂灰布直裰（左：《山庄图》局部，右：《孔门弟子像》局部）	《冬景山水图》（局部，北宋，赵佶〈传〉，日本京都金地院藏） 《治平帖》附图局部
说明	教育业首服与文体业多有类似，因教育层级差异也较多样，但东坡巾为典型	教育业体服与文体业多有类似，但因宋代对教育的高度重视而使其服制多有官方规制，交领袍为常制	教育者所着足衣多为皂白二色帛鞋，偶有麻线鞋穿用。一般以单梁或翘头鞋为主体，取其“正统、正直”之寓意

十一、居民服务业

时下，居民服务业可涵盖超市零售业、美容保健、水工、电工、安装工等多种职业范畴。在北宋及后来的元明等时期，相关职业也是存在的，如药市、花市、米市等商贩，木作（木匠作坊及行业，分为大木作、小木作等类）、石作（石匠作坊及其行业）、金银打作（金银匠作坊及行业）、酒食作（酒食制作业）等匠人，人力（各种劳力）、干当人（差役）等供雇者（图2–168~图2–184）。前文已有多处相关例证涉及此中相关类别。

《清明上河图》中有一处修面工图例（被《都城纪胜》称为“刀镊手作人”[1]，也可称为刀镊工、刀镊匠，如图2–168所示），这在北宋时期是很热门、极具代表性的服务性职业，反映了宋代美容业的兴盛。《墨客挥犀》卷二载：“彭渊材初见范文正公画像，惊喜再拜。……既罢，熟视曰：‘有奇德者，必有奇形。’乃引镜自照……又至庐山太平观，见狄梁公像，眉目入鬓，又前再拜，赞曰：‘有宋进士彭几谨拜谒。’又熟视久之，呼刀镊者使剃其眉尾，令作卓枝入鬓之状，家人辈望见惊笑。”[2]即北宋名士彭渊材认为外形与道德有关系，而重视参照厚德之人修整面容，以图“修人事以应天”，体现了宋人“天人合一”美容观念的某种表现，这应代表了一部分宋人的美容行为。如前文引证

[1] 上海师范大学古籍整理研究所：《全宋笔记》（第八编第五册），郑州：大象出版社，2017年，第19页。

[2] 上海师范大学古籍整理研究所：《全宋笔记》（第三编第一册），郑州：大象出版社，2008年，第16页。

▲图2-168 《清明上河图》（局部，北宋，张择端，北京故宫博物院藏）中的刀镊手作人

此局部画面中的刀镊手作人正在用刮脸刀为一位客人修面美容，其十分生动地从侧面表达了宋人讲究容貌细节的生活观念。该刀镊工的着装应为宋代典型，其裹皂巾，着褐色小袖上衣，下摆提起扎腰而实际应可及膝，与大多数其他职业的上衣处理方式相似。其下身穿白色小口长裤，也是服务性职业常有下装形制。

文献所述，此时有专门的美容服务行业即“锦体社（花绣）……净发社（梳剃）”等。更值得一提的是，此时还有较成熟的宠物美容服务业，大幅度促进了宋人生活品质的升级，也足见宋人对生活审美的重视。

《东京梦华录》记载：“景灵东宫南门大街以东，南则唐家金银铺、温州漆器什物铺、大相国寺，直至十三间楼、旧宋门。自大内西廊南去，即景灵西宫，南曲对即报慈寺街、都进奏院、百钟圆药铺，至浚仪桥大街。西宫南皆御廊杈子，至州桥投西大街，乃果子行。街北都亭驿（大辽人使驿也），相对梁家珠子铺。余皆卖时行纸画、花果铺席。……街东车家炭，张家酒店，次则王楼山洞梅花包子、李家香铺、曹婆婆肉饼、李四分茶。……街北薛家分茶、羊饭、熟羊肉铺。向西去皆妓馆舍，都人谓之‘院街’。御廊西即鹿家包子，余皆羹店、分茶酒店、香药铺、居民。”[1]《东京梦华录》卷四以较大篇幅记录了餐饮业态，如高级酒楼、食店、肉行、饼店、鱼行……满街尽是。[2]此类更多相关图证可参考前文酒店餐饮业的示例。除了固定零售机构外，宋代街市还有数不清的流动商贩，这种街头流动性销售行业繁荣于宋，且一直传承至今。这些在前文相关图例中也多有表现。

◀图2-169 《货郎图》（局部，北宋，徐崇矩，美国弗利尔美术馆藏）中的职业形象

北宋画家徐崇矩所作《货郎图》表现了一位街头售卖饮品的货郎形象，其着装与同样售卖饮品的茶贩及其他杂货郎均有不同。其所着皂褐色头巾裹覆前额并堆卧于脑后，通体白装，宽松舒放，洁雅素净，其中意蕴也许正是饮品销售职业精神之所在。其肩腕披搭的白色长巾及腰间所挂携布囊更应是该职业的标识性物件。比较来看，此货郎职业形象更具有前文“酒店餐饮业”的典型特征。

❶上海师范大学古籍整理研究所：《全宋笔记》（第五编第一册），郑州：大象出版社，2012年，第125-126页。

❷[北宋]孟元老：《东京梦华录：精装插图本》，北京：中国画报出版社，2013年，第75-82页。

▲图2-170 《清明上河图》(局部，北宋，张择端，北京故宫博物院藏)中的饮子摊贩形象

北宋张择端的画作《清明上河图》中有一处挂着“香饮子”市招的摊贩，即宋代非常流行的饮用品零售点，其职业着装为皂巾裹首搭配白色上衣，与上图着装相近。

▲图2-171 《清明上河图》(局部，北宋，张择端，北京故宫博物院藏)中的饮子摊贩形象

此局部图中挂有“饮子”市招的摊贩也与上图所属行业一致，均应归为前文“酒店餐饮业”，但同时又服务于居民消费。

◀图2-172 《货郎行路图》(局部，北宋，佚名)中的职业形象

北宋画作《货郎行路图》表现了四位穿行于乡间的货郎形象，其售卖内容各异，着装也有不同，但均有头巾、小口长裤。上衣或为交领、对领，或半裸但巾帛缠身，下着布鞋、草鞋或跣足。着装色彩以褐色或褐绿色为主体。

◀图2-173 《货郎图》(局部，北宋，李公麟〈传〉)中的职业形象

该《货郎图》相传为北宋画家李公麟所作，因售卖内容为杂货，所以该画作中的货郎形象即不同于上图。该货郎着束裹发髻并以展折脚式系带系扎的皂褐色头巾(上束髻裹巾)，还在脑侧装饰有折枝花儿，首服形态呈现较强装饰性、标识性，以期获取路人关注，这与上图首服的含蓄内敛截然不同。其上衣为浅姜黄色圆领窄袖缺胯衫，腰系革带，下着白裤、膝裤和附有花样装饰的白凉鞋。整体行装类似官衙差役，具有一定的戏剧性。差役着装一般具有较强装饰性、实用性，且可能像今天的军装一样颇受儿童崇拜，所以此着装意图应是在保持便捷实用的同时突出对孩童的吸引力。

▲图2-174 《货郎图》(局部，南宋，李嵩，北京故宫博物院藏)中的职业形象

这是南宋时期的《货郎图》，相较上图经营内容更加丰富，货郎所着装扮元素也更加复杂，具有售卖内容的标识性，整体呈现戏剧性。其首服为皂色巾裹，并插装有小风车、长翎羽、小旗子等具有孩童吸引力的饰物，还借流苏丝带在周身牵连装饰眼睛图标（眼药标志）等一些昭示商品功能的饰物。其上衣为白色窄袖圆领短衣，下摆提扎腰带内，内着浅灰腰裙、白色中衣，下着白色窄口长裤并在膝下扎带，小腿部裹有深色膝裤并半掩于裤口内，足着系带线鞋。整体装扮具有宋代平民职业的典型性，同时凸显了货郎形象的标识性、适用性。

▲图2-175 《货郎图》(局部，南宋，苏汉臣〈传〉，台北故宫博物院藏)中的职业形象

这幅《货郎图》也是杂货零售内容的表达，其中的货郎着装与上图角色在目的上具有同一性，均有戏剧化特征，相传为南宋画家苏汉臣所作。该货郎更加注重首服的吸睛效果设计，其裹扎绿色头巾，并以红底印花抹额、空心铆钉装点的展折脚系带强化了装饰性。其中空心铆钉装饰的系带还出现在配以红绿两色的挎包和腰带等配件，且其挎包遍是空心铆钉的装饰，看来该类装饰是此时期的流行要素。其外着绿色半袖，内着浅灰窄袖衣和白色中衣，均为交领右衽。下着白裤、皂靴。对于该画作的创作年代，沈从文先生依据其画面中孩童所着笠帽、靴子及货郎所着靴子认为应为元代或明初[1]。但无论是宋还是元明，其对货郎着装装饰性、夸张性和标识性特征的凸显是毫无疑问的。同类着装可参见图2-176。

[1] 沈从文：《中国古代服饰研究》，北京：商务印书馆，2011年，第497页。

▲图2-176 《货郎图》(局部，明代，计盛，北京故宫博物院藏)中的职业形象

该局部图中的货郎为明代形象，其头巾、帔领、饰带、鞋子等着装要素同样是较为夸张的、装饰性极强的形态特点。其中有必要关注的是，其鞋子为精细编结的系帛带线鞋，并装饰有云纹缘饰，可见该类职业的讲究程度，也展现了古代线鞋的用色、材质、装饰、工艺等综合水平及特征。

▲图2-177 《清明上河图》(局部，北宋，张择端，北京故宫博物院藏)中的裹香人形象

此图中左侧第二位“顶帽披背”的人物应该就是“刘家上色沉檀拣香”铺中的裹香人，正与着青灰色长衫的客人交流香药货品。其着皂纱裹巾(成型头巾也被称为帽子)、紫灰色交领齐膝褙子、白色大口裤、练鞋。

▲图2-178 《清明上河图》(局部，北宋，张择端，北京故宫博物院藏)中的摊贩形象

这是《清明上河图》(张择端版)中表现的售卖食材日杂的摊贩形象。其亦着皂色头巾、白色小袖短衣及白色小口长裤。

▲图2-179 《清明上河图》(局部，北宋，张择端，北京故宫博物院藏)中的煤炭摊贩形象

该局部图表现的是一位售卖煤炭的店伙计形象。其衣皂巾、白色交领短衣，腰间系带，着白色小口裤和皂色浅口鞋。宋代科技的发展促进了煤炭的开采与广泛应用，这种职业形象在百姓生活中也有一定的存在广度。该类衣着与其他诸行摊贩基本着装要素较为接近：皂巾、白衣。这表达了平民职业的同类性，而其中的区别主要体现在细节上，如腰带、围裙、巾帕、领型等。

▲图2-180 《清明上河图》（局部，北宋，张择端，北京故宫博物院藏）中的担贩形象

张择端版《清明上河图》的多处表达有售卖赤色植物（可能是香椿）的担贩形象，反映了该类植物在清明时节的销售行情。该局部图中的流动摊贩着装依然为皂色裹巾、白色交领小袖上衣，提摆扎腰，下着白色齐膝短裤、练鞋。

▲图2-181 《清明上河图》（局部，北宋，张择端，北京故宫博物院藏）中的担贩形象

张择端版《清明上河图》中孙羊正店前赤色植物担贩的着装与上图不同，为皂巾扎髻（该巾式称为抓角儿头巾）或皂巾裹首，上着白色裲裆坎肩（背心），腰间围裹青灰色大块巾帕或外搭，下着白色小口长裤或围裳，形制不一，展现了担贩行业的着装自由度，也许这是该行业的现实，呈现了一种被行业规制包容的结果。此也应为宋人自由精神、“便身利事”观念的反映，这与“百工百衣”的规范是具有一定矛盾性的。所以，宋代服饰的书面制度固然严苛，但同时民众着装僭越或一定程度的自由也常存在，此为宋代社会值得玩味的一种现象。不过，无论矛盾程度如何，这里的着装基本要素还是凸显了皂巾配白衣的普遍存在之社会风尚。

▲图2-182 《明皇幸蜀图》（局部，唐代，李昭道，台北故宫博物院藏）中的平民形象

该局部图所表现的人物应为一平民职役。其裹皂巾，着白衣、白裤、线鞋，与前述宋代居民服务业中的职业着装之皂巾、白衣具有较强类似性，这体现了中华平民职业服饰的沿袭性。

▲图2-183 《明皇幸蜀图》（局部，唐代，李昭道，台北故宫博物院藏）中的马夫形象

该局部图表现了唐代的马夫形象。其皂巾短衣的打扮具有唐代平民着装的代表性，与宋代居民服务业中的短衣形象有着较强的类似性，形制可谓传统服饰典型，可显示一定的前代承袭关系。

▶图2-184 《明皇幸蜀图》(局部，唐代，李昭道，台北故宫博物院藏)中的商人形象

这个局部图中的乘马者应为一商人。商人虽有较好的经济能力，但处于社会底层，也为平民。其着皂色笠帽，内着头巾，穿褐色窄袖缺胯短衣、白色小口长裤、浅口棕鞋。这种着装形象与宋代居民服务业中的商贩、工匠等几乎一致，即皂巾(唐宋商人巾式多不同)、皂或褐衣、白裤、浅口鞋的配套，只是具体细节不同。

由于工商业的繁荣，诸行忙碌之中也形成了一些衍生服务业，比如外卖递送、跑腿传话等行业，也十分活跃、发达，与当今社会发达的外卖、跑腿等行业可有一比。《东京梦华录》记载："更有百姓入酒肆，见子弟少年辈饮酒，近前小心供过使令，买物命妓，取送钱物之类，谓之'闲汉'。"[1]该类角色还可参考前文所提《都城纪胜》中关于"闲人"的记述。总之，此类职业的存在也体现了服务业的细化与繁荣(图2-185、图2-186)。

▲图2-185 《清明上河图》(局部，北宋，张择端，北京故宫博物院藏)中的闲汉形象

从其无聊的眼神及无奈静候、双手插袖而蜷缩一团的动态便可判断，这是一位闲散人员即"闲汉"，似乎正在等待任务指派。其头裹皂巾、穿白色小袖短衣，腰间扎带，下着白色小口长裤、练鞋。其因无所工技，维持生计的方式内容大概便如上文所述。类似形象还可见下图。

▲图2-186 《清明上河图》(局部，北宋，张择端，北京故宫博物院藏)内城外汴河边食店中的闲汉形象

该局部图中的两位候坐者应为闲汉，其服饰基本形制是皂巾、短衣、长裤配套，只是着装色彩不同。

[1][北宋]孟元老:《东京梦华录：精装插图本》，北京：中国画报出版社，2013年，第34-35页。

居民服务业中的其他业类，诸如今天的拆洗空调、抽油烟机等类似的工巧服务同样发达，应有尽有（图2-187~图2-192）。《东京梦华录》记载："若养马，则有两人日供切草；养犬，则供饧糟；养猫则供猫食并小鱼。其锢路、钉铰、箍桶、修整动使、掌鞋、刷腰带、修幞头帽子、补角冠、日供打香印者，则管定铺席人家牌额，时节即印施佛像等。其供人家打水者，各有地分坊巷，及有使漆、打钗环、荷大斧斫柴、换扇子柄、供香饼子、炭团，夏月则有洗毡、淘井者，举意皆在目前。……每日如宅舍宫院前，则有就门卖羊肉、头肚、腰子、白肠、鹑兔、鱼虾、退毛鸡鸭、蛤蜊、螃蟹、杂燠、香药果子，博卖冠梳领抹、头面、衣着、动使铜铁器、衣箱、磁器之类。"[1]又载："倘欲修整屋宇，泥补墙壁，生辰忌日，欲设斋僧尼道士，即早辰桥市街巷口皆有木竹匠人，谓之杂货工匠，以至杂作人夫，道士僧人，罗立会聚，候人请唤，谓之'罗斋'。竹木作

▲图2-187 《清明上河图》（局部，北宋，张择端，北京故宫博物院藏）中的打水人形象

这是职业打水人的形象，即上述"供人家打水者"。其头裹皂巾，上着白色交领、袖管卷起的小袖衣。其腰间裹覆青灰色巾帕，并着及膝半裤（短裤），小腿裹有行縢，这些均应为标识性要件。其足部所穿练鞋，应是宋代受雇佣者较为体面的足衣。

▲图2-188 《清明上河图》（局部，北宋，张择端，北京故宫博物院藏）中的铜铁器摊贩

该局部图中有一处铜铁匠摆设的刀剪地摊，在售卖"动使铜铁器"，可见宋代金属器具的铸造技术已很先进。其摊贩是一个年轻人（图中左二）以皂巾扎髻（巾式为抓角儿头巾），身着白色小袖短衣。其袖应为短至肘部的半袖，是一种较新颖的袖型。

▲图2-189 《清明上河图》（局部，北宋，张择端，北京故宫博物院藏）中的木匠形象

该局部图表现的人物形象即木竹匠人之一：木匠，为木工用量极大的宋代社会居民服务行业之不可缺少的一类职业。其头裹皂巾，上着白色交领小袖短衣或裲裆衫，腰间系扎提起的下摆或捆扎备用外套，下着白色小口长裤、练鞋。该职业同时可归纳至后文所述的手工业类别。

[1] [北宋]孟元老：《东京梦华录：精装插图本》，北京：中国画报出版社，2013年，第62页。

▶图2-190 《清明上河图》（局部，北宋，张择端，北京故宫博物院藏）中的苦行僧

该局部图的中央人物是一个肩背经笈（即行笈、书箱）的苦行僧（也称行脚僧、头陀）形象。这个职业常常云游四方乞食，并以卖药行医、五更报晓等职业内容换得报酬或饮食。所以若以报晓工作来定位这个角色，则在宋代也可以跨归于“信息传输业”。但是在这里，从其满负经书与货物的行笈可断，他更是居民服务者的角色。其身着皂缘短款小袖僧衣，腰扎帛带并挂满零碎物件，着短裤、裸露小腿，脚穿草鞋，典型的苦行僧装扮。

▲图2-191 《清明上河图》（局部，北宋，张择端，北京故宫博物院藏）中的雇工

这是张择端版《清明上河图》所绘汴梁内城门外“候人请唤”的雇工，其着装与大多数服务性工技相似，即皂巾、交领白衫或青灰或灰褐色小袖短衣，下均着白色小口长裤、练鞋。所以，皂巾、练鞋应为此类职业的典型元素。

▲图2-192 《清明上河图》（局部，北宋，张择端，北京故宫博物院藏）中的雇工

该局部图中的这位搬运工，没有出现在码头、工场等人力集中的工作场合，而是独立行走在汴梁街头，可判断为受雇于居民的私家雇工。其应首着抓角儿巾，着白色小袖交领右衽缺胯短衣，腰间扎带，下着短裈、草鞋。

料，亦有铺席。砖瓦泥匠，随手即就。”[1]可见宋代人力资源市场与零售行业一样地发达。只要有足够财力，恐怕很难找不到相关服务工种。

[1] [北宋]孟元老：《东京梦华录：精装插图本》，北京：中国画报出版社，2013年，第72页。

《东京梦华录》还记载："以至从人衫帽、衣服从物，俱可赁，不须借措。"❶又载："若凶事出殡，自上而下，凶肆各有体例。如方相、车舆、结络、彩帛，皆有定价，不须劳力。"❷可见宋代物质、相关服务供应业的发达，折射了宋人消费理念的进步特性（图2-193~图2-196）。

▲图2-193 《清明上河图》（局部，北宋，张择端，北京故宫博物院藏）中的纸马店

这是一个出租或售卖丧葬用品的专业纸马店。其出售的应为纸扎、纸钱之类，也可出租"车舆、结络、彩帛"之用物。店伙计头裹皂巾，其上衣款式表达抽象，可能为白色交领衣。

▲图2-194 《清明上河图》（局部，北宋，张择端，北京故宫博物院藏）中的丧葬用品摊

该局部图可与图2-193所示内容相补充，表现的是一个售卖纸钱、小型纸扎等丧葬用品的摊位，摊贩穿戴与其他行业摊贩有所差异。其头裹皂巾，着浅灰褐色圆领小袖短衣，应为宋代标识性较为独特的职业装扮，这与其服务领域应有着密切关系。

▲图2-195 《水浒传之十一》（插图局部）中的"凶事出殡"画面❸

此画面为连环画《水浒传之十一：武都头怒杀西门庆》的插图，其中抬棺材者为"火家"（即伙计）角色，即以处理尸体为职业的人。其着装为裹巾或扎髻（抓角儿），皂缘交领小袖短上衣，无缺胯结构，腰间系带，内有中衣，下着小口长裤。其裤或缚裤或卷口或束口，配以皂鞋。因今人手笔多模仿明人，所以这些衣式，特别是皂鞋更具有明代特征，但上衣皂缘应为"火家"自宋代沿袭而下的特征，尚有一定参考价值。

❶[北宋]孟元老：《东京梦华录：精装插图本》，北京：中国画报出版社，2013年，第69页。

❷[北宋]孟元老：《东京梦华录：精装插图本》，北京：中国画报出版社，2013年，第71页。

❸刘洁：《水浒传之十一：武都头怒杀西门庆》，于绍文，绘画；北京：海豚出版社，2017年，第38页。

◀图2-196 《清明上河图》（局部，北宋，张择端，北京故宫博物院藏）中的术士形象

张择端版《清明上河图》中汴梁内城外有一处江湖术士算命的场景。坐在桌案内侧的术士着皂褐色头巾，其上衣应为皂褐色圆领长衫，下身则应为白色长裤和白鞋。此也为居民服务业中的一种典型着装形象。

宋代服装租赁店铺的存世实证少见，但可从元、明时期寻得一些可借鉴实例，以做比较理解（图2-197、图2-198）。

◀图2-197 《清明上河图》（局部，元代，佚名，摹本，歌华会馆藏）中的成衣租赁铺

这是《清明上河图》元代摹本中的成衣租赁铺。其店家为左侧着浅褐色上衣并裹皂巾者，其图像虽有损毁，但可从以此图为蓝本摹绘的明代仇英版《清明上河图》中寻找答案（图2-198）。仇英版虽然并非绝对忠实模仿上图，但其店家的皂首应该属实，只是巾式不同于宋、元。相比较而言，宋代此类商业店铺伙计多着青灰色上衣的常规，可以推测宋代该类职业着装应为皂首、交领青灰上衣和白色裤鞋的搭配。由此具体实例也可以看出，宋、元、明三代服饰具有一定程度上的传承与发展。

◀图2-198 《清明上河图》（局部，明代，仇英，辽宁省博物馆藏）中的成衣租赁铺

再者，除了民间工商各行形成的、保障居民消费的有效支撑机制外，官方服务机构也一度面向民间开放（图2–199）。《东京梦华录》对此也有记载："凡民间吉凶筵会，椅卓陈设，器皿合盘，酒檐动使之类，自有茶酒司管赁。吃食下酒，自有厨司，以至托盘下请书、安排坐次、尊前执事、歌说劝酒，谓之'白席人'。总谓之'四司人'。欲就园馆亭榭寺院游赏命客之类，举意便办，亦各有地分，承揽排备，自有则例，亦不敢过越取钱。虽百十分，厅馆整肃，主人只出钱而已，不用费力。"❶

综上可见，宋代居民消费所需相关供应链完整，其支撑产业也较完备，这是工商业体系成熟的结果，反映了宋代居民服务业全业态的高度发达。

需要说明的是，前文所述的多种职业，诸如"交通运输业"中的轿夫、"卫生及社会保障业"中的郎中、"信息传输服务业"中的递铺铺兵等均可同时跨归为此类行业。所以，居民服务业的具体职业涵盖面也十分广泛，但代表性职业则为美容业、零售业、人力雇佣、卫生业、各类作匠等从业者（表2–9）。

▲图2–199　1955年陕西兴平出土的宋彩陶男立俑（陕西历史博物馆藏）及其比较图
1955年陕西兴平出土的这件宋彩陶男立俑表现了宋代官方机构职役的常有装扮：高帽墙成型头巾（丫顶幞头，参见其右侧张择端版《清明上河图》之局部比较图），应为皂色；下着窄身衣裤及低帮鞋（该俑表达抽象，但其实际应为低帮鞋）。此类形制应是《东京梦华录》中所述"四司人"的着装样式。

❶[北宋]孟元老：《东京梦华录：精装插图本》，北京：中国画报出版社，2013年，第73页。

表2-9　宋代居民服务业的代表性服饰

类别	首服	体服	足服
图例	 《货郎图》(局部，北宋，徐崇矩) 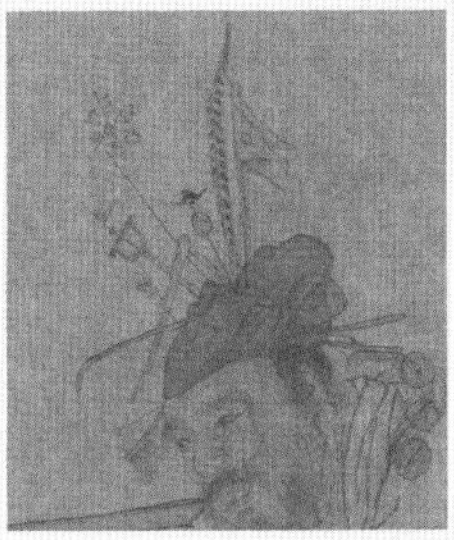 《货郎图》(局部，南宋，李嵩)  《田畯醉归图》(局部，南宋，刘履中，北京故宫博物院藏)  1955年陕西兴平出土的宋彩陶男立俑局部	 《货郎图》(局部，左：徐崇矩，右：李公麟) 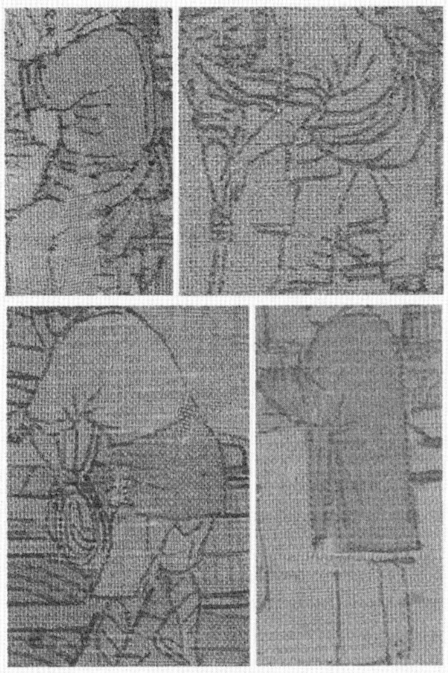 刀镊工、木工、打水工、郎中：张择端版《清明上河图》局部 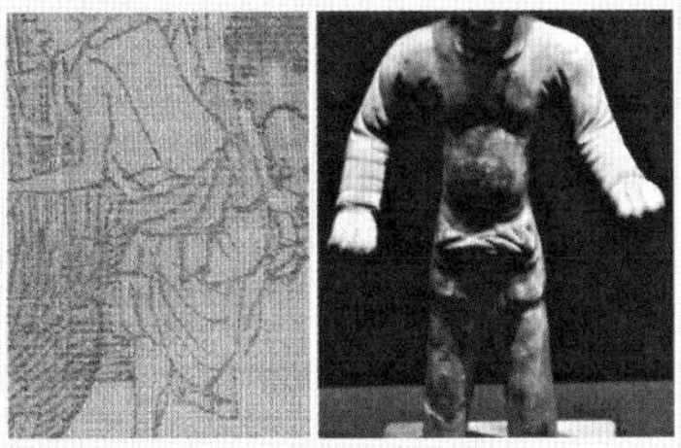 左：张择端版《清明上河图》局部，右：1955年陕西兴平出土的宋彩陶男立俑局部	 练鞋：《货郎图》(局部，北宋，徐崇矩) 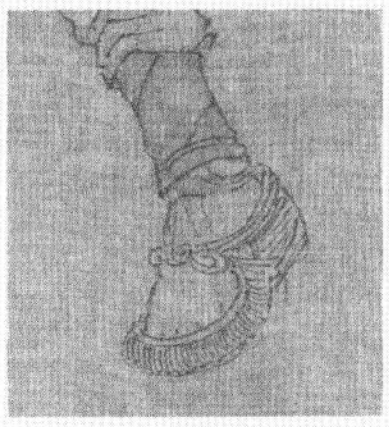 线鞋：《货郎图》(局部，南宋，李嵩) 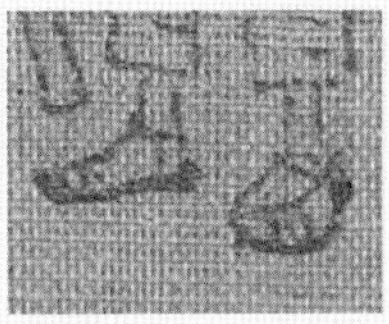 草鞋：张择端版《清明上河图》局部 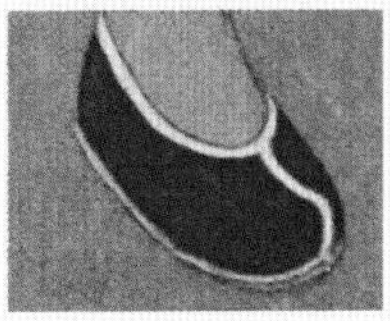 皂色帛鞋：《罗汉图》系列之三(局部，南宋，刘松年)
说明	该行业首服十分多样，但由以上图例中的四种为基本式样：后裹髻系带皂巾、上束髻系带皂巾、抓角儿青巾、丫顶幞头。头巾具体色彩有色差。《田畯醉归图》之图例虽非居民服务业者，但却是抓角儿头巾的典型，可资参考	该行业体服形态多样，但以交领、圆领、对领膝上小袖短衣为主体。具体形制分为官民两类，色彩包括白、青灰、灰红褐等	该行业足衣几乎包含当时的所有平民款式，但依据具体职业分别具有定制款式，如人力工匠一般必为练鞋，火家为皂鞋。《罗汉图之三》图例之皂鞋可同比民间

第二节　工业

提及工业，似乎是18世纪以后发展起来的事情，蒸汽机、工业革命是关键词。不过，在经济繁荣的北宋，工业发展已超乎想象地取得了突破，这是一场不同于手工业形态的变革。当时，煤炭开采与应用技术成熟，铜铁器冶炼技术发展迅速，铁器盛行❶，整个工业体系在一定的火力、水力、机械设施支撑下有了较大程度的发展，出现了水力纺织、水力石磨、自来水等设施❷。此时的生产，每一道工序都有专职的工匠分守（图2-200~图2-210），组织形式“脱离了家庭手工业的阶段，堪称近世资本主义式的大企业生产”❸。宋代工业呈现出解放人力的趋势，成本降低，产品剩余，人们的物质生活极大丰富。

▲图2-200《闸口盘车图》（局部，五代，无款，上海博物馆藏）中的水磨及水力面罗

上海博物馆藏的《闸口盘车图》被称为五代画作，但有关研究依据服饰、笔墨风格称其应为北宋后期作品❹。该局部图画面上部的中右侧分别为水磨、水击面罗，画面底部中右侧则分别为其水力驱动产生装置。上部显示了工作人员，有皂巾、褐衣、白裤的监工，皂巾、白衣及皂巾、短裈的不同力役。

▲图2-201 《闸口盘车图》（局部，五代，无款，上海博物馆藏）中的监工与力役

该局部图中描绘有身着青灰色缺胯衫，配以皂巾、白裤、白鞋（练鞋）并手持用以计酬竹竿的官方监工，可见这是官营大型工业场所。其中的雇工力役着装不甚严格，但基本上均着皂巾、短衣，色彩有差异，但短窄形态之基本功用即与力役工作需要相适应。皂巾、小袖缺胯衫（色彩不一）、小口裤（或股衣）及练鞋应是北宋官营机构力役的主体套装内容，所着桃红色腰裙也应为官方力役标识性内衣。此外偶有裲裆背心等款式出现。

❶宫崎市定：《东洋的近世》，砺波护，编；张学锋、陆帅、张紫毫，译；北京：中信出版社，2018年，第239页。

❷吴钩：《风雅宋：看得见的大宋文明》，桂林：广西师范大学出版社，2018年，第503、380-389页。

❸宫崎市定：《东洋的近世》，砺波护，编；张学锋、陆帅、张紫毫，译；北京：中信出版社，2018年，第39页。

❹吴钩：《风雅宋：看得见的大宋文明》，桂林：广西师范大学出版社，2018年，第505页。

▲图2-202《闸口盘车图》（局部，五代，无款，上海博物馆藏）中的力役及其比较图

此局部图可见力役所着犊鼻裈（亦称“犊鼻裩”，还可省称“犊鼻”“犊裩”）、股衣（如今之套裤）的较完整形制，这是宋明时期特殊劳作场合出现的款式（见其右侧明代比较图：《帝王道统万年图册》之四，局部，明代仇英，台北故宫博物院藏），平常并不多见。犊鼻裈是短裤在我国早期的常见形态，以本图为例，是一种束扎腰间而底部兜裆、长度至膝盖以上并呈现三角形底部轮廓（如犊鼻状）的下装（可参见图2-203）。其具体形象存有多种解读，但值得信服的应是《史记》的阐释。《史记·司马相如列传》载：“相如身自着犊鼻裈，与保庸杂作，涤器于市中。”[1]裴骃所著《史记集解》对犊鼻裈作了解读：“韦昭曰：‘今三尺布作形如犊鼻矣。称此者，言其无耻也。’”[2]该解读与图例相合，同时强调是地位卑贱者所服用的服饰。而股衣则为穿在大腿至小腿部位，“下口平齐，上部斜削，形如马蹄口”[3]并以衣带吊缚在腰间，类似裤管状的特殊裤类形制。

◀图2-203 《归去来辞图》（局部，南宋，佚名，美国波士顿美术馆藏）中的劳动者

该图中的作业者应为码头力役。其着皂巾、白色小袖短衣，搭配一件犊鼻裈，其形制可与图2-202相互参校。

❶[汉]司马迁：《史记》卷一百一十七《司马相如列传》，北京：中华书局，1997年，第3000页。

❷[汉]司马迁：《史记》卷一百一十七《司马相如列传》，北京：中华书局，1997年，第3001页。

❸沈从文：《中国古代服饰研究》，北京：商务印书馆，2011年，第137页。

▲图2-204 《闸口盘车图》（局部，五代，无款，上海博物馆藏）中的力役

该局部图呈现了与上述下装不同的制式，除了犊鼻裈之外，还有一种套穿方式值得关注，即内着犊鼻裈、外着袴，且偶有缚裤，整个臀部裸露的穿法。这种穿着才应是该场合规范的形态。虽甚为不雅，但却是该场合便捷之需，所以在其他场合极为少见。从一些历史图例看，此穿着方式在北宋以后就极少存在了，有裆的长裤和平角短裤渐代其为主体。

▲图2-205 《闸口盘车图》（局部，五代，无款，上海博物馆藏）中的管理者

该局部图表现了水磨劳作现场执行管理工作的宋代官员及其职役形象。其中的职役裹扎皂巾（上束髻结带裹巾），身着青灰、姜黄或红褐色圆领缺胯衫，内着桃红腰裙（与图2-201中力役相类），下着白色小口长裤、练鞋。这应是此时期工业系统中常有的职役形象。

▲图2-206 《山溪水磨图》（局部，元代，佚名，辽宁省博物馆藏）中的磨工形象

《山溪水磨图》虽为元代作品，但服装形制则为宋式。右侧磨工着装为该类职业典型，其裹扎皂巾，着白色小袖短衣，以白色腰带提扎后衣摆，下着白裤并缚行縢，足着练鞋。左侧工匠头裹白巾、配皂衣。

▲图2-207 《山溪水磨图》(局部，元代，佚名，辽宁省博物馆藏)中的磨工形象

该局部图表现了赤身穿短裈(合裆短裤)并扎腰带、赤足的磨工形象，与图2-200相类似。其中着皂色上衣者应为重体力劳动者，其下着短裈，腰间扎白色腰带(参见图2-208)。皂衣者着白色或皂色巾裹，总体来看，着装规范，标识性强，形象差异明晰，应为官营水磨机构。

▲图2-208 《山溪水磨图》(局部，元代，佚名，辽宁省博物馆藏)中的磨工形象

◀图2-209 《蚕织图》(局部，南宋，无款，黑龙江省博物馆藏)中的劳动者

该局部图展现了南宋丝织手工业的劳作现场，也可同比北宋。其中男子均裹黑色头巾，白色衣裤。监工等管理人员上着白色交领缺胯齐膝短衣，腰间扎白色帛带，下着白色小口长裤、练鞋；雇工则着皂巾，白色短衣扎腰，下着白色小口长裤，赤足。与图2-210相比较，其着装体系规范，可断此为大型官营缫丝机构。

◀图2-210 《蚕织图卷》(局部，南宋，梁楷，东京国立博物馆藏)中的劳动者

此局部图同样展示了南宋丝织手工业的劳作场面。其中男性劳作人员均裹扎青黑色头巾，巾式不一。其上着姜黄、灰褐或青灰色交领缺胯上衣，或着内着青灰腰裙或搭白色短款中衣，下着白色小口长裤、练鞋或赤足。着鞋持秤者应为监工。此场景中的着装较为随意，应为私营缫丝机构。

宋、元、明时期劳动者裤装，见表2-10。

表2-10　宋、元、明时期劳动者裤装

朝代	宋代	元代	明代
图例			
说明	《蘑楼璹耕织图》（局部，元代，程棨）中的农业劳动者着白色小口有裆长裤并赤足，为宋代体力劳动者的典型着装	《清明上河图》（局部，元代，佚名，摹本，歌华会馆藏）中的木工着装：皂巾、半裸上身、白色平角短裤、赤足	《清明上河图》（局部，明代，仇英，辽宁省博物馆藏）中的木工着装：皂巾、半裸上身或短衣、白色或青绿色平角短裤、长裤、皂鞋

宋代虽然规模化工业类别增多，但手工业依然是普遍存在的行业，从业者相比以往更加多类（图2-211、图2-212）。所以在这种多样化的生产体系中，职业人群层次差异明显，着装更趋丰富。

▲图2-211　《豳风七月图卷》（局部，南宋，马和之〈传〉，美国弗利尔美术馆藏）中的木工

该局部图中的木工应为乡村职业者。其以抓角儿巾束髻，衣着并不具备行业代表性（可与前文“居民服务业”中图2-189的典型式样相比较），但这展示了南宋时期该行业着装的多样性。

▲图2-212　《豳风七月图卷》（局部，南宋，马和之〈传〉，美国弗利尔美术馆藏）中的木工

该画面局部表现了另一个木工形象。其皂巾裹首，束髻而轻覆前额，裹扎方式较随意轻松。同时穿皂缘小袖短衣，应为交领。其下着白色长裤，绑缚行縢，穿草鞋。此着装应为乡村职业形象，不比城市中该职业的高度格式化，即几乎一致的无皂缘白衣装扮。这里更强调了农村职业对传统文化的认同和坚守，注重了实用性，而时代性不强。

宋代工业中遍着白衣的职业风尚到了元明则有了明显的变化，即始以青绿、墨绿、黄褐等多种低明度色彩为服色主体，这可借前文表2-10等做出明确辨别。表2-11为元、明版本《清明上河图》记载的职业人群形象，可以做进一步比较。

表2-11　元、明时期工业类人群着装

朝代	元代	明代
图例	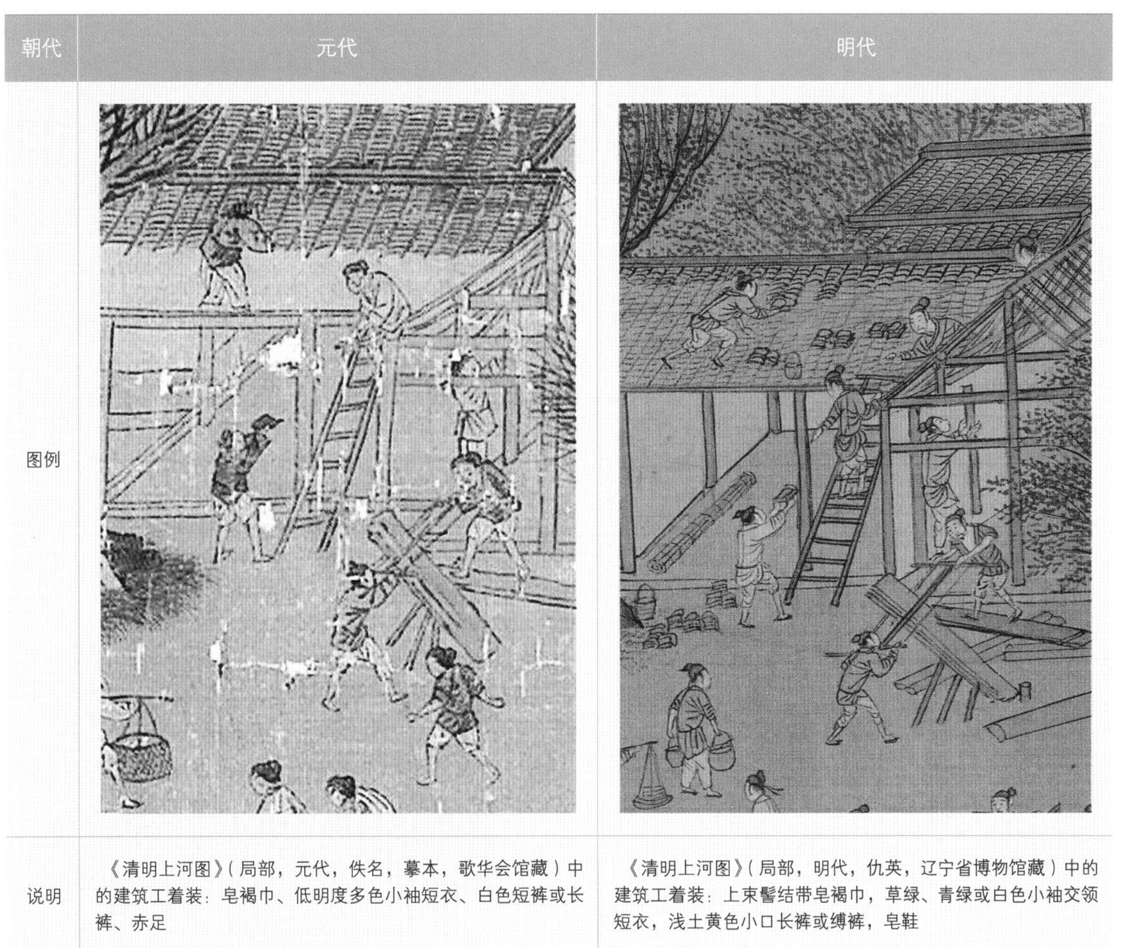	
说明	《清明上河图》(局部，元代，佚名，摹本，歌华会馆藏)中的建筑工着装：皂褐巾、低明度多色小袖短衣、白色短裤或长裤、赤足	《清明上河图》(局部，明代，仇英，辽宁省博物馆藏)中的建筑工着装：上束髻结带皂褐巾，草绿、青绿或白色小袖交领短衣，浅土黄色小口长裤或缚裤，皂鞋

经比较可以明确宋代工业职业人群的着装基因，其中除色彩之外的要素在传承中有着较为稳定的沿袭。

前述相关职业如“信息传输业”中的印刷工、“居民服务业”中的各类维修工、制作工等也都归属于工业职业类别。总体来讲，其职业服饰形态多样且具有可提炼的代表性特征(表2-12)。

表2-12　宋代工业类代表性职业服饰

类别	首服	体服	足服
图例	束髻结带巾：张择端版《清明上河图》局部 后裹髻系带巾：《蚕织图卷》（局部，南宋，梁楷）	左：《闸口盘车图》局部，右：《蚕织图》（局部，南宋，无款） 左右：《闸口盘车图》局部	练鞋：《蚕织图》（局部，南宋，无款） 线鞋：《豳风七月图卷》（局部，南宋，马和之〈传〉）
说明	该行业首服主要是系带巾，管理者与劳动者均适用。主体款式即如上两种	该行业体服依据具体岗位类别而差异明显。监工均为过膝长衣，多皂色；工人则多白色短衣，偶有其他杂色。基本形制依然为衣裤装	工业类足服因工作场合所需，一般都是包裹完整的形制，如帛鞋、线鞋等，少有草鞋等简易形态

第三节　农业

中国是以农耕文明为典型特征的国家，农业在统治者及平民百姓思想中的比重一度超乎其他。但进入北宋，纯粹的、以自给自足为特征的农业从古代社会的高阶地位逐渐下滑。其具体原因是随着生产力的提高，中原地带的农业收成量以超出以往多倍的速度增长，农户所拥有的农产品远远超出自给自足的需求量，自然会考虑如何将富余部分变换出更大价值，随即便有了积极出售或与人交换的经营发生，继而提升自己的收入和生活品质，从而使农业生产中的商业意识急速增强，农业基础的商业快速成熟，北宋经济转向了以工商业为核心的发展方式。日本学者宫崎市定对此评论曰："商业的繁荣，不仅使农村的面貌发生了改变，城市的形态也为之一变。"[1]的确，在上述境况下，北宋的农村出现了大量草市，城市也随工商店铺的林立而迫使唐代沿袭的坊市制瓦解，农村人口在满足

[1] 宫崎市定：《东洋的近世》，砺波护，编；张学锋、陆帅、张紫毫，译；北京：中信出版社，2018年，第35页。

农业劳动需要的同时也遍及手工业、商业中各类岗位，从而促进了农业劳动力的转型，呈现交叉化、多样化、职业化，以新型生产方式与关系孕育了宋代大农业之种植业、畜牧养殖业、渔猎业等行业。

一、种植业

种植业是古代社会的核心行业，是农耕文明的特征所在。种植业在宋代农业科技的推动下发展迅速，农民着装也呈现了新的式样（图2-213~图2-246）。

▲图2-213 《踏歌图》（局部，南宋，马远，北京故宫博物院藏）中的农民

南宋马远作品《踏歌图》之局部表达了一组农家老者因粮食大获丰收而畅快饮酒，尔后踏歌尽欢的喜人场面。众老者均着皂色首服，有的式样为幞头，而有的则是头巾，可见农民着装有着较大的自由度。或许这与该人物所处农村角色（或为里正、户长，抑或为普通村民等）之不同有关，也足见幞头在乡间流行之广，并不同于城市中因幞头多为公服而广着头巾的平民风尚。上衣色彩或青灰或本白。左一老者上衣穿着方式为对襟系皂带，但从结构分析看应为圆领缺胯短上衣，这种对襟结果只是因内扣未结而致使衣襟散开的着装形态。这种着装状态在同期图例中也有相似表达（图2-214）。其他人也均有缺胯结构并扎腰带，戴幞头者应均为圆领小袖短衣，而裹头巾者则可能着交领或圆领衣。其下装均为小口宽松长裤，着麻鞋、帛鞋或草鞋。

▶图2-214 《田畯醉归图》（局部，南宋，刘履中，北京故宫博物院藏）中的农民

该图表现了同一位田官（即田畯）酒醉前后衣着发生的、齐整至散乱的变化。右图状态与图2-213相似。可以判断，这种类似对开的衣襟散乱形态应为圆领衫才有的一种表现，其流畅而无边角痕迹的绘画线条表现应是圆领搭襟斜至一边而被隐蔽的结果。左图中左一人为敬酒的村民，其戴皂色丫顶幞头，穿白色长衫、白色长裤、棕鞋。田畯着青灰色长衣并后裹巾帕的方式应是农村管理者常有的衣着形态。

▲图2-215 《柳荫群盲图》(局部，南宋，佚名，北京故宫博物院藏)中的村民

该局部图中的村民虽然衣衫褴褛(或可能是农村说唱乞讨的乞丐)，却有一顶东坡巾掉在地上，说明城中士大夫的时尚也波及乡间。所以，幞头(折上巾)、丫顶幞头、东坡巾等高级文人穿用的服饰也深受农村人群的喜爱，这不得不令人联想到城市人文思潮对农民观念的改造和影响。

▲图2-216 《柳荫群盲图》(局部，南宋，佚名，北京故宫博物院藏)中的村民

该局部图中的两位老者着装较为讲究。左侧是一位在村中小酒馆旁摆摊算卦的独眼盲人。其裹皂巾，着附多块补丁的蛋青色交领右衽及膝小袖衣，腰间扎皂色帛带并挂坠饰，下着白色小口长裤，足穿灰褐色松紧口低帮拼布鞋，看似正在拱手仰天为立于对面的老村民做占卜。问卦的老者，裹后罩髻皂褐色系带软巾，上着蛋青色圆领短身襕衫，腰系帛带，下着白色小口长裤，穿白色松紧口低帮拼布鞋，也是一个雅味儿十足的老村民。就宋代盲人所着服饰的讲究程度可见，一般农民着装不会太过粗鄙。这里有一个值得关注的结构细节，即问卦老者上衣后背肩部横向分割的衣片设计。其应是双层过肩衣片，类似今天的衬衫育克，应是唐代以来平民上衣的实用性结构设计(图2-101中村医的上衣也有此结构，形态细节更为清晰)——松量控制、加固耐磨之所需。图2-215中白衣者也应有此结构设计，而其后侧皂衣者肩部的补丁及图2-213中右一老汉肩头的补丁都正说明了附加过肩衣片的必要性。同样的结构还可多见于元明服饰(图2-217)。

▲图2-217 《太平风会图》(局部，元代，朱玉〈传〉，美国芝加哥艺术博物馆)

美国芝加哥艺术博物馆藏的《太平风会图》被传为元代作品，但依据其服饰式样判断则应为明代画作。其中民众多着肩背附横向分割线的上衣，其应为承继自前朝的、附加有过肩衣片的平民上衣。可借此左右图清晰明辨，该后肩衣片中部如大身结构相同，即做了纵向断开设计(可参见图2-218)。

▲图2-218 《红楼梦：贾政游大观园图景七》（局部，清代，孙温，旅顺博物馆）

该局部图表现了清代画家孙温所作《红楼梦》画册中贾政游大观园的图景，其中的人物均为上流阶层，但其左侧私人上衣背部均有横向分割拼缝的衣片设计。可见该过肩结构由宋元沿袭至明清已经广泛流行，从下层平民走向了全社会。

◀图2-219 《柳荫群盲图》（局部，南宋，佚名，北京故宫博物院藏）中的村民

该局部图中的两位农夫穿着具有普通大众的代表性。左侧一人裹皂巾，白衣、白裤、浅口拼料无带皂鞋，腰间系带。其肩部背一白色器具，吊挂一节板，并持一竹竿，这些器具可能是盲人说唱乞讨的用具。右侧一位则着灰褐色交领上衣，腰扎白色帛带，白裤配皂色拼料系带鞋。由此可见农村职业者鞋类的丰富。

▲图2-220 《柳荫群盲图》(局部，南宋，佚名，北京故宫博物院藏)中的村民

该局部图中穿着深褐色衣服者的着装形态具有代表性，与城市中的大多数劳动者衣着方式类似。其裹皂褐色头巾，着交领右衽深褐色小袖短衣，右侧以两系带结合衣襟，下摆卷起系扎腰间，内着浅青灰色（蛋青色）中衣，下着白色小口长裤配皂褐色拼料系带棕鞋。《柳荫群盲图》所表现的前述系列盲人角色虽不一定是职业农民，但其着装则代表了农民的日常形象。

▲图2-221 《柳荫群盲图》(局部，南宋，佚名，北京故宫博物院藏)中的农民

该局部图中正在走出门外的老汉是一个职业农民。其裹皂巾，着交领左衽小袖短衣，腰间扎皂色帛带，着小口白色长裤、皂鞋，上衣腰间和腿部均有灰褐色补丁。值得一提的是，其交领左衽上衣在宋人中极为少见，可见民间对于左右衽衣襟处理并不十分讲究。其所着皂鞋做工考究，是后世沿袭的民间典型足衣，但在宋代百工中并不普遍。

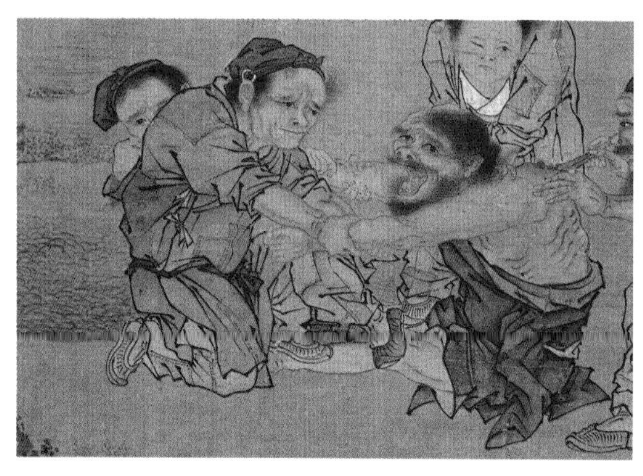

◀图2-222 《炙艾图》(局部，南宋，李唐，台北故宫博物院藏)中的农民

此局部图的左侧村民头裹附有系带环的皂巾，上衣为灰褐色交领右衽缺胯小袖短衣，右襟处有两个系合衣襟的系带，腰间扎深绿色帛带，下着浅灰绿色小口长裤、浅灰绿色拼料低帮棕鞋。其所着头巾之扣环为宋代头巾典型的功能性装饰（图2-223）。被医治的村民所着衣装为一身皂褐色衣裤，该色彩配套在该时期较为少见。其他人也均着棕鞋，形制相似而色彩不一。

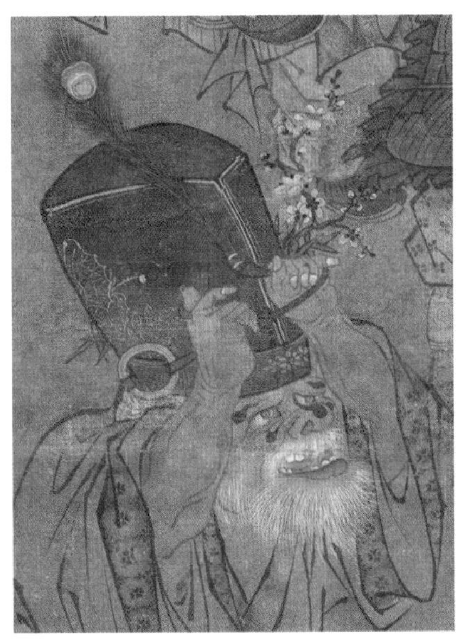

▲图2-223 《大傩图》(局部，宋代，佚名，北京故宫博物院藏)中的农民

该局部图所表现的头巾式样为宋代典型，其头巾系带附有圆形巾环。巾环形态可有多种，有的则是方形，如图2-224所示。

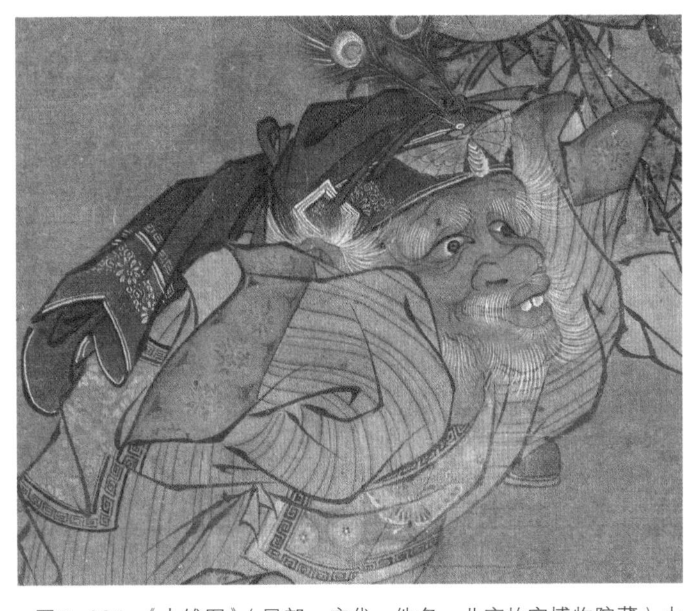

▲图2-224 《大傩图》(局部，宋代，佚名，北京故宫博物院藏)中的农民头巾

该局部图中老者的裹巾配有方形巾环。《金瓶梅词话》第六十五回有这样的句段：“头戴芝麻罗万字头巾，扑匾金环飞于脑后。”[1]孙机先生认为该局部图中的巾环就是“扑匾金环”[2]。综上可断，宋明头巾之巾环应有多种。

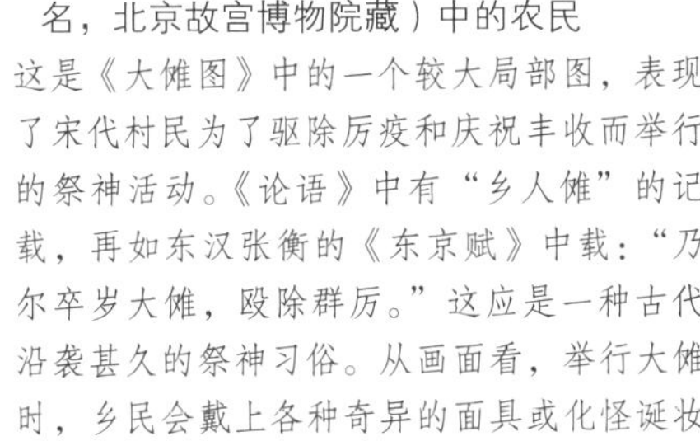

▶图2-225 《大傩图》(局部，宋代，佚名，北京故宫博物院藏)中的农民

这是《大傩图》中的一个较大局部图，表现了宋代村民为了驱除厉疫和庆祝丰收而举行的祭神活动。《论语》中有“乡人傩”的记载，再如东汉张衡的《东京赋》中载：“乃尔卒岁大傩，殴除群厉。”这应是一种古代沿袭甚久的祭神习俗。从画面看，举行大傩时，乡民会戴上各种奇异的面具或化怪诞妆容，并持各种农具、节板、转经筒、树枝花草等作法器，表达出与魔怪厉鬼积极斗争的种种舞姿。该局部画面的右侧老者着装华丽且长衣肃立，表现了农村老者长衣的常态。该画作不仅记录了宝贵的民间风俗，还凸显了特殊活动时华丽怪异、装扮特殊、服式及装饰丰富的民间衣装，特别是展现了纹样染绣的民间实际水平。

❶毕庶春：《俗赋嬗变刍论(上)——从“但见”、“怎见得”说起》，《沈阳师范大学学报(社会科学版)》，2004年第1期，第4页。

❷孙机：《华夏衣冠：中国古代服饰文化》，上海：上海古籍出版社，2016年，第105页。

◀图2-226 《人物故事图》(局部，宋代，佚名，上海博物馆藏)中的农民

此局部图中的百姓是出现于一郊区水域的岸边，应为沿途观礼的农民。需说明的是，宋代大型仪仗向百姓开放，重视与民同享、官民同教化，这种场景常见。图中老者装扮与图2-214所示相似，多着圆领小袖缺胯衫，首服为皂巾扎髻(抓角儿)或皂色幞头，下着白色小口长裤、各色帛鞋或线鞋。依质感判断，其长裤材质多为麻质，与张择端版《清明上河图》中的劳动者裤料应相同。最右侧老者应为富户或乡绅，所着首服似为冠，裤子为白色阔脚帛裤，足穿皂色笏头履。立于后排的皂衣者，头戴的皂色圆头直脚幞头为五代常有的形制，若此画作果真为宋代作品，则该幞头应为乡间承继前世遗物，实属少见。最左侧农民所着上衣应为内衣款式，为白色小袖短衣。其所搭配的下装不仅有小口白裤，衣内还有一浅灰色腰裙围扎。可见农村着装十分多样，所受城市定向风尚影响有限。

◀图2-227《摹楼璹耕织图》(局部，元代，程棨，美国弗利尔美术馆藏)中的农民

《摹楼璹耕织图》曾被传为南宋刘松年所作，但据其中题跋推敲则实为宋末元初的程棨作品，表达内容为宋代官营农场劳动场景。该局部图表现了农工(左)、监工(右)的穿着。农工即官营农业雇佣的劳动者，其着皂巾、白色交领小袖短衣并束摆于裤腰内，内着白色交领中衣，腰间扎有青灰色帛带，下着白色小口长裤，赤足。这是官营机构常见的劳动者形象，同类着装可见如图2-209所示的左侧工人，其不同于自由耕种的农民，其他类似着装可见图2-228。该局部图右侧的监工则着皂巾、草绿色交领小袖缺胯过膝长衫，内着白色交领中衣，腰间系扎白色围腰(此为农业管理的标识性服饰)，下着白色阔脚裤、练鞋。其显然不同于普通劳动者，但也属于农业类平民阶层。

▲图2-228 《摹楼璹耕织图》（局部，元代，程棨，美国弗利尔美术馆藏）中的农民

该局部图中打场的农工以皂巾配以白色衣裤、赤足，巾式同大多数官营机构的劳动者类似，为皂色后罩髻系带裹巾。

▲图2-229 《摹楼璹耕织图》（局部，元代，程棨，美国弗利尔美术馆藏）中的农民

该局部图中扬场的农工形象也基本同前图，只是其衣摆未束于腰内。因此，可以更明确地理解，其上衣为交领缺胯短衣，其白色中衣长度与外衣接近。另外，其头巾裹着方式不同其他，为遮覆前额、系扎发髻的裹巾，类似陶罐盖子，应为该工作岗位所需式样。

▲图2-230 《摹楼璹耕织图》（局部，元代，程棨，美国弗利尔美术馆藏）中的农民

这个局部图表现了除草工作中的农民形象。其均着笠帽、交领白衣、白色犊鼻裈，腰间系带，并将衣摆系结腰后，满足便捷劳作的需要。

◀图2-231 《摹楼璹耕织图》(局部，元代，程棨，美国弗利尔美术馆藏)中的农民

这是一位监工形象的农民角色。其着皂巾、青色交领小袖缺胯上衣，内着白色中衣，腰间系扎围帕，下着小口白裤、练鞋。其应因与图2-227中草绿色上衣监工分工不同，从而衣着色彩不同。其巾式与大多数普通农工基本一致，也为皂色后罩髻系带裹巾。

◀图2-232 《摹楼璹耕织图》(局部，元代，程棨，美国弗利尔美术馆藏)中的农民

这个局部图表现了正在进行水田耙地作业的农民形象。其着笠帽、交领白衣、白色短裈，腰间系带。其后衣摆提挂于腰带的形态，是很普遍的、农田劳作者的一种衣着方式。

▲图2-233 《摹楼璹耕织图》(局部，元代，程棨，美国弗利尔美术馆藏)中的农民

这个局部图表现了三个担送秧苗的农夫，衣着各不相同，应是在符合基本穿搭要求的基础上进行了自主适用性配套。前行者皂巾、白衣、白短裤，小腿部裹有十分特别的、值得研究的膝裤。这款膝裤为紧身立体剪裁形制，其两端束口处并无松紧口处理，只用系带系结，却无褶皱出现。若用整块弹力熟皮材质则舒适性不佳[1]，其材质或为有弹力的、精细编织材料[2]，具体可能为麻质纤维，也可能是斜裁麻布为之，总之为能够紧束小腿的材质与组织结构。行走在中间的农民为皂巾、袒露右肩的白色交领上衣，下着短裤(短裈)，可见短裤在宋代民间的普遍。后行者与前行者不同的是下着七分长的小口白裤，可见此时裤型的丰富。其三人虽均为皂色裹巾，但具体巾式各不相同，再次体现了宋代农村巾式的自由和首服的多样性。

◀图2-234 《摹楼璹耕织图》(局部，元代，程棨，美国弗利尔美术馆藏)中的农民

该局部画面中的老者着装值得关注。其着皂巾、白色圆领长衣，内着白色交领中衣，衣襟散开而呈现翻领状，可见翻领尖角处的纽扣设置，能证实纽扣在圆领衫中的存在形态。另扎皂色帛带，下着练鞋。整体装扮较为讲究，例证了老者衣着在传统社会中所具有的尊长地位表征，凸显了"衣以载道"的宋代服饰文化。

[1] [明]宋应星:《天工开物：插图本》卷下《珠玉》，扬州：广陵书社，2009年，第200页。此页有熟皮可紧肤包裹的记载，宋明应均有此法。

[2] 刘大玮，王亚蓉:《浙江黄岩南宋赵伯澐墓出土环编足衣的技术考释》,《南方文物》，2019年第2期，第243-246页。由此推断，南宋时期的编织工艺已很发达，应可用于民间。

▲图2-235 《耕获图》（局部，南宋，杨威〈传〉，北京故宫博物院藏）中的农民

南宋杨威（按题跋推测，可能非其作品，但作品为南宋则无疑）创作的《耕获图》，与前述《摹楼璹耕织图》所表达的内容几乎一致，均为南方地主或官营庄园中农民的耕获生活，表现内容丰富，人物角色与着装形式多样，只是一精一简，一大一小。但从人物形态或者动态表达、画面规划等，可以看出两者多有类似之处。而杨威为宋代画家（究竟为北宋或是南宋目前说法不一），楼璹为北宋末南宋初画家，程棨则处于元代。所以极可能后者模仿、兼考了前两者画面布局及人物形象表达而创作了《摹楼璹耕织图》，所述内涵相仿。可见衣着方式与对农事的关注在两宋及元代之间有着较好的传承沿袭。该画面中的管理者裹皂巾，着交领、腰间系扎绅带的覆足长衣，应为直裰。其他人戴笠或裹巾，着短衣、短裤或犊鼻裈。其他衣着方式可与《摹楼璹耕织图》所表达内容互鉴。

▲图2-236 《耕获图》（局部，南宋，杨威〈传〉，北京故宫博物院藏）中的农民

此局部图依然可以与《摹楼璹耕织图》的前述局部大图相类比，有不少异同之处可做参考。整体来讲，宋代交领短衣较常见，裤子有长裤、短裤和犊鼻裈等多种形制。

▲图2-237 《耕获图》（局部，南宋，杨威〈传〉，北京故宫博物院藏）中的农民

通过对比可以看出，该局部图中的农民首服形制自由度更大，其首服时而为皂巾裹首，时而皂巾扎髻，可见宋代首服中扎髻形态也较多，只是不如裹巾普及，应为仪礼观念所致。其膝下的白色膝裤自北宋就已有，至南宋及元明也能常见，该图中抬秧苗前行者便裹白色裹腿。

▲图2-238 《耕获图》（局部，南宋，杨威〈传〉，北京故宫博物院藏）中的农民

此局部图为用砻磨将稻子脱壳成粒的劳作画面可与前述“工业”行业中《摹楼璹耕织图》之局部例图（见表2-10“宋代”图）的类似装束相比较。此处推磨人所着多为皂巾扎髻、白色短裤，而《摹楼璹耕织图》中则均着皂色裹巾、白色小口长裤，反映了同类工作中的不同劳作服饰形象。

▲图2-239 《耕获图》（局部，南宋，杨威〈传〉，北京故宫博物院藏）中的农民

▲图2-240 《耕获图》（局部，南宋，杨威〈传〉，北京故宫博物院藏）中的农民

如图2-239、图2-240所示农民着窄袖短衣搭配及膝平角短裤者并赤足者较多。而且联系《摹楼璹耕织图》可总结，宋代劳作场合的农民着装普遍较为修身短窄，衣裤装为主体。宋代已掌握较高水平的、合体人体形服装的剪裁缝制技术，特别是立体结构设计能力已较成熟。

▲图2-241 《耕获图》（局部，南宋，杨威〈传〉，北京故宫博物院藏）中的农民

由此局部图可断，宋代农业庄园中的管理者也常着深衣式交领长衣，此应为地主阶级的制式管理类装束。

◀图2-242 《清明上河图》(局部，北宋，张择端，北京故宫博物院藏)中的农夫

这个局部图表现的人物是作为自由身、背坐在地的自耕农，其着装与前述庄园佃户或部曲(即庄园农奴)不同。其裹皂巾，着褐色小袖短衣，腰间扎带，下着白色小口长裤、白色线鞋。可见其着装的自由度和较低的规制性。

▲图2-243 《田畯醉归图》(局部，南宋，刘履中，北京故宫博物院藏)中的农民

该局部图中的农民着装即与图2-242所示相似，是自耕农的自由装扮。头巾或扎或裹，形态多样，且色彩不一。上衣色彩也不尽相同，其式样为交领或圆领，衣长至膝。后腰均有巾帕围裹，这是农庄雇工类的农民衣着中见不到的配件。其下着蛋青色小口长裤，着棕鞋、练鞋或麻鞋，与农庄农民大多跣足的情况不同。

▲图2-244 《豳风七月图卷》（局部，南宋，马和之〈传〉，美国弗利尔美术馆藏）中的农民

该局部画面中的农夫也应为自耕农，其正在采桑养蚕，备织衣服。《诗经》云：“无衣无褐，何以卒岁？……蚕月条桑，取彼斧斨，以伐远扬，猗彼女桑。”这就是该画作创作的理论依据。图中农夫以皂巾扎髻（抓角儿）、着皂缘交领小袖不及膝缺胯短衣，腰间系扎皂色帛带，下穿白色小口长裤与草鞋。从其衣纹看，材质不应为麻，而可能是低等丝织品。这反映了宋代农民的一种穿衣常态，进一步丰富了农村着装面貌。

▲图2-245 《明皇幸蜀图》（局部，唐代，李昭道，台北故宫博物院藏）中的农民

唐代农民衣着尚未有将衣摆提起扎腰或减短处理衣摆的习惯，这在此局部图有所体现。所以相比而言，宋代农民衣着在对其进行沿袭的基础上更具有便捷实用的考究，彰显了自由的“便身利事”之观念。

◀图2-246 《清明上河图》（局部，元代摹本，歌华会馆藏）中的农民

该局部图中的元代农民衣着，色彩较宋代多样，衣式短窄，特别是衣摆更为简洁短小，其皂巾及下着的白色小口长裤、浅口鞋是对宋代的忠实沿袭。

表2-13　宋代种植业的代表性服饰

类别	图例	说明
首服		皂巾或裹或扎，有幞头、裹巾、扎髻等形态较为自由 上左中右图例分别来自《踏歌图》、《田畯醉归图》（刘履中）等图局部，下左右图例分别来自《豳风七月图卷》（马和之〈传〉）、《摹楼璹耕织图》（程棨）等图局部
体服		体服即上下装。农工形制严格，通体白衣，交领右衽；其他可为交领或圆领白、皂、青灰等缺胯上衣，下着或长或短的白裤；也可为圆领右衽或长或短缺胯上衣。均腰间系带，自耕农讲究在腰间裹扎巾帕 图例分别来自《摹楼璹耕织图》（程棨）、《田畯醉归图》（刘履中）、《豳风七月图卷》（马和之〈传〉）
足服	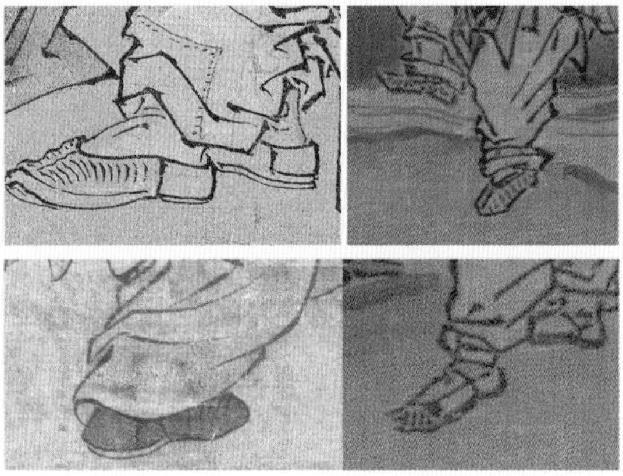	受雇于农场的农工多赤足。而民间多数农民足衣较为自由，基本按需按能而着，其中麻线编结的线鞋较普遍，青灰、白色帛鞋及棕鞋也多见，草鞋则在野外劳作时常着 图例分别来自《灸艾图》（李唐）、《踏歌图》（马远）、《大傩图》、《踏歌图》（马远）

可见，种植业之农民（主要是自耕农阶层）着装明显不同于“士、农、工、商四民以外”❶的贱民阶层（古有贱民、良民之分），比如职役、力役、雇工、厨人等❷阶层着装规制严苛，缺少农民阶

❶陈宝良：《“服妖”与“时世妆”：古代中国服饰的伦理世界与时尚世界（上）》，《艺术设计研究》，2013年第4期，第33页。

❷徐永计：《宋江“大孝”质疑》，《延边大学学报（社会科学版）》，2013年第46卷第2期，第87页。

层的宽松自由度和着装多样性（表2-13），这也反衬了农民着装的典型性，凸显了宋代农民较高的社会地位与主体角色感。总之，农民着装传承了宋代社会文化的主流，即贤雅、质朴兼备。在这样的角色背景下，其中一部分人积极学习四书五经之经典文化，随时准备着且具极大可能地转变为士大夫阶层。

二、畜牧养殖业

畜牧养殖业是古代中原社会农业中的一大副业。不过，对于一个各业态均十分发达的社会，宋代的畜牧养殖业是多层次、多形态的，这里以官方和民间两大类形态予以图考分析（图2-247~图2-266）。

▲图2-247 《五马图》（局部，北宋，李公麟，日本东京国立博物馆藏）中的马夫形象

此《五马图》局部所绘马夫形象为西域人士，但所着服装为宋式，其似乎正在为马匹清洁身体。其着皂色硬脚幞头（也可能是一种顺风脚幞头式样），上衣为白色圆领小袖短衣式样，袒露右肩，下着短裤而赤脚。这是宋代多数马夫饮马或为之净身时的常有形象（图2-248）。

▲图2-248 《清溪饮马图》（局部，唐代，韩干〈传〉，辽宁省博物馆藏）中的马夫形象

《清溪饮马图》据传为唐代韩干所作，但依据其笔法判断应为元人所作，人物衣式为宋元式样。其局部图中的马夫着皂色前顺风脚（置于前右侧）圆头幞头，青灰色上衣退下并挂裹在腰间，衣摆底部前后相系结于裆下。其下身着同色短裤，腰间插一把刷毛耙子，职业角色鲜明。这种半裸上身的形象与上图相似，均为便捷之用。但无论作何方便处置，其均不会脱帽，这是众马夫的共同之处。

▲图2-249 《花溪浴马图》（局部，元代，赵孟頫，美国大都会艺术博物馆藏）中的马夫形象及附图

该局部图中的元代马夫裹着褐色前顺风脚（右前系结）幞头，这种幞头可能是官营牧业中的马夫标准式首服。从该画卷的全幅审视，能见该马夫置于岸上的服装包含革带、官服等，可断此角色应为管理马匹养殖的奚官，不过在唐代以来此为低职官吏，所以基本着装与普通官方马夫相似。因浴马便利之需，马夫的圆领上衣作了松解披搭方式，其领口的粒状纽扣清晰可见（见其右下角局部放大之附图）。下着短裤，与上图相类，所以马夫衣着有着较大程度的传承性。

◀图2-250 《临韦偃牧放图》（局部，北宋，李公麟，北京故宫博物院藏）中的马夫形象

该局部图中的北宋马夫皆着顺风脚（左右朝向均有）幞头，上衣为圆领小袖短衣，下摆提扎腰间，中单为透明材质，下身着短裈、草鞋。整体装扮形态也是“便身利事”服饰观念的反映。虽为临画唐人作品，但却基本呈现了宋代马夫的服饰风格。

▲图2-251 《临韦偃牧放图》（局部，北宋，李公麟，北京故宫博物院藏）中的马夫形象

该局部图中马夫亦着皂色顺风脚幞头，其脚为左顺风式样。其上衣为圆领小袖缺胯短衣，后衣摆提扎腰间，着短裤。

▲图2-252 《临韦偃牧放图》（局部，北宋，李公麟，北京故宫博物院藏）中的马夫形象

该局部图中的马夫亦着皂色顺风脚幞头，其脚为右顺风式样。其上衣为圆领小袖缺胯短衣，衣领松解而成翻领状。其下摆提扎腰间，并着短裤。

◀图2-253 《临韦偃牧放图》（局部，北宋，李公麟，北京故宫博物院藏）中的马夫形象

该局部图中的马夫亦着皂色顺风脚幞头（其脚的朝向左右均有），上衣为白色或皂色圆领小袖缺胯短衣，腰间系带，下着白色长裤、练鞋。这里清晰表现了马夫骑马所着足衣式样。

◀图2-254 《百马图卷》（局部，北宋，佚名，台北故宫博物院藏）中的马夫形象

《百马图卷》曾被认为是唐人所作而用于绘画授课的课徒模板，但从其中的衣式、笔法等推断应为北宋作品。其局部图中洗马饮马的马夫虽然身体赤裸但皆坚持裹着硬脚八字形皂色幞头，这应是早期北宋马夫的幞头式样。有的马夫不小心将幞头跌落于水中而暴露了平时不应见人的、简扎的发髻，这也是其居家常用发髻式样。再者，从马夫衣着中也可见水中工作常见的犊鼻裈。

▲图2-255 《百马图卷》(局部，北宋，佚名，台北故宫博物院藏)中的马夫形象

该画面中的马夫均为普通马夫形象。左图中上侧马夫骑马护帽而行，可见幞头帽子在宋人服饰观念中的地位。其下侧一马夫戴着幞头帽子，穿着犊鼻裈，正在穿提裤腰宽大并附有长系带的无裆之小口白袴。这是此时期大多数平民衣着中常见的服饰搭配，即开裆之袴、犊鼻裈之内裤的套穿，而后世日渐减少此类搭配，特别是犊鼻裈渐被平角短裤替代(图2-256)。地上摆放着皂靴和其他职业装备，穿着后即如右图展示的着装形态。右图马夫(奚官)着皂色硬脚幞头，穿圆领小袖缺胯短衣，腰间扎看带、束带，这应是北宋时期规范的马夫制服形象(图2-257)。

▲图2-256 《花溪浴马图》(局部，元代，赵孟頫，美国大都会艺术博物馆藏)中的马夫着短裤形象及其比较图

该局部图中的马夫着皂褐色顺风脚幞头、小袖短衫，下配平角短裤。可以明确看到，此时的短裤外侧已无开衩或浅口设计，可与其左下角附图，即《田畯醉归图》(局部，南宋，佚名，北京故宫博物院藏)进行比较，而是四周缝合的平角形态，这是与犊鼻裈大不相同的形态。

▲图2-257 《杨贵妃上马图》（局部，元代，钱选，美国弗利尔美术馆藏）中的马夫形象

这是元代作品中的低职圉官即马夫形象，但其服饰形制则为唐宋风格。马倌所着看带、束带也是被元人承继的服饰配件，可见此为其规范配件之一。

▲图2-258 《百马图卷》（局部，北宋，佚名，台北故宫博物院藏）中的马夫形象

该局部图表现了铡草、驯马工作中的马夫。其衣着相似，均着皂色幞头、圆领小袖短衣、长裤、皂靴或浅口鞋，看带松垮欲垂。其中，皂靴应为马夫骑马适用的、北宋前期足衣，不同于图2-253中的常见足衣形制。左上角马夫还有一个特色装备，即绕过后颈并分套两臂以兜挂控制袖口的襻膊，这是宋代始创的实用性服饰配件。

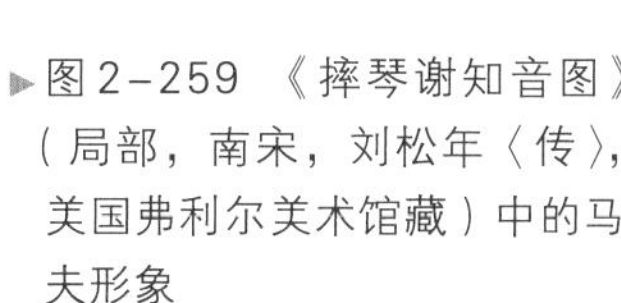

▶图2-259 《摔琴谢知音图》（局部，南宋，刘松年〈传〉，美国弗利尔美术馆藏）中的马夫形象

《摔琴谢知音图》表达的是高山流水之故事，传为刘松年作品，但笔法似为明代仇英风格。该局部图中的人物为官方形象。左侧为一马夫，右侧为一侍役，比较中可看出二者职业化着装的差异。马夫着典型的皂色硬脚幞头，上着蛋青色圆领右衽缺胯小袖短衫，内搭白色交领衫，腰间扎革带，下着白色小口长裤、系带棕鞋，为唐宋风格衣着。

◀图2-260 《归去来辞图》(局部，南宋，佚名，美国波士顿艺术博物馆藏)中的马夫

该局部图下部卧躺歇息和画面左上部坐卧打盹儿的均为马夫，两者着装统一，应为官营机构马夫职业。其着硬脚幞头、灰褐色圆领右衽小袖缺胯短衣，腰扎革带，下着白色小口长裤、练鞋。可与图2-259中的马夫着装相比较。再者还可看到，左上马夫的肩背处有一如前述的过肩结构设计。

◀图2-261 《雪中归牧图》(局部，南宋，李迪〈传〉，日本大和文华馆藏)中的牛夫

该局部图中的牧牛人着笠帽、交领右衽缺胯小袖短衣、长裤并缚裤、帛鞋。依据寒雪天气及其质感与厚度的绘画表达判断，其上衣应为夹衣。即便如此，也不能改变其寒苦形态，宋代百姓在棉花大面积种植前的冬季是缺少御寒服装的，一般会代以增加内衣的层数。

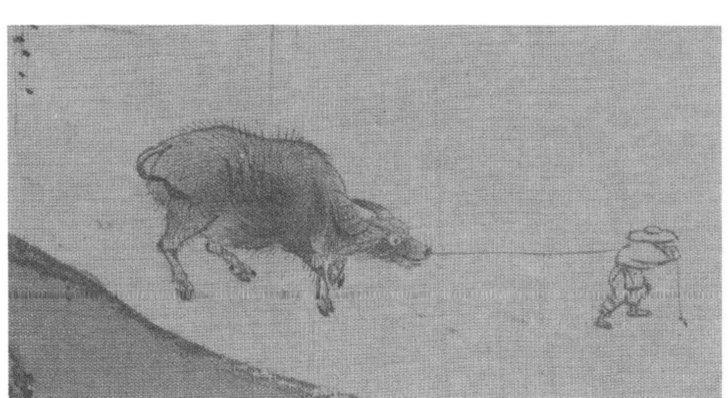

◀图2-262 《雪溪放牧图》(局部，南宋，夏圭，北京故宫博物院藏)中的牧牛人

该局部图中的牧牛人也戴笠帽，着白色小袖缺胯短衣。下着白色小口长裤、草鞋。宋人多养易于耕种、田间运输役使的牛、驴，而少有饲养常用于骑乘的马，可见宋代对农业生产的重视。

▲图2-263 《杨柳暮归图》（局部，清代，萧晨，北京故宫博物院藏）中的牧牛人

该图又称《江田种秋图》，为清代作品，但牧牛人的着装形态亦如宋制。该局部图中的牧牛人戴笠帽，披蓑衣，着白色小口长裤、棕鞋，这也是宋人野外工作常有的服饰内容。

▲图2-264 《四季牧牛图》（局部，南宋，阎次平，南京博物院藏）中的牧童

该局部图中的牧童虽非职业化成年人，但其着装基本也表达了牧业中的服饰常态：简便实用，不拘礼节。牧童着短裤而赤裸腿部之形态与《百马图卷》《花溪浴马图》等前述图例中的马夫形象多有类似。

▲图2-265 《苏武牧羊图》（局部，南宋，李迪〈传〉，北京故宫博物院藏）中的牧羊人

《苏武牧羊图》的作者传为南宋李迪，但从其画风及人物服饰的刻画观念来判断应为明清作品。该局部图表现了被匈奴禁于北海牧羊的汉代中郎将苏武形象。其手持符节，披覆皂巾，着圆领缺胯小袖齐膝短衣，腰扎革带并垂挂多种北方放牧生活常有的生活用品，下着小口白裤、线鞋。从树木嫩叶可知，这应是春天将至，乍暖还寒，借此可理解该服饰配套。虽为汉代故事，但服饰也接近宋代式样。

▲图2-266 《豳风七月图卷》（局部，南宋，马和之〈传〉，美国弗利尔美术馆藏）中的农民形象

《诗经》云："二之日凿冰冲冲，三之日纳于凌阴。四之日其蚤，献羔祭韭。"即农民受统治者要求要在农历十二月开凿冰块（冲冲，即象声词，类同"冲冲响"），并在农历一月将它贮存于冰窖（即凌阴）。这是为了在农历二月启冰来冷藏用以祭祀的羔羊等美味。可见，这种藏冰用途类似于今天的冰箱，反映了古代社会沿袭极久的一种生活方式。该局部图表达的便是《诗经》所云储存冰块的工作内容。该图中的农夫以缁撮束髻、着皂缘交领小袖齐膝缺胯短衣，腰间系扎皂色帛带，下穿白色小口长裤与线鞋。基于其储冰以备羊肉冷藏之工作内容，其着装可归为养殖业（或采集业）着装。

由以上图例可以总结，终宋一代养殖业基本可以归为两大类，即官方与民间。宋代长期备受北方马背民族的武力侵扰，而有着十分紧迫的马匹管控政策，民间少有马匹养殖，而多以养牛、驴等为主体。所以官方以养马为核心，马夫多为官方职业，其中有官职者即奚官或称圉官，但作为低职官吏而与平民地位差异不大。民间养殖除了牛、驴等牲畜外，还有其他鸡、鸭、猪、羊等多类，但负责其养殖的主人着装并无典型性，与一般农民着装几无差异。基于此，此处代表性着装仅列出马夫、牛夫两类，具体见表2-14。

表2-14　宋代畜牧业者的代表性服饰

类别	图例	说明
首服		马匹因被官方严控，所以牧马人一般为官方职役，其着皂色幞头，有前后顺风脚、翘脚、八字脚等式样；牧牛人常着笠帽 上左右及下左图例来自《浴马图》（赵孟頫，北京故宫博物院藏），虽为元画，但服式为宋制；下中右图例分别来自《临韦偃牧放图》（李公麟）、《雪中归牧图》（李迪〈传〉）
体服		牧马人的体服以圆领右衽窄袖缺胯短衣为主体，色彩多样；牧牛人则以交领右衽窄袖缺胯短衣为主体，色彩多为白色 左右图例分别来自《摔琴谢知音图》（刘松年〈传〉）、《雪中归牧图》（李迪〈传〉）
足服		此处依然以牧马与牧牛人为代表。牧马人的足服常有白色线鞋、帛鞋等；牧牛人则因多为自由村民，其足服较为多样，如各色帛鞋、线鞋、棕鞋、草鞋均有 图例分别来自《浴马图》（赵孟頫）、《临韦偃牧放图》（李公麟）、《雪中归牧图》（李迪〈传〉）、《田畯醉归图》（虽非牧人，但款式相类；刘履中作品）

三、渔猎业

因山地、草原、水乡环境下生存的必要，渔猎业在古代社会的职业化程度较高。进入宋代，随着经济水平的提升和人们生活品质改善意识的增强，国民对野生动物器用、食用及药用等应用价值有了更客观深刻的认识，于是猎杀活动日益活跃（图2-267~图2-269）。比如野生犀牛就是深受认可的高价值猎物，“雍熙四年，有犀自黔南入万州，民捕杀之，获其皮角。”[1]同时，野兽也常为害一方，随之也会有猎人出击除害。《宋史》载："建隆三年，有象至黄陂县匿林中，食民苗稼，又至安(今湖北境内)、复(今湖北境内)、襄(今湖北境内)、唐州(今河南境内)践民田，遣使捕之。"[1]还载："太平兴国三年，果、阆、蓬、集诸州虎为害，遣殿直张延钧捕之，获百兽。"[2]“鹌鹑、鸠、鸽、野鸭、黄雀、鹦鹉、孔雀等禽鸟，獐、兔、獾、狐狸、麞、鹿、野象、野猪、猿等兽类，蛇、鳄鱼等爬行类以及蛙、龟等水产类动物”[3]等都是猎取对象。因此，渔猎业基于多重因素而在宋代发展极广泛。

▲图2-267 《西岳降灵图卷》（局部，北宋，李公麟〈传〉，北京故宫博物院藏）中的猎人形象
依据画面故事内容判断，此局部图中的猎人应从属官方机构。两人均着皂色软巾、圆领右衽小袖短衣，其下加襕；其腰间扎革带并吊挂些许物件；内着圆领内衣；下着小口拼接式长裤、系带式浅口布鞋。左上持鹰猎人应还在腰间围裹了厚质围肚（还可称为裹肚、袍肚、抱肚），以作防护之用。此外，其所随猎犬、猎鹰及其所持、所载工具物件更突出了猎人的职业特征。

当然，宋人对大自然也有着充分的爱意和生态保护意识，坚守了先秦以来“渔猎而不尽绝”的传统[4]。虽然一定程度上造成了生态环境的破坏，但同时也采

---

❶[元]脱脱，等：《宋史》卷六十六《五行四》，北京：中华书局，1997年，第1450页。
犀牛，列入《世界自然保护联盟》（IUCN）2008年濒危物种红色名录ver3.1。——出版者注

❷[元]脱脱，等：《宋史》卷六十六《五行四》，北京：中华书局，1997年，第1451页。
虎，被列入《世界自然保护联盟》（IUCN）2011年濒危物种红色名录ver3.1——濒危（EN），以及《华盛顿公约》（CITES）I级保护动物。——出版者注

❸魏华仙：《试论宋代对野生动物的捕杀》，《中国历史地理论丛》，2007年，第22卷第2期，第56-57页。
獐，被列入中国珍稀动物红皮书——渐属国家二级保护动物。獾：狗獾、猪獾的统称。狗獾，猪獾均被列入《世界自然保护联盟》（IUCN）2008年濒危物种红色名录。麞：同獐。野象：通称象，是生活在陆地上最大的哺乳动物。本目仅有象科1科2属2种，即亚洲象和非洲象，亚洲象为中国一级保护动物。野猪：被列入中国国家林业局2000年8月1日发布的《国家保护的有益的或者有重要经济、科学研究价值的陆生野生动物名录》。猿：现代猿类有4种，即长臂猿、褐猿、黑猿和大猿，长臂猿为国家一级保护动物。鼍(扬子鳄)、中美短吻鼍、南美短吻鳄、亚马孙鼍、窄吻鳄、尖吻鳄、中介鳄、菲律宾鳄、佩滕鳄，尼罗鳄、恒河鳄、湾鳄、菱斑鳄、暹罗鳄、短吻鳄、马来鳄、食鱼鳄等属于濒危野生动植物种，是国际性重要保护物种，被《华盛顿公约》CITES（濒危野生动植物种国际贸易公约）列入附录I名单，禁止其国际贸易。另外，爬行纲鳄目除列入附录I的以外所有物种均被列入CITES附录II名单，管制国际贸易。——出版者注

❹刘东超：《宋代诗词中善待野生动物的理念和实践》，《智慧中国》，2020年04期，第65页。

取了积极的补救措施，出台了相关法令予以一定程度的严禁❶。这也在一定程度上也反映了猎杀活动的普遍，而其中的生态保护意识更是值得今天珍视和学习的。

另外，据中国知网所载《宋代文化史大辞典·上册》的记载，宋代鱼鲜消费激增，刺激了渔业生产发展。特别是造船及河海航运发达，运河产业迅猛扩充，为更丰富的水产品获得创造了有利条件。在政策上，官府对渔民施以宽松管理，只做适度渔税收缴，鱼行组织管理方式成熟，商贸形态灵活多样，这都促进了渔业的突破性发展，出现了一个以捕鱼为生且能紧密联系市场的渔民阶层（图2-270~图2-288），逐步摆脱从属于农业的副业特征，具有了独立经济门类的特征。所以，此时的渔家更具有职业化形象特点，存在生态呈现近世化。

◀图2-268 《西岳降灵图卷》（局部，北宋，李公麟〈传〉，北京故宫博物院藏）中的猎人形象

该局部画面中的猎人着装与图2-267中右下猎人相似，更能证明其制式着装之形态。其着皂色前顺风脚幞头并裹抹额，上衣为圆领右衽小袖拼摆短衣，左肩中衣半露，外衣左袖缠裹腰间，也应扎有革带，吊挂腰饰。下着小口拼接式长裤、系带式镶边浅口布鞋。武士、猎人等头部的抹额是武人首服常有佩饰，历史悠久。《中华古今注》曰："……不被甲者，以红绡袜其首额……盖武士之首服，皆佩刀，以为卫从，乃是海神来朝也……后至秦始皇巡狩至海滨，亦有海神来朝，皆戴袜额、绯衫、大口袴，以为军容礼，至今不易其制。"❷其中的"袜额"即抹额。有研究认为，"袜"字有两音两义，即读为wà的"袜子"义，读为mò的"抹胸，兜肚"义。一般认为，"袜子"义的"袜"借用了"兜肚"义的"袜"，从而构成同形字关系。"兜肚"义的"袜"有"束衣的带子"义，所以可有"袜额""袜首""袜肚"等词组，且"mò"音之"袜"在唐代已可被"抹"代替。❸其中"袜额""袜首"之词义，可判断应等同于"抹额"。

❶[清]徐松：《宋会要辑稿刑法二》，北京：中华书局，1997年，第159–161页。

❷[唐]苏鹗：《苏氏演义（外三种）》，吴企明，点校；北京：中华书局，2012年，第85页。

❸杜朝晖：《"袜"字源流考》，《语言研究》，2006年第1期，第101–102页。

▶图2-269《西岳降灵图卷》(局部，北宋，李公麟〈传〉，北京故宫博物院藏)中的猎人形象

该局部画面中的猎人着装与图2-267、图2-268不同，应为以打猎为生的乡野自由猎户，其着装自由度较大。右上猎人戴着裘帽(为风帽中的一种)，下颌系带，着圆领小袖短衣，腰间束带。左下猎人则裹白色头巾，着交领右衽皮草饰边小袖衣，其衣长应至膝，内着交领右衽、饰以波点领缘的内衣，形象风格近似周边少数民族，不甚讲究。特别是白色裹巾较少见，一般为丧服所配。另外，从这些猎人常见的皮草类服饰可以明确，此图所表应是比较寒冷的季节。

▲图2-270《渔乐图》(局部，南宋，佚名，北京故宫博物院藏)中的渔夫形象

该局部图中的渔夫似为打鱼归来，正在用餐，生活气息浓厚。其着装形象较为统一，渔具专业，成群结伴，应为职业化的自由渔民。其基本服饰包括无脚幞头、小袖圆领短衣或裲裆背心，下着小口长裤，多赤足。皂巾下的一袭白衣，是水上职业渔民常有的着装风貌。

◀图2-271 《秋江渔艇图》（局部，北宋，许道宁，美国纳尔逊·艾特金斯美术馆藏）中的渔夫形象

该图又称《渔舟唱晚图》《渔父图》。其局部图中的渔夫也基本是皂巾、白衣，腰间扎带，短裤与长裤相间，整体短衣简型，与图2-270类似。

◀图2-272 《秋江渔艇图》（局部，北宋，许道宁，美国纳尔逊·艾特金斯美术馆藏）中的渔夫形象

该局部图中前行而肩扛、提挂渔具者为渔夫，应为皂巾、半裸上身、白色犊鼻裈、扎腰带的着装配套。可见渔夫的服装也重视了“便身利事”的礼仪与实用并重的时代观念，即简化体服而重视首服。本局部图呈现了渔人工作方式的多样化，暗示了着装状态多样化的存在。

◀图2-273 《秋江渔艇图》（局部，北宋，许道宁，美国纳尔逊·艾特金斯美术馆藏）中的渔夫形象

该局部图的左侧为一划船者，头巾扎髻，着白色裲裆背心，下着白色犊鼻裈。船的另一端则为一蓑笠翁，正在垂钓。这是渔夫的另一代表形象。

◀图2-274 《渔村小雪图卷》（局部，北宋，王诜，北京故宫博物院藏）中的渔夫形象

该局部图也表现了北宋渔夫的工作场景。撒网捕鱼的渔夫均戴笠帽，着白色小袖短衣配犊鼻裈，上衣下摆提起扎腰，呈现了北宋大多平民着装的基本习惯。该图所处为冬季，但渔民为了生活还不得不赤脚下水捕鱼，着装单薄而不御寒冷，可见当时百姓劳作的艰苦。

▶图2-275 《雪渔图》（局部，南宋，佚名，北京故宫博物院藏）中的渔夫形象

这是南宋时期的渔民形象。也有说是五代时期，但从着装形象及笔法判断应为南宋。该局部图中的渔夫均戴笠帽，着白色圆领右衽小袖缺胯短衣，或扎腰或散摆，下配白色小口长裤、草鞋。其中的上衣扎腰类似于图2-227、图2-228等图中的形象，可互供参考。由此可见，南宋时期的服饰相比北宋更重视适用性，圆领、上衣摆扎腰均更具有御寒作用。这是船上渔民常用套装，直至元明。

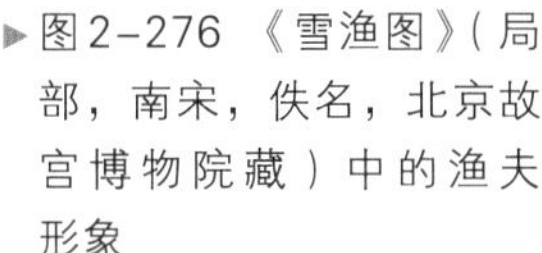

▶图2-276 《雪渔图》（局部，南宋，佚名，北京故宫博物院藏）中的渔夫形象

即便是在这样的寒雪季节，全家也要吃住在水上，该局部图生动展现了渔家的船上生活。该图中的成年男子着皂色硬脚幞头、一袭白衣，同时还要简短衣袖，更有孩童衣着单薄且裸露腿臂，一切都是谋生所迫。渔人职业化的背后也暗藏一系列社会问题。

▶图2-277 《雪渔图》（局部，南宋，佚名，北京故宫博物院藏）中的渔夫形象

从此局部图可见，与此图中多处渔民类似的这身渔人套装，上衣衣摆可以做多种穿搭方式，如全散摆、全扎腰，也可以如此散下前单摆，只要方便并能兼顾职业规范（即职业礼仪）的要求，可做较多自由处理。

◀图2-278 《雪渔图》（局部，南宋，佚名，北京故宫博物院藏）中的渔夫形象

该局部图表现的是一位守候在岸边垂网捕鱼的渔夫形象。为了御寒，身前置炭火一盆，并蜷缩一团，藏掩于草编屏风之内，静候众鱼入网。其着皂色幞头，圆领白衣、白长裤、草鞋。这个季节着草鞋也应为适应水上环境。

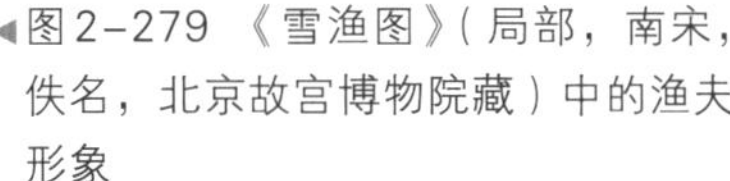

◀图2-279 《雪渔图》（局部，南宋，佚名，北京故宫博物院藏）中的渔夫形象

这个局部展现的是岸上拖拉渔船的渔夫形象。其亦着皂色幞头、圆领白衣、白长裤、草鞋。该图中的渔夫所着长裤大多为七分形态，且上衣前后下摆还自裆下做了系结的便身处理（这与北宋常用的提摆扎腰处理方式基本等效），都是渔家生活的必要服饰设计。与图2-270相比，大小渔船上的渔民着装有较多不同，如首服、衣式等，应是由于季节、生产方式、职业化程度等的差异。

▲图2-280 山西省高平市开化寺北宋壁画（局部）中的渔夫形象

该北宋壁画中的几位渔夫正在执行下水网鱼作业。其着装为束髻、白色犊鼻裈。这与较多水上作业者的服装类似，如图2-281所示。

▲图2-281 《归去来辞图》（局部，南宋，佚名，美国波士顿艺术博物馆藏）中的船夫

该局部图中的船只为小型客运专用船，其船夫着装与渔夫多有相似，可资参考。其下为犊鼻裈、赤足。可见这种款式在水上工作中的普遍存在。

▲图2-282 《秋江独钓图》(局部，南宋，马和之)中的渔人形象

该局部图中的渔人戴笠帽，披蓑衣，着灰褐色圆领小袖短衣，下着白裤。古时文士常以渔樵形象寄托畅游山水、享受自由时光的人生理想。从其舒展放松的姿态和闲情样貌可判断，此不应为职业渔夫，而为一士人，但着装则与渔民类似(图2-283、图2-284)。

▲图2-283 《戴雪归渔图》(局部，南宋，梁楷〈传〉，美国弗利尔美术馆藏)中的渔夫形象

该图又称《归渔图》，这个局部图表现了在雪中持渔网艰难前行的职业渔民形象。其戴斗笠，披蓑衣，主体服装应为白色交领小袖短衣配以白色小口长裤，为雨雪天气的典型着装形态。图中天寒地冻、大雪纷纷的场景，映衬了渔民职业生活的困苦艰难。

▲图2-284 《雪渔图》(局部，五代十国，佚名〈传〉，台北故宫博物院藏)中的渔夫形象

该图被传为五代十国作品，但从画法分析看已是南宋风格，所以此着装应为南宋渔民形象。其戴笠帽、着蓑衣并衣短衣白裤的形象为当时雨雪天气中渔夫的典型。

▲图2-285 《寒江独钓图》(局部，南宋，马远，日本东京国立博物馆藏)中的渔人形象

该局部图中的渔人探身弓腰，神情专注，不同于图2-282中渔人状的士人，应为以渔业为生的渔人。其以皂巾扎髻，着浅姜黄色小袖皂缘交领上衣，腰扎帛带，下着白裤，斗笠和蓑衣置放在船篷顶部。

▲图2-286 《溪口垂钓图》（局部，南宋，夏圭，美国纽约大都会艺术博物馆藏）中的渔夫形象

该局部图中的渔人形象与图2-285中相似，亦以皂巾扎髻，着皂缘交领上衣，腰扎帛带。此种装扮也许非职业渔夫，而是民间自给自足的渔人，抑或是文士归隐后的闲情一刻。但此类着装也是乡间渔人的一种代表形象。

▲图2-287 《霜浦归渔图》（局部，元代，唐棣，台北故宫博物院藏）中的渔夫形象

此局部图中的三位渔夫行走于乡间小径，正肩负罾罩于暮色中罢渔而归。其均着后包髻皂色裹巾、白色交领小袖缺胯短衣、白色长裤或缚裤、草鞋。这是元代的渔夫职业着装形象，与宋代基本形态一致，可见此类搭配的经典性。

船珠採水没

◀图2-288《天工开物》插图中的“没人”[1]

“没人”是专职于潜水开采珍珠工作的职业者，其穿着具有十分专业而独特的面貌。此为明代宋应星撰写的著作《天工开物》中记载的图例，其职业在宋代也应存在，只是缺乏当朝图证，但可借此以资参考。中华珍珠采集应用历史在世界上最为悠久，《诗经》《尔雅》《易经》均有记载，那么与此类似的职业服装应早有应用。该类服装为黑色，修身紧体，可能应用了具有一定弹力的编织类纺织材料或动物熟皮材料，在立体结构设计与剪裁技术支撑下制作成型，其水下便捷与生命保障之功效应被给予足够重视。该着装用于采集行业，工作特征与渔业多有类似之处，所以此处归为渔猎采集类（其特征为索取于大自然的现成资源）。

[1] [明]宋应星：《天工开物：插图本》卷下《珠玉》，扬州：广陵书社，2009年，第206页。

综上，渔猎业包含狩猎业、渔业、采集业等内容，由表2-15可见其着装形象配置差异鲜明，职业化特征各不相同，但其着装基本是衣裤装的搭配范畴。

表2-15　宋代渔猎业的代表性服饰

类别	首服	体服	足服
图例	 《西岳降灵图卷》局部  《西岳降灵图卷》局部  《雪渔图》局部  《秋江独钓图》局部	 《西岳降灵图卷》局部  《雪渔图》局部 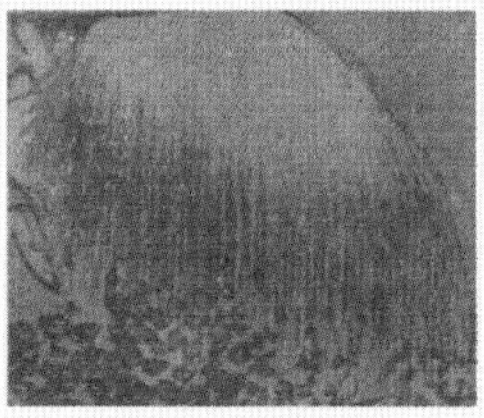 《戴雪归渔图》局部	 《西岳降灵图卷》局部  《雪渔图》局部
说明	前顺风脚幞头、裘皮风帽、翘脚幞头、笠帽分别是宋代猎人、渔人不同季节的典型首服	该行业体服为以上三图，上衣下裤的衣裤装为基本形，蓑衣也是雨季及寒冷季节常见体服配件	布鞋或帛鞋是不同层次猎人常用足衣，而草鞋则是渔人常用

第四节　其他行业

宗教业、乞讨业、军队、囚徒等未列入前述范畴的职业在这里归为其他行业。这些行业随着社会的发展也逐渐职业化，职业形象日益规范，在北宋中后期达到顶峰。

一、宗教业

本研究范畴内的宗教业主要针对佛教、道教，儒教虽然也有宗教化的一面，但其着装思想与形态在社会各层基本上均有展示，此处不再赘述。其中佛教影响最盛，佛家职业常与文人打成一片（图2-289），正如前文“‘百工百衣’风尚溯源”章节部分所述：“儒士参禅，阴禅阳儒，成为鲜明的时代特点。”所以僧人的着装及其“灭欲”观念影响广泛，致使士人着装及社会主流风尚呈现儒雅、简朴、不着华彩、自然随性的特征（图2-290~图2-298）。

▲图2-289 《韩熙载夜宴图》（局部，五代，顾闳中〈传〉，北京故宫博物院藏）中的僧人形象

《韩熙载夜宴图》有多个版本，该版本应属于宋代作品。该局部图中的僧人与文人雅集一处，充分说明宋代文人与佛家的密切关系。左三后立者为常见僧人形象，即剃发光首、淡枯黄色交领右衽直裰并外搭同色袈裟，内着白色交领中单，下着皂鞋。

▲图2-290 《山溪水磨图》（局部，元代，佚名，辽宁省博物馆藏）中的僧人形象

《山溪水磨图》虽为元人所作，但衣式颇具宋代遗风。该局部图中的僧人有两人，一大一小。左侧为标准僧人着装，即该僧人已受具足戒，可以肩披袈裟并偏袒右肩。其袈裟下所着为青黑色直裰式僧服。一般来讲，依据僧人出现场合与礼仪需要，其袈裟会有五条衣、七条衣、九条衣的差异，而且其内着僧服的领子则有“三宝领”的形制要求。右侧小沙弥身着青黑色直裰款式僧服，应为交领右衽结构。这是汉传佛教的典型僧服。

▶图2-291 《大智律师图》（局部，南宋，佚名，美国克利夫兰艺术博物馆藏）中的僧人形象

该局部图中的僧人为北宋律学家大智律师释元照。其手持禅杖，穿皂色海青，外披皂色袈裟，着棕色帛鞋，是学养高深的高僧装扮。

▶图2-292 山西省高平市开化寺壁画（局部）中的僧人形象

开化寺壁画该局部图中的僧人处于礼佛活动之中，其着装规格为最为隆重的高级形态。众僧着青绿、皂黑、灰白等色海青、高级袈裟，并内着白色小袖中单，一个个仰望静视，表情肃穆审慎，似乎在静心聆听佛陀教诲，可见场合之隆重庄严。其高级袈裟即僧伽梨，也被称为“大衣”，一般为九条衣以上，其方块状衣片为由九组两长一短至二十五组每组四长一短的拼料组成。从其胸腹前围裹的袈裟之福田（即拼条构成图形，亦即其渊源之名）形态判断，其极可能为二十三组以上拼料组成的袈裟，是较高级别的法衣。其二十五组每组四长一短的法衣被称为“祖衣”，即只有被认定为传祖接法者才有资格披用。图2-293中的僧服形态与此相似，可作互鉴。

▲图2-293　山西省高平市开化寺壁画（局部）中的僧人形象

综合本图及图2-292，可感受到袈裟、海青等僧服的多样化，麦麸、栗壳、海藻等色彩在此类服装中较为常用。

▲图2-294　山西省高平市开化寺壁画（局部）中的僧人形象

这是开化寺壁画局部所表现的僧人后背服饰形态。其外披朱红色袈裟，内着墨绿色海青和白色小袖中单，下着白色宽口长裤和练鞋，应为高级僧人的角色。

▲图2-295　《八高僧图》（局部，南宋，梁楷〈传〉，上海博物馆藏）中的僧人形象

该局部图中的僧人为一高僧形象，但所着则为普通僧袍，即皂青色海青，腰扎浅红色帛带，内着白色交领中单，足着草鞋。这是汉传佛教僧侣的典型常装，形态质朴舒放，与其“贫僧”之出家人形象相匹配。

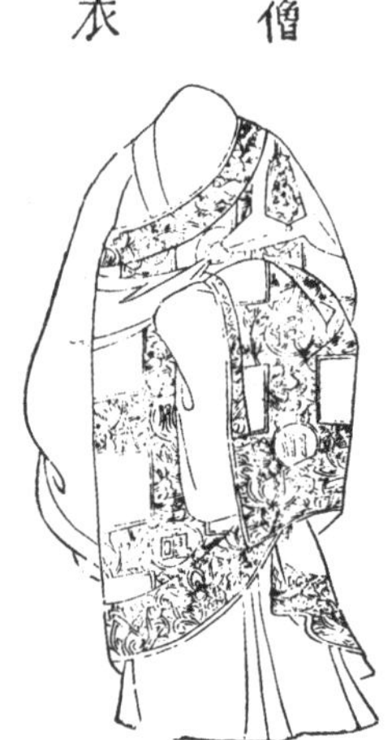

▲图2-296　《三才图会》所绘僧衣❶

这是明代著作《三才图会》中所绘的僧衣式样，其基本传承了宋代式样。该配套为内着海青，大袖而袖口内收即部分缝合以留足内衣之窄袖进出空间，袈裟福田隔边装饰华丽，应为明代高级僧人所穿用。

❶[明]王圻：《三才图会》（中册），王思羲，编集；上海：上海古籍出版社，1988年，第1552页。

▲图2-297 《维摩居士像》（局部，北宋，李公麟〈传〉，日本京都国立博物馆藏）中的居士形象

该局部图中的维摩罗诘居士是德行高尚、修养深厚的居家佛教弟子。其头裹皂巾（皂色幅巾），身着交领大袖衫，内着小袖中单，外披皂缘缦衣（即相对袈裟来说不做布条拼缝的披风式佛教服装），腰间系扎帛带，下着围裳、宽口裤、帛鞋。洒脱飘逸，为法身大士的理想形象。

▲图2-298 《维摩演教图》（局部，北宋，李公麟〈传〉，北京故宫博物院藏）中的居士形象

该局部图中的老者也是一名居士。由其形象可见，居士在家修佛期间没有固定衣着形态，而专业的衣式就是图2-297所示的缦衣。该老者所着为民间乡绅常着之鹤氅套装，士人常见，居士也常有。

另外，僧人着装已在前文“卫生及社会保障业”“信息传输业”等板块中的相关职位有所分析，可回顾参考。

行者等俗家弟子之佛教服饰形象，前文也有阐释，可回顾参阅。

宋代宗教中备受推崇的还有道教，当朝帝王如宋太宗、宋真宗、宋徽宗等都笃信道教，因而道教也影响深远。就其道衣之制，当朝少有文献阐释，而较大程度继承其遗制的明代则有一定描述。明式道衣可包含大褂（青色，交领大袖，长及脚踝）、得罗（青色，交领大袖，腋下开衩，内有摆，长及脚踝）、戒衣（黄色，交领大袖，长及脚踝）、法衣（高功穿着，紫色为尚，对领而长及膝盖，无袖，刺绣有多种吉祥图案）、花衣（对领，长及小腿，无袖也称“班衣”，是普通道士穿用的法衣）、衲衣（交领，长及小腿，多层粗布缝制的厚重道衣，可御寒，亦称“衲头”）等款式，均宽大。《三才图会》附插图（图2-299）并阐释曰：“援神契曰：礼记有侈袂大袖衣也，道衣其类也。唐李泌为道士赐紫，后人因以为常。直领者，取其萧散之意。”[1]其宽大的款式寓意为蓄纳乾坤、隔断尘

[1] [明]王圻：《三才图会》（中册），王思羲，编集；上海：上海古籍出版社，1988年，第1552页。

凡。无论交领还是对领，均为直领，取义潇散。大多时间内，道士常穿草鞋。就宋代相关图例（图2–300）分析，宋代道衣与明代有所不同，如色彩多为白色，而明代则多为青色。但历代主体款式均包含鹤氅、道服（加内摆的直裰）、上衣下裳等多种传统服装款式（图2–301）。方巾形披风至元代还有，但至明代则少见。道士首服较为多样，包含多种巾、冠。其冠色尚黄，常用金属或木材制作，被称为黄冠。“黄冠”一词也常被后世用以代称道士。宋代之后，直裰式样的道服成为道士的主流常服（图2–299）。

▲图2–299 《三才图会》所绘道衣

《三才图会》中所绘的道衣款式便是明朝沿袭宋朝并稳定下来的道人常服，其交领右衽并常缀缝白色或素色护领，下摆缘边宽大。两侧开衩并有内摆，大袖收口，腰间系扎绦带。基本形制与僧衣之海青相类似。

▲图2–300 《清明上河图》（局部，北宋，张择端，北京故宫博物院藏）中的道士形象

道士的服装相对僧人的形制简单。如图所示，白衣为主体，束发冠常备。图中正面者着束发冠、白色皂缘交领右衽宽袖长款道衣（得罗，其基本形制源于直裰），腰间无束带，内着中单、围裳，下着布履。背面者亦着束发冠，穿大袖短衣（典型衣裳装之上单），内着中单、围裳，无腰带，下着布履。古代普通道衣多为蓝色，但宋代道人则白衣为尚，这应与其文士着装的整体氛围有关。再者，此时道士所着道衣少有衣缘，这不同于民间士人的道服。

◀图2–301 《七侠五义》连环画插图（局部）中的道士形象[1]

该连环画局部图中的道人（右侧）所着道衣为典型直裰形制，其交领右衽，依据其小袖短衣特征，应为中褂之普通道衣。其配以道冠，未扎腰带，下配裤、袜、鞋。图中裤袜的形态在宋代实际是多不着于外，所以后世形象创作与当时实际有所出入。

[1] 刘洁：《七侠五义》之二《陈州查账》，辛宽良，绘画；北京：海豚出版社，2009年，第55页。

北宋始，儒释道三教合一的哲学氛围浓厚，文人阶层深度汲取了道家的“道法自然”思想，也因而普遍崇尚了承载洒脱逍遥意蕴的道衣（或称道服、道袍），特别推崇道衣中的上衣下裳方式（图2-302~图2-309）。

▶图2-302 《松荫谈道图》（局部，南宋，刘松年〈传〉，北京故宫博物院藏）中的道士形象

此图又名《三教论道图》。该局部图为一道士的洒脱着装形象。其束丫髻，着树叶编结而成的披风上衣并加白色帛带，下着树叶制作的围裳，另着宽松白裤（或白围裳）、膝裤，跣足。此类道家衣裳装，可视为古时披风装形制的承继。

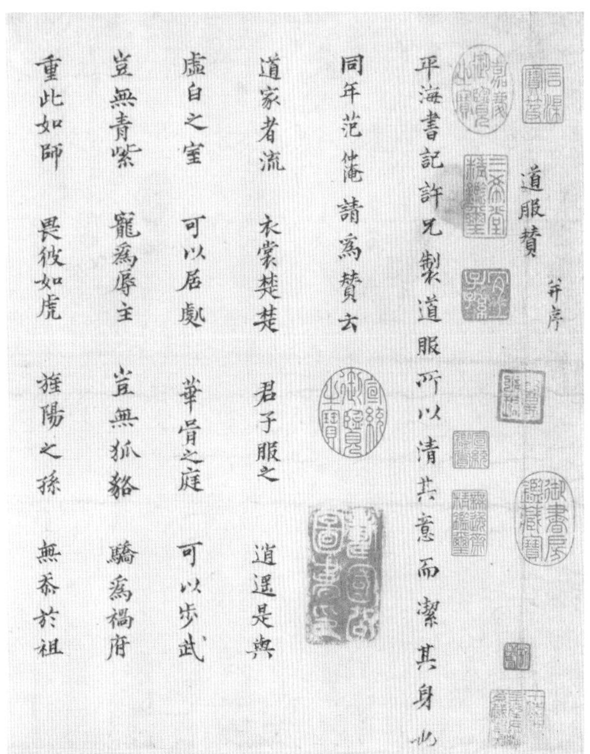

▶图2-303 《道服赞》（局部，北宋，范仲淹，北京故宫博物院藏）中的道服形态描述

范仲淹所撰《道服赞》曰：“道家者流，衣裳楚楚。”说明士人道服源于道家道衣，而且重视上衣下裳的初始形态。所以，宋代士人着直裰或大袖短衣搭配围裳者较多。

▲图2-304 《林和靖图》（局部，南宋，马麟，日本东京国立博物馆藏）中的道服形象

此局部图表现了范仲淹《道服赞》所述的衣裳类道服。该士人束冠，着皂缘交领大袖白色上衣、杏黄色下裳，束带，着皂履。

▲图2-305 《丹林诗思图》（局部，南宋，萧照〈传〉，美国克利夫兰美术馆藏）中的道服形象

此局部图也表现了文人穿着衣裳类道服的形象。该士人束冠，着皂缘交领大袖白色上衣、皂青色下裳，束带，着履。

▲图2-306 《郭诩纸本画集》系列作品一（局部，明代，郭诩，上海博物馆藏）中的道服形象

此局部图中的文人戴缁撮冠，着皂缘大袖交领直裰式样的白色道服，腰系帛带。此形象虽为明代，但也即宋代文人着道服的潇洒生活之真实写照。

▲图2-307 《郭诩纸本画集》系列作品一（局部，明代，郭诩，上海博物馆藏）中的职业道士形象

该局部图表现了一位职业道士形象。其着莲花冠，外穿花色皂缘氅衣，内着衣裳装、白色中单，下着翘头履。此套装形象沿袭前代，可参见元代图例，即图2-308。

▲图2-308 《金阙玄元太上老君八十一化图卷》(局部，元代，全真教道士，德国巴伐利亚州立东亚数字图书馆藏)中的道服形象

这是元代全真教道士依据人世间道家着装绘制的神话传说人物形象。其中道教人物均着冠，主体服装为皂缘交领右衽大袖衣配下裳，或皂缘交领大袖道服（直裰）系扎绦带并内着裳，或披覆缘边披风（类似佛教缦衣）而内着衣裳装，均系腰带，着翘头履、草履或线鞋。

▲图2-309 《金阙玄元太上老君八十一化图卷》(局部，元代，全真教道士，德国巴伐利亚州立东亚数字图书馆藏)中的道服形象

此局部图中的道教服饰可视为对图2-308的补充。其中人物着冠或巾或束丫髻，而道衣为皂缘（或领口为本色压纵褶式样）交领右衽大袖衣配下裳，或皂缘交领大袖袒胸道服（直裰）并内着中单而外扎叶裳，或披覆缘边披风而内着衣裳装，均系绦带或帛带，着云头履、平头布履、翘头双梁布履、单梁草履或翘头线鞋，皂色足衣为尚。可见道家服饰的多样性。《金阙玄元太上老君八十一化图卷》虽为元代作品，但因道教服饰传承稳定，可断其也基本反映了宋代道服特征。

可见，宋代道教服饰基本由鹤氅（或方巾披风）、交领衣、裙裳等组成，传承、展现了华夏服饰的基本款式。《太平御览》卷六十五引《传授经》予以明确指出南朝陆修静确定了早期道教服饰，其作概括曰："谓之俯仰之格，披、褐二服也。"披，就是鹤氅、帔等披风类；褐，就是道衣，即袍服，有着不同的长短式样。这些都可以从前述相关图例中寻得相关具体形制。

综上所述，宋代宗教代表性服饰的提炼见表2-16。

表2-16　宋代宗教业的代表性服饰

类别	首服	体服	足服
图例	 《三才图会》插图  《祖师图之大满送大智》局部  《金阙玄元太上老君八十一化图卷》局部  《松荫谈道图》局部	 衣 僧 《三才图会》插图  《金阙玄元太上老君八十一化图卷》局部  《金阙玄元太上老君八十一化图卷》局部	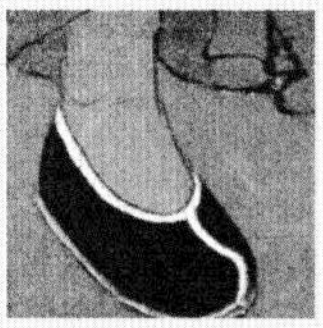 《罗汉图之三》（南宋，刘松年）局部 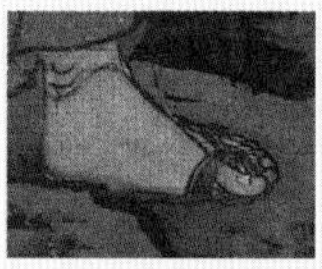 《罗汉洗濯图》局部 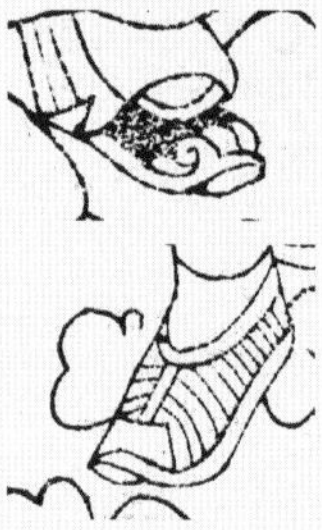 《金阙玄元太上老君八十一化图卷》局部
说明	佛教受戒之后常为光首无服，而寒冷、法事等特殊时期可着僧伽帽[可参考《三才图会》（中册）第1506页]。行者可扎巾（见《祖师图之大满送大智》），而道士则服巾、冠	佛家体服以袈裟、海青为基础（如上图），道家则以披风、直裰、衣裳等为基本形（如中图及下图）	单梁鞋、云头履、翘头帛鞋、草鞋、麻鞋等低帮鞋形制基本都会出现在宗教业

二、乞讨业

如前文所述，《东京梦华录》记载："其卖药卖卦，皆具冠带。至于乞丐者，亦有规格。稍似懈怠，众所不容。"可见，宋代的乞丐服装也有严格的规格要求（图2-310、图2-311），说明其已有职业化特征，有着专门的丐帮类行会组织予以管理（如"花子会""八仙会"等）。有研究认为："所谓规格者，大概是指穿着制式服装在特定地区或针对特定对象行乞，并受到团体的约束，要尽规定的义务。"❶并指出宋元话本小说《金玉奴棒打薄情郎》中所描述的杭州乞丐团头金老大手中的杆子"是领袖的标记，统辖全城的叫花子"❷。可见杆子是丐帮鲜

▲图2-310　山西省高平市开化寺壁画（局部）中的乞丐形象

该壁画局部图中表现了几个持碗罐等器皿的男子，多裹皂巾，着白色上衣，但均有补丁，且有残破，特别是画面两侧的人物着装有着类似的破洞处理方式，应为北宋乞丐，可能是民间新沦为乞丐者，标识性特征尚不突出。

▲图2-311　《清明上河图》（局部，北宋，张择端，北京故宫博物院藏）中的乞丐形象

《清明上河图》中大概有两处为乞丐形象描写，即本处两个局部图所示。左侧局部图为一少年职业乞丐，其头发蓬乱，白色背心外斜向披裹皂色外套，下着白色长裤，正在乞要财物。右侧局部图为一单腿跪地乞讨的老者，裹皂巾，着皂色小袖缺胯上衣，腰间围裹浅灰褐色行李或巾帕标识，下着白色小口长裤、练鞋，可见其并非职业乞丐，应为生活所迫临时行乞的平民。

❶潘东：《历史上真实的丐帮》，《国学》，2012年第8期，第62-63页。

❷潘东：《历史上真实的丐帮》，《国学》，2012年第8期，第63页。

明的标识物。宋代丐帮拜孔子为祖师爷，以“替祖师爷向徒子徒孙讨回一点人情”[1]为由而有组织地挨家挨户向门上贴有春联的商户乞食。在行乞过程中，一般会携带专业工具如打狗棒、布褡子（即褡裢，用于收装食物、财物等）。其具体形象可由图2-312~图2-319佐以参考。

▲图2-312 《西成图卷》（局部，北宋，乔仲常〈传〉，美国弗利尔美术馆藏）中的乞丐形象

此局部图人物很可能也是一个乞丐。其虽然衣衫较完整，但手持木棒、食物却具有一定的角色标识性，再有蓬乱的头发、放荡不羁的举止等应是长期的流浪乞讨生活所致。同时比较图2-311，不一定必须衣衫褴褛不堪的才是乞丐。据图中情节分析，其应是正在跟随迁徙的人家讨要食物或财物。

▲图2-313 《西成图卷》（局部，北宋，乔仲常〈传〉，美国弗利尔美术馆藏）中的乞丐形象

该局部图中的老者头戴笠帽，着圆领小袖短衣，腰扎皂色帛带，吊挂线鞋，短裤并扎行縢，着草鞋，肩背行囊，手持木杖和食物，随身还牵引着一只黑犬。其似为长期奔走流浪的职业乞丐，极可能会出卖劳力兼为行乞。

[1] 潘东：《历史上真实的丐帮》，《国学》，2012年第8期，第63页。

▶图2-314 《五百罗汉图·布施贫饥》(局部，南宋，周季常，美国波士顿艺术博物馆藏)中的乞丐形象

该局部图表现了南宋时期的乞丐形象，多为衣衫褴褛、裹有抹额、赤足或穿草鞋，其中持打狗棍、肩挎布褡的形象便是其标识所在。整体行装均为白衣。

▶图2-315 《李仙像图》(局部，元代，颜辉，北京故宫博物院藏)中的乞丐形象

该局部图人物为传说中的“八仙”之拐仙，即李铁拐，其常行乞于市，人皆贱之。但其法力高超，爱民如子，也深受百姓爱戴。该图为元代乞丐形象，其须发不理，衣着不整而褴褛残破。其拐杖、行縢是行乞中的必备元素。其中的破口系扎类似前述图2-310中的乞丐着装细节。

▲图2-316 《流氓图卷》（局部，明代，周臣，美国克利夫兰美术馆藏）中的乞丐形象

《流氓图卷》表现了明代明武宗时期的流浪者形象，其中大多数人因生活所迫而沦为乞丐，可依此反观比较宋代乞丐形象。该局部图人物为衣衫褴褛的乞丐，与图2-314、图2-315衣着接近，但色彩不同，白衣应为职业乞丐所必备。此处可见木棍、挂包等乞丐必备器物，同时还牵持着家畜，说明了乞丐与这些家养动物间相互依存的特殊关系，反过来也在一定程度上可佐证图2-313中的老者为乞丐身份的可能性。

▲图2-317 《流氓图卷》（局部，明代，周臣，美国克利夫兰美术馆藏）中的乞丐形象

该局部图中的乞丐正在手持干粮，应为即将食用的瞬间。其头发蓬乱，扎有发髻，肩背乞食用的陶罐，唯一的衣着就是下身破碎不堪的白色短裤（或为长裤残留部分）。其中持食品的这个形象可与图2-312、图2-313中的两位持食者做比照。

▲图2-318 《流氓图卷》（局部，明代，周臣，美国克利夫兰美术馆藏）中的乞丐形象

该局部图所表现的乞丐形象充分体现了流浪者的特征：肩背披卧用具，肩挎背篼、陶瓶、竹筒等食物盛装器具，手持残口碗和木杖。但其衣着为形态较完整的灰褐色小袖交领右衽短衣配褴褛破残的浅灰褐色下裳与白色长裤，头发蓬松，面目饱含怨憎。其着装可与图2-315中的李铁拐形象相比较。可见其应为新沦为乞丐者。

◀图2-319 《流民图卷》（局部，明代，周臣，美国克利夫兰美术馆藏）中的乞丐形象

该局部图所表现的乞丐头发蓬乱而无褴褛衣衫，但其跪地乞讨的形象说明其已为乞丐，其着装及姿态较接近图2-311右图中的老年行乞者。其着皂色交领右衽补丁衣，下着白色小口补丁长裤。特别之处为手戴手套、足穿厚袜，应为寒冷季节的必备部件，这说明他曾经拥有较好的衣生活条件。或许，其手足具残或受伤而被包裹，总之其形可悯。

在以上宋代与元明比较中，乞丐着装形象的具体特征及承继状况可被简要理解。基于此，可对乞丐所具备的基本代表服饰做出总结，具体即如表2-17所示。

表2-17 宋代乞讨业的代表性服饰

类别	首服	体服	足服
图例	《五百罗汉图·布施贫饥》局部 《流民图卷》局部	左：张择端版《清明上河图》局部， 右：《流民图卷》局部	《西成图卷》局部 《流民图卷》局部
说明	乞丐多无首服，一般扎髻、裹抹额。图例虽不尽是宋代，但也反映了其形象事实	乞丐体服或衣衫褴褛，或斜裹衣衫，白色为尚（白色是本白，即无色彩加工成本的材质视觉呈现，与政府对其阶层的最低级“白身”要求相统一），其关键是乞讨工具的职业化。图例虽不尽是宋代，但也反映了其着装事实	宋代乞丐多赤足，或着简单的草鞋、破损的布鞋。图例虽不尽是宋代，但也反映了其穿用事实

三、兵卫职役

宋代重视兵士仪卫及职役的培养和职业化发展，其类别多样而管理有素，在社会发展与公共管理上发挥了非常重要的角色价值，这在“交通运输业”“信息传输业”“卫生及社会保障业”“居民服务业”等前文相关内容中有过较多介绍。当然，因宋代“扬文抑武”的国策及商业相关职业化导向等影响，尽管车厢式多功能云梯、桥车、弓弩、盔甲等特殊兵器设施发明或改良技术不断涌现，但兵丁的对外作战素质不佳，实战能力不强，最终造成了抵御外强的过程中接连失利。不过，其在国民经济发展的事业推动中却是一股重要的力量。

除了前文相关章节所述军人类别之外，仪卫职业也具有十分突出的社会贡献（图2-320、图2-321）。宋代重大礼仪活动十分普遍，官方经常通过实施大型封禅、祝圣、射礼、遨游等官民同聚类仪礼教化活动进行官民教育。活动中重视出行仪仗（卤簿），以令平民大众多有观礼机会，推广礼仪平民化，引导百姓认知社会行为规范，实现思想教化、文化制约、道德规范的统御作用，推动了宋代社会的礼治复兴。此间，仪卫作为重要执行者，其服饰内容作为教化工具成为受重视要素。《东京梦华录》对此有着具体而详细的实例记载："围子亲从官皆顶球头大帽，簪花，红锦团答戏狮子衫，金镀天王腰带，数重骨朵。天武官皆顶双卷脚幞头，紫上大搭天鹅结带、宽衫。殿前班顶两脚屈曲向后花装幞头，着绯、青、紫三色撚金线结带，望仙花袍，跨弓剑，乘马，一扎鞍辔，缨绋前导。御龙直一脚指天一脚圈曲幞头，着红方胜锦袄子，看带束带，执御从物，如金交椅、唾盂、水罐、果垒、掌扇、缨绋之类。御椅子皆黄罗珠蹙背座，则亲从官执之。诸班直皆幞头锦袄束带，每常驾出，有红纱贴金烛笼二百对，元宵加以琉璃玉柱掌扇灯。……天武官十余人，簇拥扶策，喝曰：'看驾头！'次有吏部小使臣百余，皆公裳，执珠络球仗，乘马听唤。"❶还载："挟车卫士，皆紫衫帽子。车前数人击鞭。象七头。……执旗人紫衫、帽子。每一象则一人裹交脚幞头紫衫人跨其颈，手执短

▲图2-320　山西省高平市开化寺壁画（局部）中的仪卫形象
该局部壁画图中的人物是皇室贵族出行仪仗中持杖及牵马的仪卫，着装相近，具有北宋时期的代表性。其着皂色两脚朝天方顶幞头，外着紫色圆领右衽小袖衣，衣摆提扎腰间，内着白色缺胯窄袖中单、墨绿色襕半臂衫，并扎端头长垂的紫色帛带，下着白色麻质小口裤、白色麻鞋（练鞋）。《宋史》载："次御马二十四（并以天武官二人执辔，尚辇直长二人骑从）。"❷据此推断，上述形象应为北宋天武官（禁军卒）着装常态。

❶[北宋]孟元老：《东京梦华录：精装插图本》，北京：中国画报出版社，2013年，第113页。

❷[元]脱脱，等：《宋史》卷一百四十五《仪卫三》，北京：中华书局，1997年，第3414页。

▲图2-321 《渭水飞熊图》(局部，南宋，刘松年，日本早稻田大学图书馆藏)中的仪卫

此局部图所表现的是仪仗之禁卫形象，其均皂色小冠(武弁)，背系各色宽衫，内着窄袖圆领袍，腰间扎革带与帛带，带内裹围肚且扎捍腰(或称腰袱，辽、金等北部朝代称之为捍腰)[1]，下着缚裤与粉底乌靴，这是宋代禁卫的典型装扮，特别是背系宽衫、围肚的方式。其中的捍腰，是由后向前夹裹盔甲或战袍且在前身两端对称而不相连的服饰配件。其前身四角圆裁，以革带、帛带紧束在腰间，并以细绳结在内部固定以稳定位置与形态，最初的功用是隔断腰间携挂的弦弓、刀剑以防剐蹭盔甲而损坏或固定战衣或提升肌肉发力水平或养护腰肾等。其被大多数学者称为"袍肚"，但经大量存世实例的比较与分析，本研究认为其应用部位及形态与肚子关系不大，主要是腰部的维护，所以认同"捍腰"之说。若要提"袍肚"称名，不如以"围肚"置换称之，即此图牵马仪卫腰腹部围裹并系扎帛带者便是此物。古文献有"围肚"而乏"袍肚"之称，如"锦绣围肚看带"[2]，可由该图体验此句阐释的视觉效果，其胸部勒帛即可视之为看带(也称义带，而官服上的看带多为革带)。围肚是相比捍腰面积更大并裹覆腰腹、更单薄的服饰品，也是唐宋军上普遍应用且在宋代非戎装上也采用广泛的饰物。当然，流通至非戎装，围肚面积有大有小，形态不一(如本研究中提及的图2-227、图2-231中的巾帕之类)，但基本特征一致，即周身围裹交叠在侧身处(本图牵马者侧身有一类似开衩之处应为交叠相掩使然)，以束带固定，一般是单薄的纺织品。同样，捍腰也并非只用于戎装，在其他公职人员中应用也较为广泛且传承至后代(图2-322)。对于围肚之形态，《宋史》有"抱肚"之说，是时服，皇帝常用以赏赐群臣。其曰："丞郎、给舍、大卿监以上不给锦袍者，加以黄绫绣抱肚。……閤门祗候、内供奉官至殿直，京官编修、校勘，止给公服。端午，亦给。应给锦袍者，汗衫以黄縠，别加绣抱肚、小扇。诞圣节所给，如时服。京师禁厢军校、卫士、内诸司胥史、工巧人，并给服有差。"[3]从具体穿用情况看，此"抱肚"受众广泛，不应是"捍腰"之类，而应是围肚所指范畴。

[1] 沈从文：《中国古代服饰研究》，北京：商务印书馆，2011年，第549页。

[2] [北宋]孟元老：《东京梦华录》，邓之诚，注；北京：中华书局，1982年，第194页。

[3] [元]脱脱，等：《宋史》卷一百五十三《舆服五》，北京：中华书局，1997年，第3571页。

柄铜镬，尖其刃，象有不驯击之。”❶其中仪卫形象具体、鲜活可感。图2-322~图2-341予以些许具体视觉呈现，可资参考。

▲图2-322 《人物故事图册之吹箫引凤图》（局部，明代，仇英，北京故宫博物院藏）中的仪卫
这是明代的画作，其中的仪卫手持仪仗，着皂色朝天幞头、青绿色圆领窄袖缺胯长衫，内着红色中单，扎红鞓带，着皂褐色靴。此装束虽沿袭前代但较唐宋更为修身实用、简洁，且可能大量应用了纽扣方式，色彩、配件及局部形态均有变迁。其腰间所裹扎的便是图3-321释读的捍腰，其在明代的沿袭较广泛，同时也传播至周边国家（图2-323）。

▲图2-323 《通俗水浒传豪杰百八人之一个》（日本江户时代歌川国芳）中的日本捍腰

❶[北宋]孟元老：《东京梦华录：精装插图本》，北京：中国画报出版社，2013年，第195页。

▲图2-324 《渭水飞熊图》(局部，南宋，刘松年，日本早稻田大学图书馆藏)中的仪卫

此图中的禁卫是跨马形象，除了随身弓箭等物件外，其他配搭基本与图2-321中的形象一致，说明了这种着装搭配形制在不同类别军士中的普遍存在。

▲图2-325 《蜀山行旅图》(局部，北宋，许道宁)中的仪卫

此图应为临摹唐代画家李昭道所作的《明皇幸蜀图》，内容是唐玄宗李隆基携嫔妃皇族逃奔蜀地的情景。该局部图中簇拥于御辇周围的跨马仪卫着装轻便，其着皂色四带巾或束发冠、白色或皂色圆领袍，内着白色交领衫，腰扎革带，下着乌靴(宫廷仪卫可跨马着靴)。虽为唐人活动场面，但服饰色彩、首服形态等却具备宋代特征。

◀图2-326 《西岳降灵图卷》(局部，北宋，李公麟〈传〉，北京故宫博物院藏)中的骑兵

《西岳降灵图卷》是画家以墨线白描手法表达的西岳华山之神的巡游情景，随行兵士队伍庞大。该局部图中的人物为其随行骑兵，其裹后罩髻系带皂巾并附锦绣抹额，上着圆领窄袖缺胯锦绣衫，上臂绑缚勒帛以图行动便捷，下着白色长裤、皮靴。其中的勒帛缚袖、抹额作为马军服饰值得关注。抹额常出现于仪卫着装。《东京梦华录》载："跨马之士，或小帽锦绣抹额者，……三衙并带御器械官皆小帽、背子或紫绣战袍，跨马前导。"[1]这便是仪仗中出现的抹额记录。

[1] [北宋]孟元老：《东京梦华录：精装插图本》，北京：中国画报出版社，2013年，第201页。

▲图2-327 《西岳降灵图卷》（局部，北宋，李公麟〈传〉，北京故宫博物院藏）中的骑兵

该局部图也是以宽帛抹额裹缚交脚朝天幞头，但因搭配不同，首服则不同于图2-326中的款式。此抹额呈现大巾帕裹缚式样。

▲图2-328 《西岳降灵图卷》（局部，北宋，李公麟〈传〉，北京故宫博物院藏）中的卫士

该局部图中的持械卫士着皂色无脚幞头，所配抹额与图2-326、图2-327中所示均不同，为简洁的窄条状，应为衣衫短窄的北宋步兵常有。

▲图2-329 《明皇幸蜀图》（局部，唐代，李昭道，台北故宫博物院藏）中的兵士

该图为唐代作品，其局部所表现的骑兵有着皂色小帽裹扎红色抹额者，可见其着装方式在宋代士兵中的延续。借此也可理解，小帽抹额搭配圆领窄袖衣为兵士形象中的经典方式。

◀图2-330 《人物故事图卷》（局部，南宋，佚名，上海博物馆藏）中的仪卫

《人物故事图卷》又被称为《迎銮图》。其内容据传是南宋官方迎接宋高宗赵构的母后即韦后和徽宗、郑后棺椁回归时的盛况，虽此情节在学界也有相关争议，但其高级的宋式仪仗阵容却不容置疑。此局部画面中的仪卫皆皂色幞头，所着上衣色彩不同，个个端严肃立。有的首服为丫顶幞头、有的为方顶幞头，多无脚。着红衣者，皆有染缬图案；着青灰衣者则为素身无纹。着展脚幞头的角色应为低级官吏，其与众仪卫仅首服不同。众角色均为圆领右衽窄袖缺胯衫，腰间扎红鞓带，内着白色中单、白裤、线鞋。其正面着装形态可从图2-331中获取。

◀图2-331 《人物故事图卷》（局部，南宋，佚名，上海博物馆藏）中的仪卫

这是《人物故事图卷》的另一局部画面，展示了众仪卫的前身形象，可结合图2-330对仪卫着装做全面认识。整个画面青灰色与绯红色相间，构成了迎接队伍的主体衣着色彩，与护送队伍（图2-332）不同。

图2-330、图2-331画面中的仪卫有穿用染缬的碎花锦袍之形象。这种染缬的制作方式在皇家职役中应用广泛，一般可以用于衣衫和帽子平面花型的装饰制作。《宋史》载："旁头一十人，素帽、紫䌷衫、缬衫、黄勒帛，执铜仗子。……五色小鳖三百人，仪锽四十人，皆缬帽，五色宝相花衫、勒帛。"❶还载："其外殿中舆辇、伞扇百三十三人，逍遥、平辇各一，每辇人员八人，帽子、宜男缬罗单衫、涂金银柘枝腰带。"❷可见染缬工艺的大量应用。沈从文先生阐释说："北宋时，法令禁止民间使用染缬，并不许印花板片流行。"❸所以该工艺在北宋是用于官方的。

《清明上河图》所示兵士着装（图2-342）与以上多图综合比较具有十分突出的一般代表性。

❶[元]脱脱，等：《宋史》卷一百四十三《仪卫一》，北京：中华书局，1997年，第3378页。

❷[元]脱脱，等：《宋史》卷一百四十三《仪卫一》，北京：中华书局，1997年，第3379页。

❸沈从文：《中国古代服饰研究》，北京：商务印书馆，2011年，第545页。

▲图2-332 《人物故事图卷》(局部，南宋，佚名，上海博物馆藏)中的仪卫

该画面与上述图2-330、图2-331画面中绯红、青灰相间的主体色调不同，此为从金国返回的护送队伍，服饰色彩以不同深浅程度的青灰色为主调。两个队伍的色彩差异应是宋廷仪仗规制所致。画面中的仪卫均着皂色首服。肩擎辇官戴介帻，着青灰色圆领右衽缺胯大袖衫，内着白色中单，扎黑鞓带，着白裤、线鞋。画面下方的持物职役则戴了顶幞头(因其形态固定，此时也可称帽)，着青灰色或白色圆领窄袖缺胯过膝长衣，腰扎黑色鞓带，内着白色中单，下着白裤、线鞋。

▲图2-333 《卤簿玉辂图卷》(局部，南宋，佚名，辽宁省博物馆藏)中的仪卫

《卤簿玉辂图卷》是南宋宫廷画师记录的宋皇出行画面，其以工笔重彩之手法形象生动地再现了文学古籍中所描述的“五辂鸣銮，九旗扬旆”❶的壮观仪仗场面。该局部画面中仪卫(《东京梦华录》称之为“执事人”❷)着皂色介帻(形如乌纱笼巾)、青色宽袖圆领右衽缺胯衫、白色交领中单、线鞋，并在青衫内着绯色小袖染缬锦袍，外着之青衫以勒帛绑缚袖管于颈后(即前文“文体娱乐服务业”中所述的“背结宽袖”)。中间站立持笏着皂缘绯袍者为官员。

❶刘奕璇:《〈文选·赋〉之銮和的音声》,《北京印刷学院学报》，2020年第28卷第9期，第142页。

❷[北宋]孟元老:《东京梦华录：精装插图本》，北京：中国画报出版社，2013年，第197页。

▲图2-334 《卤簿玉辂图卷》（局部，南宋，佚名，辽宁省博物馆藏）中的仪卫

《东京梦华录》记述曰："诸班直、亲从、亲事官，皆帽子、结带、红锦，或红罗上紫团答戏狮子、短后打甲背子，执御从物。"❶该画面所描绘即皇帝亲从官，是在皇宫内从事巡察、宿卫及诸殿洒扫事宜的禁军卒。其着皂色无脚幞头、圆领窄袖缺胯绯色缬罗衫，腰间结带，着白裤、线鞋。《宋史》载："内旧用锦袄子者以缬缯代，用铜革带者以勒帛代。而指挥使、都头仍旧用锦帽子、锦臂袖者，以方胜练鹊罗代；用绝者以绸代。禁卫班直服色，用锦绣、金银、真珠、北珠者七百八十人，以头帽、银带、缬罗衫代。"❷这是宋朝南渡后所实施的舆服新政，所以南宋时期的服制相较北宋简洁不少，而帽、帛带、染缬则常用。依此可参考其他插图。

▲图2-335 《晋文公复国图》（局部，南宋，李唐，美国大都会艺术博物馆藏）中的仪卫

该图描述的虽然为晋代故事背景，但其衣着方式则为宋式。此局部图中卫士皆束发冠、扛长剑，背系交领右衽宽衫，腰扎帛带，中单较短，着缚裤、皂鞋。

▲图2-336 1971年方城县金汤寨村出土的卫士男石俑（北宋，河南博物院藏）

1971年方城县金汤寨村出土的卫士男石俑也是官员出行仪仗中的角色。该图中的石俑首服有残缺，实为卷脚方顶幞头。其上着青灰色圆领右衽窄袖缺胯衫，胸腹部扎看带（也称义带），前摆提起扎腰，内着紫色襕半臂衫和交领右衽缺胯中单，内腰扎帛带，下着小口裤、系带单梁低帮鞋。这种装扮与张择端版《清明上河图》中的一波差役角色形象相近（图2-337）。

❶[北宋]孟元老：《东京梦华录：精装插图本》，北京：中国画报出版社，2013年，第201页。

❷[元]脱脱，等：《宋史》卷一百四十五《仪卫三》，北京：中华书局，1997年，第3407页。

▲图2-337 《清明上河图》（局部，北宋，张择端，北京故宫博物院藏）中的差役

该局部图中的差役亦即卫士，着皂色卷脚幞头、皂缘圆领窄袖缺胯衫，提摆扎腰，内衣腰带露出，下着白色小口长裤、草鞋。但其未着长款中单，无看带和异色腰裙，非单梁低帮鞋，衣装简化而缺严整仪式感。所以，与图2-336所见服饰之差异主要体现在场合、功用之别。此处显然是日常官差的着装，更为市井常见。

▲图2-338 浮雕持杖人物陶砖（宋代，开封博物馆藏）

此浮雕形态表现的应是官方仪仗中的仪卫。两者形象一致，均着丫顶幞头、圆领右衽小袖缺胯掩足袍，腰扎革带，下应着低帮鞋。此中幞头与图2-339一致。

▲图2-339 福建省尤溪一中宋墓壁画中的仪卫形象❶

该宋墓壁画中的仪卫首服即丫顶幞头，依此说明南北方仪卫首服差异不明显。此外，其衣着为圆领窄袖四褛衫，内着系带异色腰裙、缺胯中单，下着小口长裤、线鞋。

❶杨琮，林玉芯：《闽赣宋墓壁画比较研究》，《南方文物》，1993年第4期，第74页。

◀图2-340　1971年方城县金汤寨村出土的卫士男石俑及其比较图（北宋，河南博物院藏）

该卫士男石俑首服亦为丫顶幞头，也可称为“黑漆圆顶幞头”[1]。此处看带形态明确，可比较图2-336中同物的形态，实际色彩为紫红色（即如右侧比较图）。主体衣着与图2-336、图2-339一致，差异在于看带、鞋式、内系带等细节。可见所着首服、四褛衫、衣裤配套等为宋代仪卫的经典形象所在。

▲图2-341　成都双流永福五大队四队出土的陶牵马俑（北宋，成都博物馆藏）

该图中的两位牵马俑着装一致，所着首服也是丫顶幞头（即黑漆圆顶幞头）。其上衣为圆领右衽窄袖短衫，领口右侧纽扣清晰可见，应为结孔类粒扣。其衫前下摆提起卷扎腰间，内着异色腰裙并系帛带，还着有交领缺胯中单，下为小口长裤、线鞋（鞋款与图2-339中相类）。

▲图2-342　《清明上河图》（局部，北宋，张择端，北京故宫博物院藏）中的兵士

该局部图中的兵士在前述“居民服务业”的图2-199中也做过说明，应为厢兵或役兵，也是职役之一类。其所着首服与行于其前的诸差役不同，具体形态与图2-341式样相同，是兵士分工不同所指。其上衣为圆领右衽缺胯短衫，下摆提扎腰间，扎系皂色帛带，齐臀中单外露，下着白色长裤、草鞋。此为官方牵马兵士的着装常态。

[1] [北宋]孟元老：《东京梦华录：精装插图本》，北京：中国画报出版社，2013年，第201页。

如图2-343~图2-345所示，武士着装的全细节形象在宋代一般场合极难遇见，但其中多局部反映了宋代典型规制。

◀图2-343 《却坐图》（局部，南宋，佚名，台北故宫博物院藏）中的武士

此图所绘为西汉文帝时大臣袁盎谏止文帝宠妃慎夫人与帝及后并坐的故事。该局部图所绘武士持骨朵，甚是威严，当时情景十分紧张。该武士着束发冠（即武弁）、皂缘交领左衽宽衫，腰间系扎帛带和革带，裹绯色围肚、锦绣捍腰并束扎皂青色帛带，下着白色缚裤、皂色笏头履。虽为西汉故事但服装则为宋式，其左衽结构交领值得关注。

▲图2-344 《水官图》（局部，宋代，佚名，美国波士顿美术馆藏）中的武士

道教中有三官之神灵供奉，即天官、地官、水官。该局部图为水官图中的武士形象。其着束发冠（武弁）、皂缘大袖宽衫。其宽衫外依次着裲裆甲、围肚、捍腰，系扎勒帛、革带，内着窄袖中单，下着缚裤、裹面皮鞋（小靴）。这种儒雅英武的着装气质，为宋代武士典型。

▲图2-345 《天官图》（局部，宋代，佚名，美国波士顿美术馆藏）中的武士

该局部图所表现的武士形象与图2-344相近，只是以勒帛背系宽衫之肥袖。同时还可更明确理解其后身着装形态：此处围肚、捍腰均有中缝且侧位留衩，捍腰因行动便捷之需要而作后短设计（有一圆缺之处）。

在发达的经济、科技及审美水平支撑下，宋代甲胄在沿袭唐代的基础上实现了实用功效的突破、工艺技术的革新和雅美品质的创造（图2-346~图2-349）。

▶图2-346 《渭水飞熊图》（局部，南宋，刘松年，日本早稻田大学图书馆藏）中的甲士及其比较图

该图所述为西周时期的一个历史典故，即周文王从被囚禁的羑里历经万险而回到西岐，后在梦中见一猛虎长出双翅为飞熊，便求解于人，被告知将遇到贤才（即后来的姜尚）。这是该局部图中持骨朵的周文王之护卫甲士，均着宋代护甲，称为金漆铁甲，即红缨圆顶宽沿兜鍪（铜盔）、裹披顿项（也叫护项），着披膊、护臂、胸甲、裙甲等。内着墨绿中单，下着土黄色小口长裤、红褐色翘头粉底履。两者均外裹围肚并系勒帛，其外再扎巾帕（应为义襕）而非捍腰，应是礼仪需要。此套铁甲是宋代特有形制，相较前代盔甲装饰性弱化而更为简洁实用，后被元明沿袭（见其上侧比较图：《帝王道统万年图册》之十四，局部，明代，仇英，台北故宫博物院藏）。

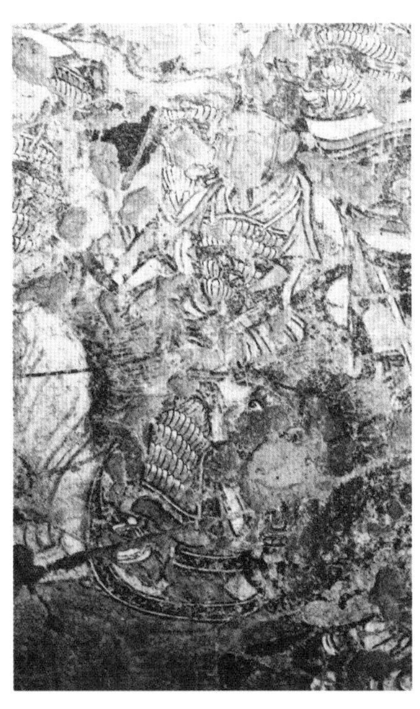

▲图2-347　山西省高平市开化寺壁画（局部，北宋）中的骑士形象

这是高平市开化寺北宋壁画中的骑士形象。该骑士着皂色武弁、翻领宽袍内着裲裆式乌锤甲（铁甲片如小锤），内着白色中单，着黄靴。这是另一种甲士形象，甲衣基本形态与图2-348相似。

▲图2-348　山西省高平市开化寺壁画（局部，北宋）中的甲士形象

该局部图中的甲士着兜鍪、裲裆甲、裹肚甲，整体甲型为短后形态；内着黄褐色窄袖缺胯衫，衫摆前后系结于裆下；与图2-346中的形态不同。该短后甲及衫摆系结形态延续于后世，可借图2-349予以参较。另下着白色小口裤、练鞋。其裲裆基本甲式、甲片材质与形态和图2-347接近，简洁实用，反映了宋代的审美与科技特征。

◀图2-349　《下元水官图》（局部，明代，佚名，美国弗利尔美术馆藏）中的甲士形象

该局部图反映了明代甲士的着装形象，其对宋代传承的痕迹明显。该甲士着红缨兜鍪，配有肩甲、披膊、裲裆甲、裹肚甲，配短后捍腰，束革带，内着窄袖缺胯衫，衫底摆系结于裆下。另着窄口缬纹长裤、低帮镶鞋等。

官方管理类别中的平民职业还包含一个重要类别，即职役。该类职业服饰形象相关图例已在前述相关章节中有较多呈现，本处的“兵卫”类图例中也有一些同属职役着装。此处做进一步的补充，可作彼此参校。

职役，是古代政府机构的特殊役种，不同于普通徭役，虽源于平民阶层，无官无品，但却属于统治者，为行政管理人员（大不同于上述兵卫职能）。宋末元初马端临述曰：“然则天子之与里胥，其贵贱虽不侔，而其任长人之责则一也。”即天子和里胥等职役贵贱差异虽大，但都是管理者，同属一类人[1]。该职业在《文献通考》等古文献及诸多现当代研究中被称为职役[2]，也有研究将其等同于胥吏[3]，但多有争论[4]。《文献通考》对职役的具体类别、职责及来源有具体阐释：“国初循旧制，衙前以主官物，里正、户长、乡书手以课督赋税，耆长、弓手、壮丁以逐捕盗贼，承符、人力、手力、散从官以奔走驱使；在县曹司至押、录，在州曹司至孔目官，下至杂职、虞侯、拣、掐等人，各以乡户等第差充。”[5]这里既有低职官吏，也含普通仆佣，既非力役也非兵役，具有严格职责分工，却无任何薪酬。虽为统治阶层，但实际来看，其地位卑微，“属于贱民，类同奴仆”[6]，照此而言即“四民不收”之人，处于“士、农、工、商四民以外”[7]，百姓和官府都不待见[8]。但是在北宋，孔目、押司、弓手等职役进入专职化发展阶段[9]，在各类役种中数量占比颇大而为主体[10]。又因其掌握着重要的官方与民间双重资源，发挥着紧要的行政作用。因此，尽管其地位卑微，却是当朝关注的重要角色，常被苏辙等士大夫评谈[11]。据此推断，其形象也应常受瞩目。中国古代尤重礼仪，行政形象更关乎统治意识形态，行政执法服饰的礼仪象征性被重视有加，各朝代都严加规范[12]。所以，北宋职役着装应各有规格。《东京梦华录》记载：“余执事人，皆介帻绯袍，亦有等差。”[13]职役制度在宋真宗赵恒之后成熟，促其实现真正的职业化。作为北宋特殊角色，职役的着装形制、文化表征也应具

[1] [宋]马端临：《文献通考》卷十三《职役考二》，上海师范大学古籍研究所、华东师范大学古籍研究所，点校；北京：中华书局，2011年，第381页。

[2] [宋]马端临：《文献通考》，上海师范大学古籍研究所、华东师范大学古籍研究所，点校；北京：中华书局，2011年，第325、367页；黄敏捷：《私雇代役——宋代基层社会与朝廷役制的对话》，《安徽史学》，2017年第6期，第64页；吴树国，王雪萍：《北宋前期役制变迁探析》，《济南大学学报(社会科学版)》，2013年第23卷第1期，第49–50页。

[3] 高柯立：《宋代地方官府胥吏再探：以官民沟通为中心》，《河北大学学报（哲学社会科学版）》，2017年第42卷第3期，第7–8页；徐永计：《宋江“大孝”质疑》，《延边大学学报（社会科学版）》，2013年第46卷第2期，第87页。

[4] 甄一蕴：《宋代胥吏研究综述》，《中国史研究动态》，2016年第1期，第34–35页。

[5] [宋]马端临：《文献通考》卷十二《职役考一》，上海师范大学古籍研究所、华东师范大学古籍研究所，点校；北京：中华书局，2011年，第340页。

[6] 徐永计：《宋江“大孝”质疑》，《延边大学学报（社会科学版）》，2013年第46卷第2期，第87页。

[7] 陈宝良：《“服妖”与“时世妆”：古代中国服饰的伦理世界与时尚世界（上）》，《艺术设计研究》，2013年第12期，第33页。

[8] 赵英：《试论北宋职役制度》，《内蒙古大学学报（历史学专集）》，1981年（S1），第94页。

[9] 高柯立：《宋代地方官府胥吏再探：以官民沟通为中心》，《河北大学学报（哲学社会科学版）》，2017年第42卷第3期，第8页。

[10] [元]脱脱，等：《宋史》卷一七七《食货志》，北京：中华书局，1977，第4295–4298页。

[11] 苏辙曰：“今国家设捕盗之吏，有巡检，有县尉，然较其所获，县尉常密，巡检常疏，非巡检则愚，县尉则智，盖弓手、乡户之人与屯驻客军异耳。”见赵英：《试论北宋职役制度》，《内蒙古大学学报（历史学专集）》，1981年（S1），第95页。

[12] 范忠信：《公堂文化、公正观念与传统中国司法礼仪》，《中国法律评论》，2017年第1期，第113–114页。

[13] [北宋]孟元老：《东京梦华录：精装插图本》，北京：中国画报出版社，2013年，第197页。

有特殊的朝代服饰代表性，研究价值也自然不同一般。基于此，诸多研究依据各类实证资料对包括职役在内的北宋多阶层服饰作了相关专题研究[1]，给予职役服饰一定研究价值之揭示（图2-350~图2-360）。[2]

综合以上及前述“卫生社会保障业”“居民服务业”“工业”等行业所涉兵卫职役图例与分析，宋代兵卫职役的代表性服饰可从两大范畴进行归纳，具体如表2-18所示。

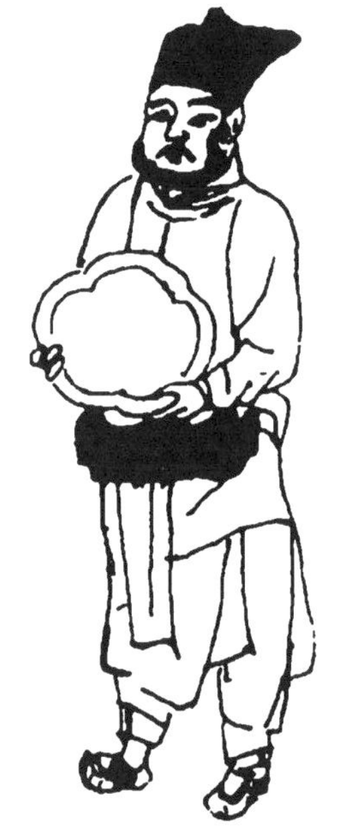

▲图2-350　福建省尤溪一中宋墓壁画中的捧洗侍从[2]

该宋墓壁画中的侍从是官方杂职之一，从于杂务劳作。其首服与图2-339一致，即皂色丫顶幞头。上着圆领窄袖四褛衫，下摆提起扎腰，内着腰裙与窄袖交领缺胯中单，下着窄口长裤、系带式线鞋。

▲图2-351　江西省乐平九林宋墓壁画中的持洗侍从[2]

该宋墓壁画中的侍从职级应高一些，可能是宫廷侍从，但也从于杂务劳作。其首服与图2-350一致。上着圆领小袖（比窄袖稍宽者为小袖）四褛长衫，腰扎革带，下应着长裤、系带式练鞋。整体着装与图2-338之持杖人类同。

▲图2-352　《十咏图》（局部，北宋，张先，北京故宫博物院藏）中的侍役

该局部图中表现的是一官衙侍役正为“吴兴太守马大卿会六老”捧持古琴拾阶而上，为刚赴会而来的高士提供乐器服务。其着皂色丫顶幞头、皂色小袖长衫、革带、白色长裤、练鞋。着装形象与图2-351近似。

[1] 华雯：《〈宋史·舆服志〉中的服饰研究》，东华大学硕士学位论文，2016年，第34-37页；束霞平，张蓓蓓：《北宋初汉族男性服饰特征探微》，《丝绸》，2015年第52卷第9期，第61-63页；张蓓蓓：《论北宋中晚期汉族服饰之师古》，《学术交流》，2013年第10期，第173-174页。

[2] 杨琮，林玉芯：《闽赣宋墓壁画比较研究》，《南方文物》，1993年第4期，第74页。

▶图2-353 《雪山行旅图》(局部，宋代，佚名，北京故宫博物院藏)中的侍役

该图创作年代有称是北宋，也有称为南宋。图中一行人应为官府职役。前导者为一持械职役，上着皂巾、窄袖缺胯短衣，内着异色腰裙，下着缚裤、草鞋，应为普通仆役。骑马者应为低职官吏，也为职役中的一种，其着皂色丫顶幞头、圆领小袖缺胯衫，下着裤、鞋。后有担货者，应为普通雇佣仆役，裹后扎髻皂巾，着圆领窄袖缺胯短衣、缚裤、浅口鞋，腰间系扎墨绿色围腰。

▲图2-354 《西岳降灵图卷》(局部，北宋，李公麟〈传〉，北京故宫博物院藏)中的职役

该局部图中携带器械的职役头裹皂色顺风幞头，着圆领窄袖缺胯长衫、帛带、小口长裤、单梁鞋。衣着特征与前述图2-338、图2-351、图2-352等相似，应为高级职役。

▲图2-355 《会昌九老图》(局部，北宋，李公麟〈传〉，北京故宫博物院藏)中的职役

该图具体创作年代有争议，有传北宋李公麟，也有称为南宋作品，但总之是反映了典型的宋代服饰特色。该局部图表现了一位在工作间隙打盹小憩的白衣职役。其着皂色八字脚幞头(硬脚幞头)、白色窄袖圆领缺胯衫、白色小口长裤、练鞋。其腰间应扎帛带，整体着装类似多数宋代官员家仆。

▲图2-356 《白莲社图》（局部，北宋，张激，辽宁省博物馆藏）中的职役

该局部图的右侧为一职役，其着装更类文人装扮。其着皂色八字脚幞头、交领缺胯过膝小袖衫、革带、白色小口长裤、皂色帛鞋。这种交领职役服装在官员内府应用广泛，后世也有大幅沿袭（图2-357）。

▲图2-357 《竹院品古图》（局部，明代，仇英，北京故宫博物院藏）中的侍役

该图为明代作品，但其对宋代仆役的基本服饰也有所传承。图中的书童着皂褐色交领窄袖缺胯短衫、革带、小口白色长裤、练鞋。其与图2-356不同之处体现在色彩、交领形态、内搭、衣长、袖宽、发型、鞋款等细节。

▲图2-358 《夜宴图页》（局部，五代，周文矩）中的侍役

该局部图表现了一位着短装的书童，其着圆领衫，扎宝石蓝色腰带，白色小口长裤、蓝牙单梁皂鞋，为五代官府杂役的一种着装典型，在宋代有沿袭。

▲图2-359 《神骏图卷》（局部，五代，佚名，辽宁省博物馆藏）中的侍从及其比较图

此亦为五代职役的一种类型，其应为《神骏图卷》中以后背示人的燕居高士之仆从。其面相为西域胡人，但着装则为汉人形制。其着皂色裹巾、圆领右衽散领窄袖白衣、皂色绦带系扎捍腰。其衣衫底摆从底裆前后交结以便劳作，可称为“兜裆系”，这是一种便捷处理的方式，见右图，即《雪渔图》局部。其裤为缚裤，下着线鞋。

▲图2-360 《七子度关图卷》（局部，南宋，李唐〈传〉，美国弗利尔美术馆藏）中的职役

该局部图所表达的是一名追随侍奉骑行文官的脚夫侍役形象。其着皂色高装巾（东坡巾）、帔领、白色窄袖圆领缺胯衫、白色小口长裤并缚裤、系带线鞋。腰间扎帛带并提摆扎腰。此应为文官着便服时随从应有的典型装扮。

表2-18　宋代兵卫职役的代表性服饰

类别	图例	
	兵卫	职役
首服	左：朝天幞头（开化寺壁画之局部），右：丫顶幞头（《人物故事图》之局部）	顺风及无脚幞头（《西岳降灵图卷》之局部）
	左：裹巾绣抹额（《西岳降灵图卷》之局部），右：卷脚幞头（《清明上河图》之局部）	左：八字脚幞头（《春游晚归图》之局部），右：丫顶幞头（北宋陶牵马俑，成都博物馆藏）
	左：兵士兜鍪（《道子墨宝·地狱变相图》之局部），右：小冠（《天官图》之局部）	左：四带裹巾（《摹楼璹耕织图》之局部），右：裹巾（《神骏图卷》之局部）
说明	兵卫首服依据岗位层级而多种多样，此处举例为大概范畴与典型式样：幞头、巾裹、小冠、抹额	职役首服也较为多样，但相较兵卫制式规范性弱，服式较自由。大概范畴与典型式样为：无脚、顺风脚或八字脚软顶幞头，四带之裹巾，丫顶幞头等

<table>
<tr><th rowspan="2">类别</th><th colspan="2">图例</th></tr>
<tr><th>兵卫</th><th>职役</th></tr>
<tr><td rowspan="3">体服</td><td>
圆领窄袖缺胯缬罗长衫、革带、白色丝帛长裤
（《人物故事图》之局部）</td><td>
褐色圆领窄袖缺胯衫、提摆扎腰、白色缚裤、行縢
（《春游晚归图》之局部）</td></tr>
<tr><td>
紫色圆领窄袖缺胯衫、提摆扎腰、墨绿腰裙、紫衣带、白色中衣、白色长裤（开化寺壁画之局部）</td><td>
圆领窄袖缺胯衫、提摆扎腰、腰裙扎带、中单、长裤
（北宋陶牵马俑，成都博物馆藏）</td></tr>
<tr><td>
圆领窄袖缺胯衫、缚袖、革带、长裤
（《西岳降灵图卷》之局部）</td><td>
圆领窄袖缺胯缬罗长衫、革带、白色丝帛长裤
（《人物图》之局部，宋代，佚名，台北故宫博物院藏）</td></tr>
</table>

续表

类别	图例	
	兵卫	职役
体服	左：小袖短衣、裲裆甲、围肚、捍腰、扎带、缚裤、膝裤，典型宋代步人甲（《道子墨宝·地狱变相图》之局部）， 右：背系战袍、围肚、捍腰、裲裆甲、白色缚裤、行縢（《天官图》之局部）	左：草绿交领衫、白围肚、白阔口裤（《摹楼璹耕织图》之局部）， 右：青灰色交领短衣、白帛带、白色长裤（《摹楼璹耕织图》之局部，南宋，梁楷）
说明	兵卫体服因岗位而差异巨大，但主体依然为衣裤装（短衣长裤套装），少数仪卫为长衫配裤	依据大内至县乡岗位差异，长短衣、交圆领均有，但衣裤装为主体
足服	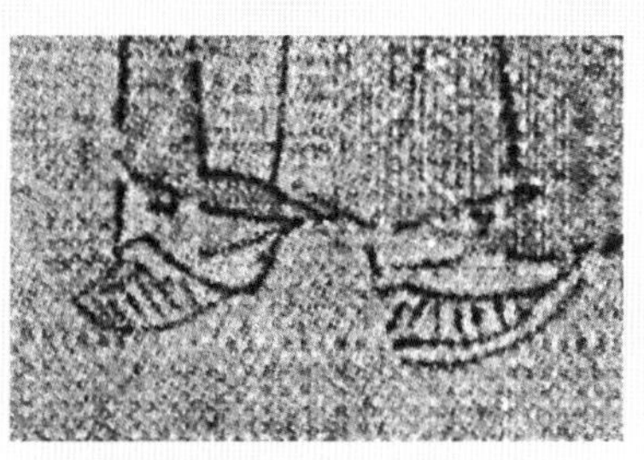 系带单梁线鞋（《人物故事图》之局部） 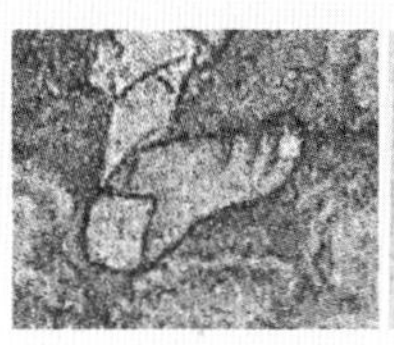 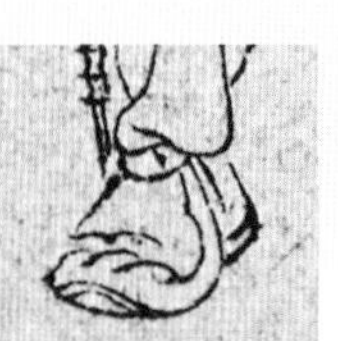 左：裹面革鞋（小靴，《水官图》之局部）， 右：浅口镶鞋（《道子墨宝·地狱变相图》之局部） 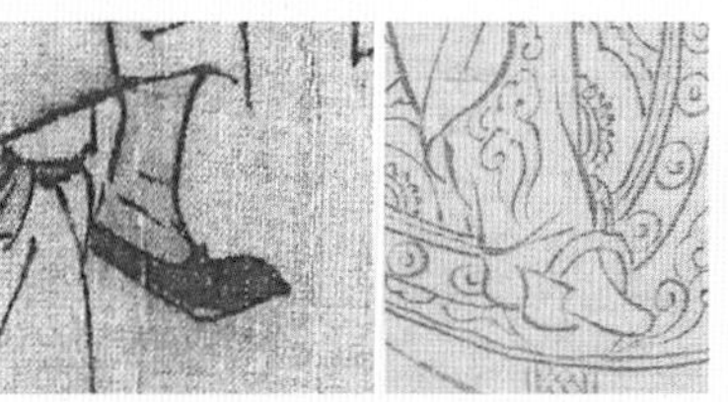 左：皂色帛鞋（晋文公复国图》之局部）， 右：锦饰长靴（《西岳降灵图卷》之局部）	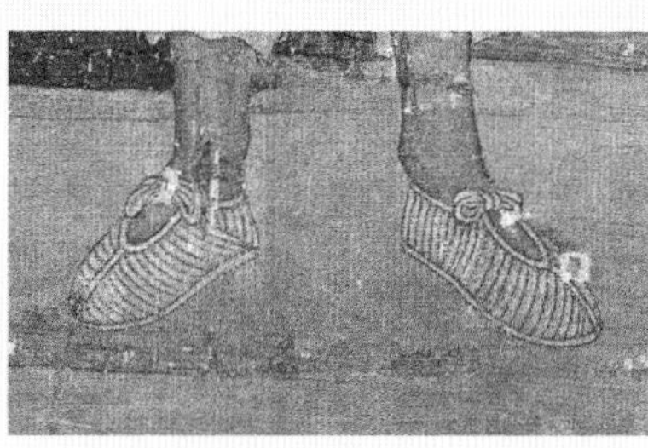 系带单梁线鞋（《神骏图卷》之局部） 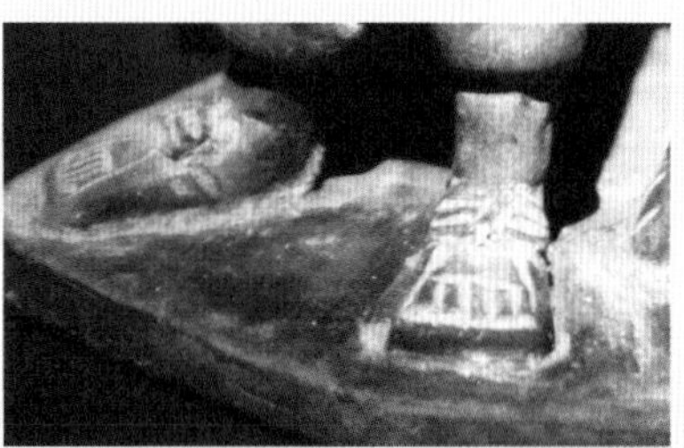 线鞋（北宋陶牵马俑，成都博物馆藏）  浅口练鞋（《春游晚归图》之局部）

续表

类别	图例	
	兵卫	职役
足服	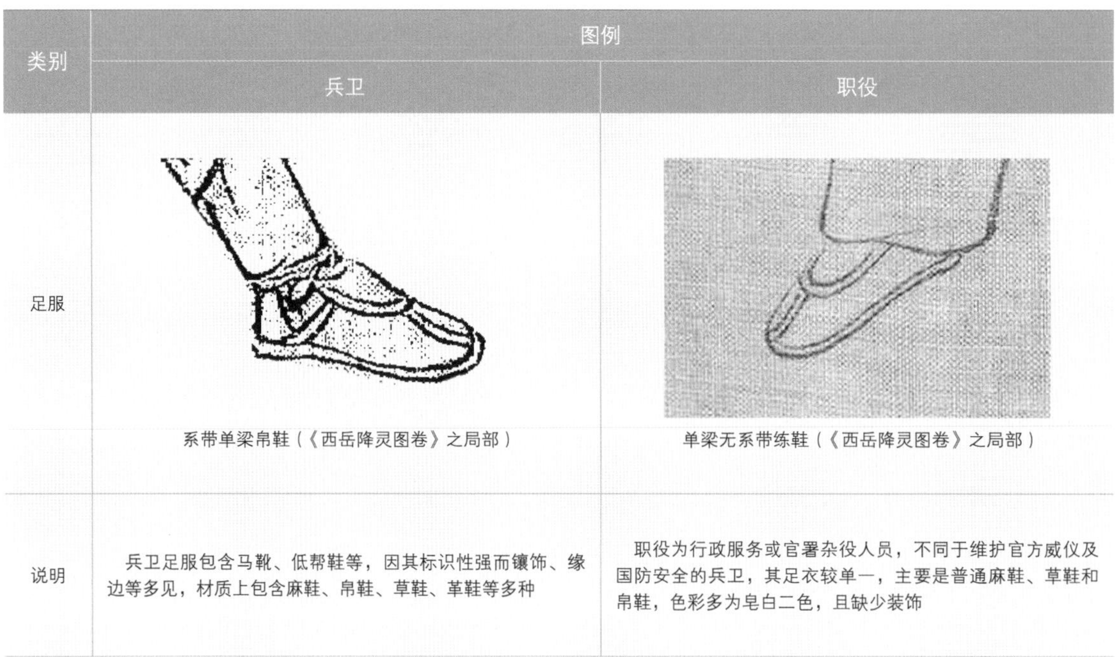 系带单梁帛鞋（《西岳降灵图卷》之局部）	单梁无系带练鞋（《西岳降灵图卷》之局部）
说明	兵卫足服包含马靴、低帮鞋等，因其标识性强而镶饰、缘边等多见，材质上包含麻鞋、帛鞋、草鞋、革鞋等多种	职役为行政服务或官署杂役人员，不同于维护官方威仪及国防安全的兵卫，其足衣较单一，主要是普通麻鞋、草鞋和帛鞋，色彩多为皂白二色，且缺少装饰

四、囚徒

囚徒即囚和徒。囚是未判决者（嫌疑犯），而徒则是已被判决者（罪人）。囚徒经常被发配为劳役或充军，所以其也是“百工”之范畴。在汉代，“百工”成分就已包括具备专业技术的工巧奴隶“徒”❶。魏晋南北朝时期，“百工”成分更包含了农民、市民、刑徒、奴婢、士卒、职业工匠等❷广泛的职业范畴。至宋代，“百工”涉及职业可达四百四十行，更有囚徒在列。有研究称：“（宋代）劳役制下的生产者，包括长期服役或定期轮投的畦户、畦夫、档户、井户……以及通州海岛盐场的配囚……”❸在职业活动或劳作中，其均着有标识性服饰，该着装形象即具有职业性和劳动性。

针对其服饰，少有历史记载和图证呈现。但因宋代服饰体系基本源于前代传承，而其囚服也应具有较大程度的形制沿袭，所以可借鉴前朝形象描述。《周礼》司圜疏引云：“画像者，上罪墨幪赭衣杂履；中罪赭衣杂履，下罪杂履而已。”❹其意即：犯了罪要用象征性图像代表刑罚，重罪就令其头蒙黑巾、着赭衣、穿草鞋；中罪则令其着赭衣、穿草鞋；轻罪则令其穿草鞋而其他衣装不变。所以其中的赭衣与草鞋成为犯人的标识性着装内容。赭衣即其色为赭色，是一种红褐色倾向的杂色，以红和黑两正色合成。红对应火，象征热烈、明亮；黑对应水，象征平和、威严。所以，赭色囚服包含了火焚之警示与灵魂净化之含义。赭衣可以根本区别于白衣之百姓服饰，所以具有较强视觉差异性，

❶杨稷：《民间家具生产方式研究》，中南林学院硕士学位论文，2005年，第21页。

❷李青青：《魏晋南北朝工匠身份地位的变化》，《上海文化》，2018年第10期，第47–48页。

❸郭正忠：《论宋代食盐的生产体制》，《盐业史研究》，1986年第00期，第20页。

❹崔敏：《中国古代刑与法》，北京：中国人民公安大学出版社，2008年，第2页。

这是一种红褐色的粗麻制筒衣[1]（图2–361）。《荀子·正论》曰："杀，赭衣而不纯。"意思即，犯了死罪的犯人要穿"没有领子、不镶边的红色囚服代替死刑"[2]。可见此衣之简陋特征。自此，这种赭衣成为传统，后世形制有差异，但色彩却多予以沿袭。[3]秦简记述刑徒着装曰："衣赤衣，冒赤（氈），拘椟欙杕之……。"[4]即秦代刑徒着赤色囚衣，其实就是赭衣。另有出自《汉书·刑法志》的成语"赭衣塞路"[5]意思即指穿赤褐色衣的囚犯堵塞了道路。虽其内容是在表述秦始皇之暴政，但也说明"赭衣"一词已存在于汉代语境，应也为囚服之用。据《奉天监狱档案》第六十三卷载，光绪三十一年的犯人"仍着赭衣"[6]。看来赭衣沿袭历史甚久。这种衣服被规定用于罪人做制式穿着，应是古代阶层等级观念与传统文化共同作用的结果。在"仿虞周汉唐之旧"而使传统文化发展至顶峰的宋代，这种衣式应会有传承。

《东京梦华录》记载："开封府大理寺排列罪人在楼前，罪人皆绯缝黄布衫，狱吏皆簪花鲜洁，闻鼓声，疏枷放去，各山呼谢恩讫……"[7]可见服刑罪人所着并非赭色，而是"绯缝黄"，即绯红主色

▲图2–361 《燃灯佛授记释迦文图》（局部，宋代，佚名，辽宁省博物馆藏）中的囚徒

该局部图所表现的着宽松绯红裤、裸露上身、散乱长发拖地的人不应是普通信徒，而可能是一名囚徒（唐宋称"罪人"），从其虔诚膜拜燃灯佛的模样判断应为心怀悔改并在祈求赎罪。宋代罪人可能在大多情况下上身不着衣，但其红衣还不算是赤褐色。

❶高亭，殷导忠：《中国古代囚衣制度研究》，《犯罪与改造研究》，2019年第10期，第76页。

❷刘亚峰：《汉英颜色词语象征意义对比分析》，《沈阳建筑大学学报（社会科学版）》，2005年第7卷第2期，第103页。

❸高亭，殷导忠：《中国古代囚衣制度研究》，《犯罪与改造研究》，2019年第10期，第79页。

❹睡虎地秦墓竹简整理小组：《睡虎地秦墓竹简》，北京：文物出版社，1990年，第53页。

❺[汉]班固：《汉书》卷二十三《刑法志》，[唐]颜师古，注；北京：中华书局，1997年，第1096页。

❻贾洛川：《监狱服刑人员的符号演进与文明治监》，《河北法学》，2015年第33卷第5期，第58页。

❼[北宋]孟元老《东京梦华录：精装插图本》，北京：中国画报出版社，2013年，第214页。

配有局部黄色的两色衣。《梦粱录》卷五记载："至宣赦台前，通事舍人接赦宣读，大理寺、帅、漕两司等处，以见禁杖罪之囚衣褐衣，荷花枷，以狱卒簪花，跪伏门下，传旨释放。"❶这是南宋大赦天下时罪人穿着的描述，即着褐衣，应为深红色主体的粗布衣，与图2-361中的红裤色彩相类。所以，宋代可能有这两类罪人之囚衣：深红色衣裤装（非死罪），白色短裈（死罪），如图2-362~图2-367所示。除了囚衣之外，罪人标识性的符号更多在于面颊刺字，并发配充役，如发配沙门岛的罪人面部烙有七分长的"刺配沙门岛"之字样。也许这种刺字方式要和各类用役场合的具体适用性职业装相配套方可明确罪人的着装形象。总之，其着装形态是不固定的。

▲图2-362　山西省高平市开化寺壁画（局部）中的罪人形象

该北宋壁画中戴枷者便是罪人。右侧男性为赤裸身体而仅着犊鼻裈，右侧女性半裸上身而仅着裙，这与上图所表情况类似即半裸上身，但服装色彩却有极大差异。依据传统，红衣应为常态，而这种白色囚衣应为行刑时或特殊境况下穿用。而依据"赭衣塞路"的传统，作为役人参加劳作时则应为深红衣。对于裸露上身则可能在多种场合存在。如《宋史》记载皇帝的刑罚主张曰："宗子犯罪，庭训示辱。比有去衣受杖，伤肤败体，有恻朕怀。"❷说明当时有裸身杖罚的做法。

❶上海师范大学古籍整理研究所：《全宋笔记》（第八编第五册），郑州：大象出版社，2017年，第137页。

❷［元］脱脱，等：《宋史》卷一百九十九《刑法一》，北京：中华书局，1997年，第4981页。

▲图2-363 《孝经图卷》(局部，北宋，李公麟，美国纽约大都会艺术博物馆藏)中的罪人

该局部图下部也表现了一个北宋时期的戴枷犯人的形象，其所着依然仅是白色短裈，木枷与图2-362相同。

▲图2-364 《十王图》之七七泰山大王(局部，南宋，陆信忠，日本奈良国立博物馆藏)中的罪人

该局部图中下部为正在受刑的南宋罪人，其男性所着为白色短裤，女性所着为白色长裤，均裸露上半身。画面上部的女犯所着木枷与北宋时期形制相同，可见刑犯所用在南北宋有着完整的传承。

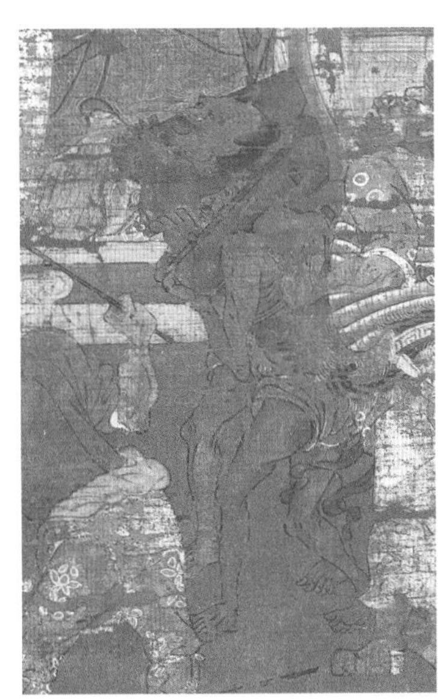

▲图2-365 《十王图》之一七日秦广大王(局部，南宋，陆信忠，日本奈良国立博物馆藏)中的罪人

该局部图中的戴木枷罪人并非要处斩或行刑，但其所着也为白色短裤。

▲图2-366 《十王图》之四七五官大王(局部，南宋，陆信忠，日本奈良国立博物馆藏)中的罪人

该局部图中受刑的罪人也同样穿着白色服装。其中，男性着白色短裈，女性着白色围肚和白色长裤。

▲图2-367 《十王图》之二七初江大王（局部，南宋，陆信忠，日本奈良国立博物馆藏）中的罪人
该局部图依然是白色短裈的着装内容，可见宋代罪人多着白色短裈接受刑罚，这反映了一种囚衣常态。

第三章

『百工百衣』风尚的建构路径

前文所述百业实证与文献阐释引导我们进入了一个伟大的职业风尚创造时空。本部分立足于“百工百衣”风尚体系研讨，即其艺术文化内涵系统的探究来展开风尚基因内容的挖掘。

纵观中华民族服饰文明发展史可以发现，外族服饰因素常能互动交流于中原，而使汉族服饰与日俱进。中原平民职业服饰自秦汉时期始即受到了胡服优越性基因的影响。至北宋，诸行百业的繁荣发展对职业服饰融合胡服基因的升级提出了要求，窄小、轻便、圆领缺胯短衣并搭配长鞠靴的胡服要素在中华传统智慧的创造中进一步与汉族衣冠交互融通、融合再造，以和谐、写意的形貌集合了更高级的文化性、实用性、科学性、职业性等属性，实现了中华历史上第一次平民职业服饰的成熟建构，即“百工百衣”。基于对其进行认知、传承与发展的需要，本研究对其中诸如色彩、材质、形制、工艺、体系等基因序列及其建构过程做出了深挖与梳理，尤其对其建构路径与方式进行了探索。

士、农、工、商等平民职业服饰是低级社会阶层服饰中最具社会性的部分，其与统治者服饰同样反映着社会构成的秩序规范与统治阶层的主流意志，承载着经济文化交流的信息与社会发展变化的文明凝结。而北宋平民职业服饰处于封建社会工商业发展的高峰阶段，达成了“百工百衣”的风貌盛况，其诸行服饰各有等差，标识鲜明，正如前文所述《东京梦华录》的记录：“谓如香铺裹香人，即顶帽披背；质库掌事，即着皂衫、角带，不顶帽之类。街市行人，便认得是何色目。”相比隋、唐、五代等前朝蕴含了更为丰富的价值信息，历史研究价值和现实借鉴意义更大。

第一节　平民职业服饰形貌

中国古代平民百姓出于生计维持或徭役所迫几乎都要有一技之长，其日常活动基本以各业从事为主，所以其平日着装多为职业性着装。基于此，我们可从历代文献所载日常百姓服饰的描述来进一步认识其职业服饰形貌，以与前述各章节图证资料相参校。

《荀子·富国篇》曰：“天子朱衮衣冕，诸侯玄衮衣冕。大夫裨冕，士皮弁服。”唐代“令流外及庶人不得服绫、罗、縠及五色线靴、履。裥色衣不过十二破，浑色衣不过六破”[1]的规定对平民设置有明确的材质、数量限制。《宋史·舆服五》记载：“端拱二年（公元989年），诏县镇场务诸色公人并庶人、商贾、伎术、不系官伶人，只许服皂、白衣，铁、角带，不得服紫。……幞头巾子，自今高不过二寸五分。”[2]又载：“仁宗天圣三年（公元1025年），诏：‘在京士庶不得衣黑褐地白花衣服并蓝、黄、紫地撮晕花样……’……景祐元年（公元1034年），诏禁锦背、绣背、遍地密花透背彩缎……三年（公元1036年），‘臣庶之家，毋得采捕鹿胎制造冠子。’”[3]可见，封建社会不同阶层

[1] 张竞琼，许晓敏：《从官民之差到城乡之别——由古代史迈向近代史的服装精神属性的根本转折》，《艺术设计研究》，2015年第4期，第31页。

[2] [元]脱脱，等：《宋史》卷一百五十三《舆服五》，北京：中华书局，1997年，第3574页。

[3] [元]脱脱，等：《宋史》卷一百五十三《舆服五》，北京：中华书局，1997年，第3575页。

服饰是有等差的，对庶民管制严苛。庶民在秦汉以后以“白衣”曰之。白衣，“显指没有任何装饰的服装”[1]，官员被罢官常被称降为“白身”，就是脱去了华丽的官服。《春秋繁露·服制》记载有“散民不敢服杂彩”[2]的规矩，这说明平民服饰只能以单调色彩而为之。《诗经·豳风》云：“无衣无褐，何以卒岁？”指出了粗麻织物或粗毛织物制作的“褐”是平民的日常服装，先秦时期粗糙的毛织物与葛麻是平民常用材质[3]。再者，古代民众，也有良贱之别。“贱民，即为‘四民不收’之人，亦即士、农、工、商四民以外之人，尤其专指仆隶、倡优。”[4]反之可以理解，士、农、工、商为良民。不但官民服装差异大，良贱之民的服饰差异也是鲜明的。周文王所制之裈，长度在膝盖之上，称为“弊衣”，是“良人之服”，“贱人不可服”[4]；与其相对应的是“厨人穲衣，厮徒之服也，取其便于用耳”[4]。可见因良贱之不同服饰形制差异明显，且地位卑贱的人着装更是取其便利之功能。

宋末元初学者金履祥撰写的《深衣小传》认为，深衣的形制合乎《周礼》“规矩准绳”[5]要求，应鼓励在民间传承；北宋文学家张舜民在《画墁录》中记载其兄因穿着“皂衫纱帽”而被人批评：“汝为举子，安得为此下人之服？当为白纻襕系里织带也。”[6]这都凸显了服饰作为礼制工具的作用，平民职业服饰也要服从这个价值观（图3-1）。所以，服饰均有礼仪表征价值，这是汉人价值观所在。可见，平民职业服饰首先是基于实用功能保障，然后则是礼序维护。

《云麓漫钞》有云：“盖在国朝帽而不巾，燕居虽披袄，亦帽，否则小冠。宣、政之间，人君始巾。在元祐间，独司马温公、伊川先生以孱弱恶风，始裁皂细包首，当时只谓之温公帽、伊川帽，亦未有巾之名。至渡江方着紫衫，号为穿衫、尽巾，公卿皂隶下至闾阎贱夫皆一律矣。”[7]可见宋代的头巾是一种时尚，也普及于平民职业阶层。

在平民职业服饰中，还有一种发展迅速的形制风貌，即胡服。自魏晋南北朝开始，各职业阶层已流行左衽短袍配长裤、缺胯短袍外罩裲裆配长裤或缚裤并配靴的类胡服穿着方式。从大量传世画作与出土文物可见，源自胡人服饰的圆领窄袖缺胯衫与长裤、乌皮靴配以幞头的职业套装在唐代十分常见，到了宋代也有流行。《东京梦华录》也有“青窄衬衫，青裤，系以锦绳”[8]的胡服元素在宋代卫士着装中的应用记载（青色在该时期常用于胡服，且窄身衣着被胡人惯用）。可见，在封建社会的平民职业服饰中，胡人元素占据了半边天。由表3-1列举的侍从服饰实例中可了解各朝代存留的左衽短袍配长裤的袴褶款式、圆领缺胯衫、窄袖短衣、革带、小口裤、皮靴等胡服形象在平民职业中的存在形貌。《梦溪笔谈》一言概之曰：“中国衣冠，自北齐以来，乃全用胡服。”[9]

---

[1] 陈宝良：《“服妖”与“时世妆”：古代中国服饰的伦理世界与时尚世界（上）》，《艺术设计研究》，2013年第12期，第33页。

[2] [汉]董仲舒：《春秋繁露》中册，凌曙，注；北京：中华书局，2007年，第280页。

[3] 中国文物学会专家委员会：《中国艺术史图典·服饰造型卷》，上海：上海辞书出版社，2016年，第13页。

[4] [五代]马缟：《中华古今注》卷上《厨人穲衣》，上海：中华书局，1937年，第15页。

[5] [元]金履祥：《仁山集》卷三，北京：中华书局，1985年，第45页。

[6] 上海师范大学古籍整理研究所：《全宋笔记》（第二编第一册），郑州：大象出版社，2006年，第216页。

[7] 徐吉军，等：《宋代风俗》，上海：上海文艺出版社，2018年，第82页。

[8] [北宋]孟元老：《东京梦华录：精装插图本》，北京：中国画报出版社，2013年，第197页。

[9] [北宋]沈括：《梦溪笔谈校证（上）》，胡道静，校注；北京：中华书局，1957年，第23页。

▲图3-1 下人与士人的服饰比较（左：《春宴图》局部，南宋佚名，北京故宫博物院藏；右：《十王图》之三年五道转轮大王，局部，南宋，陆信忠，日本奈良国立博物馆藏）

通过本图比较可见，同为平民阶层的下人与士人在有宋一代存在较为严格的着装标准，其服饰色彩、材质、形态之差异鲜明。左侧为下人，所着即“皂衫纱帽”；右侧为着色不一的多位士人，其中间并排二人着白麻色衣者即“白纻襕衫，系里织带”。

表3-1 侍从职业服饰中的胡服元素

魏晋南北朝	唐代	宋代

左：左衽偏襟翻领窄身半袖短袍配缚裤（当时典型袴褶服），北齐灰陶武士俑，河南博物院征集；右：广袖短袍外罩裲裆配缚裤，彩绘持杖男陶俑，河南洛阳市偃师区寨后空心砖厂北魏墓出土	左：幞头、圆领缺胯衫、长裤配靴，描金石雕武士俑，唐，1958年陕西西安杨思勖墓出土；右：幞头、窄袖短衣、小口裤、靴，陶男侍俑，唐，辽宁朝阳张狼墓出土	左：幞头、圆领缺胯衫（下摆裹腰）、长裤配靴，《西岳降灵图卷》，北宋，李公麟（传）；右：幞头、圆领小袖缺胯皂衫、革带、长裤配乌皮靴，《女孝经图》，南宋，佚名，北京故宫博物院藏

至此，秦汉以来，平民职业服饰虽经历多样变迁，但其形貌总体相较官服依然单调且被严格限制。其色乏彩，材质粗陋，形制因良贱而有别，但也体现礼序，同时胡汉元素交融而获得了多样化发展。

至北宋，各职业发展迅速，达到"一百二十行"[1]，分别在"行""团""作""会""社"等行业组织的管理下[2]，以工商业为核心展开更激烈竞争。因此，基于各组织的不同管理要求，职业服饰在标识鲜明、效率至上方向积极探索，更进一步吸收、消化了以实用便捷为优点的胡人元素，呈现了胡汉融通的路径深痕。由表3-2所示的形制比较，不仅可以感受平民窄袖短衣的总体特征，还可借实例之比较理解"胡汉融合"至"胡汉融通"的变迁过程，更可见证礼仪要素在中华平民职业服饰中也像官服一样能够贯彻始终。

表3-2　历代农民职业服饰形制比较

图别	图例	分析比较
秦汉（A）	左为农民（东汉陶持锄执箕俑，成都六一一所汉墓出土），右为官僚（东汉车马出行拜谒画像砖，1985年新野县出土）	民服（左图）相比同期官服（右图），窄袖短衣为特征。平巾帻、交领右衽实用中表征礼仪。衣服结构形制较以下诸图复杂
魏晋南北朝（B）	左右图：三国至魏晋时期画像砖，1972—1973年甘肃嘉峪关出土	窄袖短衣为特征（虽然过膝，但较同期官服短小），冠帽、深衣形制实用中表征礼仪。上衣结构比A图简洁

❶[宋]佚名:《新刊大宋宣和遗事》，上海：古典文学出版社，1954年，第65页。其中的《宣和遗事》前集记载曰："(徽宗与高俅等)无日不歌欢作乐，遂于宫中内列为市肆，令其宫女卖茶卖酒及一百二十行经纪买卖皆全。"

❷陈国灿:《论南宋江南地区市民阶层的社会形态》,《史学月刊》，2008年第4期，第89-90页。

续表

图别	图例	分析比较
唐代（C）	左:《明皇幸蜀图》局部， 右:《松荫图》局部，均为唐代李昭道作品	窄袖短衣为特征。相较A图、B图上衣更短小，结构便捷实用，裤子变窄，有明显的胡服元素：窄袖缺胯衫配小口裤之袴褶。裹巾、帽子形制实用中表征礼仪。整体呈现“胡汉融合”并立的状态
宋代（D）	左:《摹楼璹耕织图》（该图虽为元代作品，但衣制则为宋代）， 右:《雪中归牧图》（第二作），南宋，李迪	窄袖短衣为特征，类似C图但较C图更具汉文化回归特征，相较A图、B图、C图上衣更短小，结构便捷实用，有明显的胡服元素：开衩交领短衣配小口裤之袴褶（改良）。呈现“胡汉融通”状态，相较C图更具胡汉元素消化互融趋势，即头巾或笠帽、草鞋或帛鞋、窄小衣裤创新结合，无独立并置的胡元素

第二节　色彩建构

如前文所述，平民自秦汉被称为“白衣”，此称源于其常用衣料即麻布。当时衣料染色成本高，平民自然不会轻易染色，麻布不染色即本白，被常用之后便有了其“白衣”之称。出于社会礼序要求，与之经济条件相适应，本白色便成为平民色彩，这逐渐成为官方规定。而皂色服饰，则常以栎实、五倍子、栗壳、莲子壳、鼠尾、石榴皮、胡桃等不同植物染料来染色。不同植物染料生物属性的不同决定了其所制皂色材料自然质感与色感之不同，所呈现色彩也较为丰富微妙，会被认为是对不同自然现象的照应，具有特定的象征意义。如此“华丽”的皂色怎能被平民随意穿用呢？所以到了宋初，百姓需要特别申请才可能会被准许。再后来才有了“只许服皂、白衣”的平民“优待”，贯穿大宋始终。皂白之色尽管朴素，却总会令人不禁联想到其中象征的深意（图3-2）。五行色彩有“青、赤、黄、白、黑”之五正色，其“黑”与“白”居于明度的极端，确实是最具朴素色感。其中的“黑”与“皂”同源。只是皂色并非纯黑，而是有一定浊色倾向的黑，而其通俗意义可泛泛互释。黑白作为太极图中象征阴阳的两个色极，为阴阳乾坤概念的关照，二色相反相生，平衡而作，给予能量便可环生万物，为源头与能量之色。所以，这不起眼的平民常用色虽然朴素（图3-2），却蕴含着深厚的意味，反映了“天人合一”的境界追求与社会秩序的构建依据。

除了皂白二色外，平民职业服饰中也常有其他色彩。其中，紫色是官方职业服饰常用色，却常被民间僭越效仿，所以多代宋廷出台法令禁止，如“皇亲与内臣所衣紫，遂禁天下黑紫服者”。而在五行色彩中，紫色并非正色，却屡被贵族重视。由此判断，依据五行色彩判断贵贱的传统已有所变化，此时更多会依据君主所尚做出贵贱的判断，这个“所尚”决定着平民的着色许可度。另外，宋代画作《西成图卷》（北宋，乔仲常〈传〉）、《柳荫群盲图》（南宋，佚名）、《春游晚归图》（宋，佚名）、《摹楼璹耕织图》（元代，程棨）等还显示了宋代多个历史阶段曾出现了平民职业穿用青、绿、褐之色的记录。可见此时民间色彩的真实情况并非一直太过单调。褐色多用于胡人服饰，如褐色在后来的元朝民间出现了大范围的流行，这说明宋代时其在胡服中就有一定的流行基础。宋人所用青绿之色更是胡人的标识性色彩（图3-3）。所以，大概出于当时的民族矛盾和自尊因素，宋代朝廷多次

▲图3-2 《清明上河图》（局部，北宋，张择端，北京故宫博物院藏）中以皂白搭配为主调的平民职业服饰

▲图3–3 《田畯醉归图》(局部，南宋，佚名，北京故宫博物院藏)中的基层管理者着青绿色职业装

该局部图表现了一位在侍从相扶下醉意朦胧而骑牛缓行的宋代田官。其头戴簪花丫顶幞头，身着青绿色圆领缺胯小袖长衫，衣领散开而裸露胸膛，腰间扎皂色革带，下着小口白裤、膝裤、系带线鞋，其裤边和膝裤边缘均上翻。该着装为宋代农村管理者的典型形象，其中的青绿着色应为作者有意为之以表达当时青绿色的流行实况。

对青、绿、褐等色彩严加禁断。但是风俗使然，法令常显苍白无力而终得解禁。这些色彩与汉人色彩融为一体，逐渐由民俗走向职业，最终成为北宋“行”“团”“作”“会”“社”服饰色彩体系的构建要素，并延续为后朝的流行要素。

另有一些更鲜艳的色彩曾出现于平民职业，如《东京梦华录》记录：“教坊乐部，列于山楼下彩棚中，皆裹长脚幞头，随逐部服紫、绯、绿三色宽衫，黄义襕，镀金凹面腰带……两旁对列杖鼓二百面，皆长脚幞头、紫绣抹额、背系紫宽衫、黄窄袖、结带黄义襕。”但此为短期公事，非职业日常，正如官方声明的“伎乐承应公事，诸凡穿着不受法令限制”。但由此则进一步证明，具体的平民职业色彩要对应行业工种而用，因所事而有等差。

联系上述内容可以理解，罢“君主所尚”而从“职业规定”方可能满足统治阶级的管理要求。平民职业服饰色彩在“乾坤”观念与“天人合一”人文精神的支撑下，以胡汉融通为建构路径，借以“依君尚，辩贵贱；据所事，别等差”的应用规则，最终形成了“皂白二色”统领的、素雅的多色彩基因序列。

第三节　材质建构

平民职业的材质先秦时期以粗糙的“葛”(古被称为“绤”)为主，后来因“麻”的种植与应用的突出优越性而渐被大范围替代，但其始终都有一定量的存在，葛布可以用来制作“葛鞋”“葛衣”等。至宋初，士庶百工只可穿粗白麻布衣，“不能随便着杂彩丝绸。这种情形在北宋一代似未大变。”另外，从草鞋、草帽等名词也可知“草”材质应用的广泛。木屐和“铁角带”也证明了“木”“铁”“角”作为服饰材质应用的存在。当然，秋冬季裘皮、皮革、毛毡的应用也屡见不鲜，只是在品质上相对统治阶层更显粗糙、简陋，如猪的毛皮常用于平民。“短褐”一词对“粗陋”的表达更加形象有力，《荀子・大略》述有“衣则竖褐不完”，说明百姓穿着用粗糙的麻或毛织物制作的褐衣时常常破损不完整。短褐被称为竖褐，是源于其“褐布竖裁”，即不做上衣下裳分开剪裁，而做通裁，故曰“竖”。未做上下分裁则不能体现传统礼制，也是平民服装粗陋不完整的一个表现。

较为低级的材质还有普通质地的丝质绢纱或锦缎，也会在平民职业阶层中应用，但这属于少数富人拥有的，且可能会被以僭越问罪。

百姓所着材质虽然粗陋，但葛、麻、草、木等作为天然植物类要素，其应用也能反映平民职业对“天人合一”思想的延续与文化格调的彰显。这些粗陋材质与“皂白”等朴素色彩相适应，共同以陋而无泽、哑然失色表达了质朴自然的服饰风格。

以上材质中的裘皮、皮革、毛毡等源于胡人常用材质，但经过宋人的一系列糅合创新，实现了幞头、交领右衽半臂衫、革带、皮靴的融通创造，这显然是一个经历了“化学反应”的过程。相对前朝，胡人材质元素在北宋职业服饰中的应用更为和谐、写意，材质意蕴通透相融，文意丛丛，质感表达凸显了汉文化精神。

平民的政治地位虽然在宋代有所提升，但因收入、具体所事工作内容的不同而在民众意识上存在职业贵贱差异，这决定了其服饰材质的贵贱差异表达。稀有者贵，常见者贱，分别用于不同贵贱职业。《周易·系辞上》曰：“天尊地卑，乾坤定矣。卑高以陈，贵贱位矣。”其材质应用规则所示贵贱也正是模拟了自然界的造化，强调了“乾坤”象征性，或者说这是按照“合乎天道”的自然规则置装成衣。基于这种规则指导，在“胡汉融通”的建构中，平民职业服饰材质的应用基因最终表达为：粗麻糙褐统领的、质朴和谐的材质序列。

第四节　形制建构

基于生产经营效率提高的诉求，北宋职业服饰形制日趋实用、丰富。在各行业特定的标识象征系统指导下，短衣长袍搭配各式鞋履、裤裙、首服、衣带，展示了符合“有长有短、有宽有窄、有上有下、有内有外、有尊有卑、有阴有阳”之“乾坤”秩序要求的、差异鲜明的衣冠格局。但无论如何组合幻化，正如表3-2所示，基于职业实际需要，最终都显示了胡汉融通、“窄袖短衣”的主体形制特征。对此，图3-2也给予了展示佐证。虽然该图中也有士人袍衫，但其相较以前同类职业已有缩短减窄，且多有源自胡人的缺胯设计。还有衣长过膝的袍衫有因为职业工作的不便而需要将衣摆提起系扎腰间的表现，此也可归为短衣表达。其他如汉人头巾与以胡人圆领形制改造的襕衫袍搭配，源自胡人并在裤腰及裆部设计呈现汉人特征的窄口裤与汉族草鞋搭配，源自袴褶套装而被汉化的缚裤、汉人草鞋与胡化而短窄的汉人交领衫之搭配，再有做了缺胯设计并改窄的交领衫，圆领缺胯衫却又加了横襕等，均是胡汉元素融通结合的典范。通过先进、务实的胡人形制元素的融入，“窄袖短衣”更便捷、更高效，体现了《周易·系辞上》“备物致用，立成器以为天下利”之“致用利人”的规则。

比较可见，其形制相对于色彩、材质等其他要素更具有“胡汉融通”结果的代表性。

需要强调的是，无论胡人元素如何被消化、吸收，北宋平民职业服饰的中华精神未变，依然以“中庸之道”为形制表达要领，其小袖短衣或是过膝袍衫均为平面造型，将凹凸有致的身体蓄藏于纵横宽大之衣褶，化于无形，明德言礼，展现了含蓄适中的审美趣味。再有如交领、圆领、立领等较为严谨封闭的颈部结构也呈现了“中庸”的造型特征。作为关键造型要素的冠帽、巾帻在职业装束中也必不可少，这不只是标识职业及其层级的重要手段，更是守护“中庸”之道德标准的重要表现。其在视觉上掩蓄身体，在道德上则表达“中庸”礼仪，所以各行各职必有其适用首服。

基于“中庸”礼仪与“乾坤”秩序的表达观念，在“致用利人”的务实规则指导下，借助“胡汉融通”之路径，北宋平民职业服饰呈现出“窄袖短衣”统领的、绽放含蓄中庸之美的形制基因序列。

第五节　工艺建构

宋代服饰工艺有刺绣、画缋、提花、缂丝、缝纳、直线剪裁、缘边、系扎与编结等，多种多样。但对于平民职业服饰来说却有所限制，不可随意应用。

在剪裁上，平民服装基本采用直线剪裁，裁片呈现直线切边的几何形态，因面料的原始布幅多为长方形，所以能够对其最大限度、充分地利用，尽最大比例减少了衣料浪费，所制作衣服的廓型基本呈现“H”型。虽然百工平民着衣窄小，但因采用了有意忽略人体凹凸变化横向数据的直线剪裁而产生了宽松离体的造型形态。这种平面化的衣裳制作，尽力遮蔽了肉体形态，但柔软的衣料会依体型之凹凸自然转化出丰富灵动的衣褶之美，含蓄之中彰显了礼仪蕴存。当然也有例外，比如普通兵吏穿着的战甲因战斗实效需要而需依据体型起伏进行造型制作，则常借鉴胡服工艺，有局部曲线剪裁与塑型、革带编结、加固等处理，但北宋兵吏战甲又常常大面积配置衣褶纵横的头巾、领巾、衫裙、袍肚等服饰，所以总体儒雅韵味不减。可以确定，其工艺也呈现了胡汉融通的发展路径特征。其他服饰如源于胡帽的毡帽之立体造型、小口长裤裆部结构线的挖切制作等也用到了胡服中惯用的曲线剪裁和立体缝制。

▲图3-4 《补衲图》（局部，南宋，刘松年，台北故宫博物院藏）

其他工艺如手工纺织与缝纫、系带及纽扣的联结扣合、多层上浆硬化等工艺也常用于平民职业服饰，这些应用也体现了中华传统文化的深厚意蕴。手工缝纳（图3-4）、编结、系带联结、缘边缝制等均体现了联合一体、圆满通达的“天人合一”精神。在胡服工艺务实至上的启发下，北宋主流更加崇尚质朴之“道”，在各阶层均少装饰，平民职业服饰更是少有装饰工艺，依据行业限度，贯彻够用即可的“道”的要求，凸显了宋人对服饰工艺的讲究与限制。

综合以上可知，北宋平民职业服饰依据所事工作，灵活应用胡汉工艺，体现“致用利人”规则，其基因呈现“简朴、有度、利人、载道”的传统工艺特征。

第六节　体系建构

北宋平民职业服饰的体系化状态不同以往。如前文所述，当时已达到了“一百二十行”，并分管于“行”“团”“作”“会”“社”等不同行业组织，而展开了有序的行业竞争。这使管理者对职业服饰的功能效用要求自然提高，出现了前文《东京梦华录》所述的“其士农工商，诸行百户，衣装各有本色，不敢越外”的百工百衣之衣冠格局。观之《清明上河图》等传世画作，缺胯衫、袴褶、裲裆、革带、靴子等胡服元素与汉人幞头、巾帻、交领、浅口鞋、宽松直线造型等元素的创新交融处处可见。所以，这种“各不相同”的“百工百衣”风貌得益于胡汉元素融通的“化合”作用，从而能够更加多种多样，差异鲜明。

可以说，北宋管理者已能充分认识职业服饰的标识功效与管理价值，并积极吸取、消化胡人实用、轻便的先进要素进行职业衣冠创造，科学建立行规予以限制，实现了严格而体系化的有效管理。从而，诸行百户衣冠在统一的“天人合一”格调下，等差有序，相辅相成，彼此呼应，和而不同。

“百工百衣”借以“乾坤”秩序，达以胡汉融通，最终沉淀为平民职业服饰的体系基因，并以封建社会职业服饰的成熟形态促使当时的首都汴京赢得了前文已述的“风俗典礼，四方仰之为师”的美誉。后传承于南宋，元明也有沿袭。

从各类传世画作、出土文物及其他文献资料综合观之，平民相比达官显宦在中华服装史上没有留下太多痕迹。但是，进入北宋，历史却将视角垂青于平民百姓，其职业服饰被予以前所未有的关照，留下了生动而丰富的珍贵史料。这些资料既展示了该朝服饰文明的创新发展，同时也反映了前朝服饰要素的延续传承，也从多个方面折射了中华传统文化的深度浸渍，更从一个“卑微”的视角诠释了中华文明发展至北宋所绽放的、了不起的独特光芒。

从前朝延续传承的结果看，作为主体的汉文化并没有孤独前行，缺胯衫、裲裆、革靴、圆领等元素的普遍存在说明异族文化早已伴随。战国时期，赵武灵王为提升军力而做了“胡服骑射”的改革；秦汉时期，胡服更在中原发展；魏晋南北朝至唐，裲裆样式可登上中原大雅之堂；北宋时，裲裆、缺胯衫等胡服构件被解构、融合于各类职业服饰，大大提升服饰细分水平与实用功能，实现了

平民职业服饰的多样化创新发展。所以，胡服长期伴随并助推了中原平民职业服饰的持续改良，并在宋代从简单清晰的胡汉并置融合升级至写意无形的“胡汉融通”状态，使之呈现了明确的、开放包容的风尚建构路径特征，从而达成了具有里程碑意义的服饰“化合物”创造——“百工百衣”，沉淀了色彩、材质、形制、工艺、体系等多方面基因的鲜明特征。这是中华服装史上平民职业服饰的第一次成熟风貌，是在借鉴、吸收各类外族文化元素，经“中庸”之道与“乾坤”思想指导而完成的“天人合一”的创新成果（图3-5）。这是北宋社会文化自信、开放包容与兼收并蓄异族元素的结果。

另外，需要强调的是，文中所述“胡服”为相对概念，即相对于官方主流服饰之“大袖宽衫”的袍服形态而呈现的窄袖短衣配窄腿裤之衣裤装。因其在较长历史中不被主流服饰接纳，而被胡人长期穿用，所以被惯称为胡服。其实，从绝对概念的范畴来讲，其实际长期存在于中原人的服饰体系，所以不应起源于胡人，而极可能源于中原地区，只是后来被胡人大规模惯用，特别是用于骑马射猎而给后来的中原人留下了“衣裤装”为胡服的印象。所以，此处所言“胡服”即沿用了惯用概念，至于其是否应原发于胡服，则值得慎重探讨。不过，本研究所述“胡汉融通”的建构路径依然为实，毕竟缺胯衫、裲裆、靴子、毡帽等胡人始发造型及工艺元素在汉人平民服饰中留下了浓浓重彩。

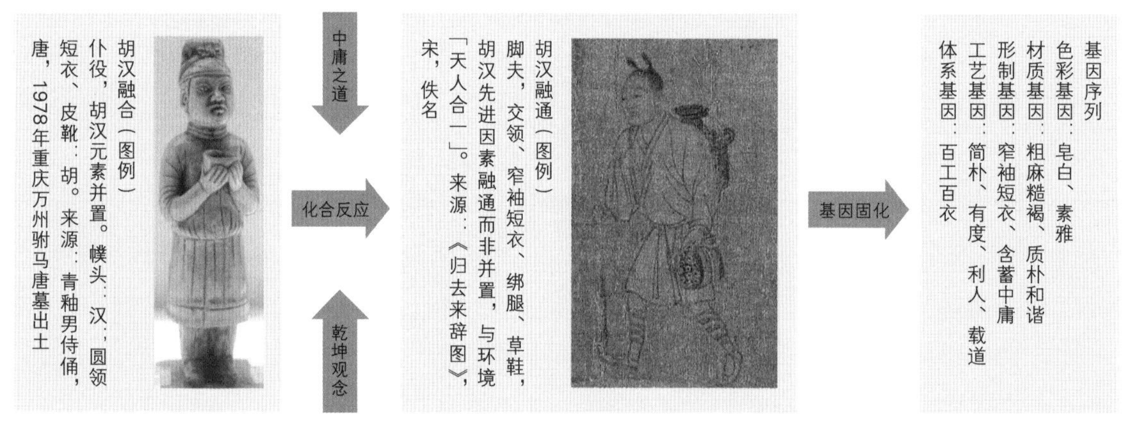

▲图3-5　北宋平民职业服饰的基因建构

第四章

『百工百衣』之中日古今比较

“百工百衣”风尚对宋代当朝及后世影响十分深远，元、明、清平民职业服饰均受其主导发展。至今，百业服饰依然以“百工百衣”风尚之具体形态构成要件即窄袖短衣之衣裤装为主体。另外，其在海外传播也甚广，日本、韩国、朝鲜及东南亚各国的平民职业服饰均有较大程度的沿袭发展。其中，日本在积极传承中华生活方式的过程中，更对平民职业服饰要素做出了极为成熟而具有代表性的创造性推动，为其走进近世化社会奠定了服饰力量基础。所以，日本是海外“百工百衣”风尚比较的重点对象。

由前文“‘百工百衣’风尚溯源”部分可以明确，百工自殷商以来就逐渐被固化为一个特殊阶层，其服饰形态也渐趋特征化，与统治阶级有所不同。如沈从文先生所述：“春秋、战国以来，儒家提倡宣传的古礼制抬头，宽衣博带成为统治阶级不劳而获过寄食生活的男女尊贵象征。上层社会就和小袖短衣逐渐隔离疏远……”[1]即指明东周及其后的统治阶级以“宽衣博带”为日常着装特征，而百工等平民阶层则以“小袖短衣”为着装特征。其言外之意，也说明中原古人从上古至东周，小袖短衣是普遍存在的着装形态，接下来平民则将这种小袖短衣发扬光大，成为其阶层特有服饰形态。

第一节 “百工百衣”风尚典型：衣裤装

平民职业所着因经济、习俗、法令等因素所致，着装形态往往传承于前朝，即宋代“百工百衣”也源于前朝职业着装习俗积累。所以，隋唐以来的职业服饰形象是后代百工着装的基础，而隋唐职业服饰面貌则因此前历代百工着装的演进所致。对此，本研究列举了系列图例以资参考理解（部分图例源自前文，为比较研究之实际需要）。

《清明上河图》《西岳降灵图卷》的局部画面（图4-1、图4-2）展示了较为典型的北宋时期平民职业服饰特征，即小袖短衣配长裤之衣裤装，这个特征可借前文列举的大量行业图例予以实证，其承继于唐代而在南宋、元、明、清均有较鲜明的延续（图4-3~图4-6）。

▲图4-1 《清明上河图》（局部，北宋，张择端，北京故宫博物院藏）中的平民职业服饰

此《清明上河图》局部图中的流动商贩着装为笠帽、交领小袖短衣、长裤、草鞋等搭配，是典型的平民职业之日常着装。

[1] 沈从文：《中国古代服饰研究》，北京：商务印书馆，2011年，第66页。

◀图4-2 《西岳降灵图卷》(局部，北宋，李公麟〈传〉，北京故宫博物院藏)中的平民职业服饰

《西岳降灵图卷》之左图为武士、官方猎人的常有职业着装，主体着装为圆领右衽窄袖短衣、捍腰帛带、缚裤、浅口单梁系带帛鞋，携带武器，头戴皮帽，着裤袜(即膝裤)。其右图则为官方轿夫行从等，幞头、圆领右衽窄袖缺胯袍、帛带、小口裤等为其职业着装主体。这些着装形制中的唐代传承痕迹十分突出。

▲图4-3 《七子度关图卷》(局部，南宋，李唐〈传〉，美国弗利尔美术馆藏)中的职业服饰

《七子度关图卷》另被传为明人所作，但服饰则为南宋形制。该局部图所示人物着皂巾，扎抹额，着小袖短衣配长裤、系带线鞋，且白色为主体，这是南宋常见着装形制。

▲图4-4 《花溪浴马图》(局部，元代，赵孟頫，美国大都会博物馆藏)中的职业服饰

元代百工基本延续了宋代服饰形制。该局部图中的马夫头裹褐色前顺风脚幞头，着圆领小袖缺胯短衣，腰扎帛带，下着齐膝短裤，也是衣裤装的一种形态。与南宋相比，色彩有所变迁，其他要素则相近。

▲图4-5 《清明上河图》(局部，明代，仇英，辽宁省博物馆藏)中的职业服饰

明代画家仇英创作的《清明上河图》以更为具体的专业化店铺、街边摊等形象展示了明代百工百业工作生活方式与社会状态。其中的职业着装形象也与宋代有着较大程度的相似性，比如头巾、小袖短衣、长裤配鞋等套装内容及形制。只是色彩脱离了皂白二色的基调，更加多样，另其局部结构和质料形态也有些许不同。

▲图4-6 《郊原牧马图》(局部，清代，郎世宁，北京故宫博物院藏)中的职业服饰

清代宫廷画家郎世宁创作的《郊原牧马图》表现了一位职业马夫的形象，其皂巾、皂缘交领右衽窄袖绿衣、白色中单、灰色小口长裤、皂靴的搭配也是一种典型衣裤装组合形制。此套装相比前代有着明晰的沿袭痕迹，只是色彩、局部结构和配件稍有不同。

以上代表图例所示的衣裤装形象渊源何在呢？表4-1中笔者对代表性实证的梳理，对此予以了一定程度的解释。

表4-1　百工衣裤装代表形制历代比较

图别	图例	特征比较
唐代	左：江帆楼阁图（局部，唐代，李思训，台北故宫博物院藏）；中：唐代釉陶男俑（平原博物院旧藏）；右：辽宁朝阳张狼墓出土的唐代陶男侍俑（朝阳市博物馆藏）	均为上衣下裤套装。幞头或头巾、圆领窄袖衣、长裤与鞋靴搭配，为唐代典型特征。左图衣衫稍阔，其衣摆提起扎腰于宋代职役多见。右图合裆小口裤普及于宋代男性。三图衣长比例传至宋代，而首足服及体服细节则有不同
隋代	左：1957年陕西西安西郊李静训墓出土的隋代侍从男陶俑[1]（中国国家博物馆藏）；中：隋代青釉陶甲士俑[2]（北京故宫博物院藏）；右：1959年河南安阳张盛墓出土的隋代白陶男仪仗俑（河南博物院藏）	左中图阔腿裤与短衣搭配的套装被专称“袴褶”，其一文一武，衣袖一广一狭，裤腿缚带或无，源于前代而袭至唐宋。右图圆领窄袖袍、小口裤配靴为新形制，广传至后世
魏晋南北朝	左：河南洛阳轴承厂西晋墓出土的西晋束髻陶俑（洛阳博物馆藏）；中：1958年河南邓县学庄画像砖墓出土的南朝贡献画像砖（河南博物院藏）；右：河南洛阳市偃师区寨后空心砖厂北魏墓出土的彩绘仪仗男陶俑（洛阳博物馆藏）	魏晋之窄袖交领宽摆至胫，深衣配裤源自前朝，变迁于后世而为经典。南北朝之交领短衣配长裤的袴褶[3]形制也源自前朝，其裤腿依据职业需要有缚裤或无之分

[1] 该图选自沈从文：《中国古代服饰研究》，北京：商务印书馆，2011年，第291页。其文字说明指称该服装为“袴褶”。

[2] 该图选自沈从文：《中国古代服饰研究》，北京：商务印书馆，2011年，第305页。其文字说明指称该服装为“袴褶”。

[3] 该中图类似形象可见孙机先生著作中所示的“袴褶装”图例。具体参见孙机：《华夏衣冠：中国古代服饰文化》，上海：上海古籍出版社，2016年，第79页。其右图与“隋代”左图袴褶形制基本一致。

续表

图别	图例	特征比较
秦汉	 左：1974年陕西西安出土的秦始皇兵马俑（北京故宫博物院藏）；中：河南济源泗涧沟M8出土的西汉釉陶乐俑（河南博物院藏）；右：1955年四川彭县出土的东汉舂米画像砖（四川博物院藏）	左图的秦始皇兵马俑为齐膝交领宽摆深衣、长裤、行縢，其行縢与后世缚裤功能相当。中图为一西汉乐人形象，着巾、长裤、浅口鞋，上身赤裸。右图东汉舂米人为短衣、缚裤 此三图为典型的衣裤装，广泛影响后世平民
三代	 左1：新石器时代石家河文化玉人（上海博物馆藏）；左2：河南安阳四盘磨村出土的商代白石雕像线描图[1]；右2：1997年河南鹿邑县太清宫镇长子口墓出土的西周玉虎形跽坐人；右1：河南汲县山彪镇出土的战国水陆攻战纹铜鉴武士线描图[2]	左1应有短衣、腰带、裤。左2虽可能为贵族，但因社会生产力所限而为齐膝短衣配裤。右2窄袖短衣配裤。右1为齐膝宽摆深衣配裤。此四图之衣裤装形象均沿袭至后世

由表4-1图例比较可知，北宋百工衣裤装有完整的历代承继路线，其主体形制基本一致。相对宋代，唐代窄袖短衣、提摆长衣与长裤的搭配得以沿袭，但幞头多被不定式头巾替代，且圆领衣也不及交领普及，筒靴也不如浅口鞋多见。有些基本型或典型款式局部会延续多代，比如始见于汉魏的袴褶缚裤式样、小袖深衣款式在北宋也多见，应是款式功效和文化价值的认可度使然。再者，在后代传承过程中，衣裤装款式的较大变化多因技术创新、功能需求等因素导致。例如，隋以前的深衣为宽下摆设计，其后则收摆并作缺胯设计；裤自隋始有了小口分支。两者均更具便捷性，至宋普及。同时，前代末期出现的新鲜实用形制在后代常会形成大范围流行，如表4-1“隋代”右图圆领窄袖袍、“唐代”右图小口裤等均如此，反映了直至今天的服装流行规律。

[1] 该图选自沈从文：《中国古代服饰研究》，北京：商务印书馆，2011年，第50页。可参具体说明。

[2] 该图选自袁杰英：《中国历代服饰史》，北京：高等教育出版社，1994年，第50页。

至此可见，百工衣裤装很可能为中原固有传统服饰传承、发展的结果。表4-1“三代”左1图为新石器时代夏朝或更早时期的衣裤装形态，其着装或是短衣短裤，抑或是短衣长裤，但终归为所见最早衣裤装。《春秋传》曰：“征褰与襦。”[1]褰即袴，襦即短衣，此为东周文献的短衣配裤记载。由此可见，衣裤装之形制渊源可追溯至三代或更早时期。

再者，小袖短衣之概念是一个相对概念，其应包含适当宽松的小袖与紧裹臂膀的窄袖。比如表4-1中“隋代”左图的敞袖相对于统治阶级的博袖也可归纳为小袖特征。所以对于绝大多数平民来讲，无论是宽松一些的袖子，还是紧身的窄袖，均可称为小袖。

随着社会发展与变迁，这种衣裤装形态通过地域间的交流后被作为先进文化与经济的象征在“东夷”“南蛮”“北狄”“西戎”等未开化的亚主流民族聚居地发展，诸多特色、经典元素被固化为一种地域文化符号或基因。在此过程中，衣裤装之裤很可能经历了一个漫长的“裈—袴—裈”的发展过程。

第二节 “百工百衣”的海外传播与中日古今比较

经济文化的发展与交流往往以服饰为代表符号，比如中华文明的萌芽与阶级社会初创被以“黄帝、尧、舜垂衣裳而天下治”为象征，战国时期赵武灵王的改革治理成就被以“胡服骑射”为注脚，中华文化的多次南移发展被称为“衣冠南渡”，中外交流的关键渠道被称为“丝绸之路”，中华文化的繁盛时代被冠以“衣冠王国”等，均充分说明了服饰对经济文化交流发展的承载及表征价值。

一、中华职业服饰的对外传播

“百工百衣”职业风尚的对外传播是中华经济文化海外交流发展的典型缩影，特别是中世纪最值得关注。此时期，中国经济发展迅猛，进入了对外交流的鼎盛时代，与此相伴的衣冠文明也站在了封建社会发展的高峰，空前展现其独特而先进的物质文化魅力。

西汉建元二年（公元前139年），张骞出使西域，开辟了“丝绸之路”，中华服

[1] 汤可敬：《说文解字》，北京：中华书局，2018年，第1696页。

饰文化走向世界。自此，以丝绸材质为代表的中华服饰被东西方世界以各种方式演绎、穿用，或局部借用，或创新再造，或整体套用，不断掀起时尚热潮。例如，欧洲自罗马帝国时期始即热衷于贵重的丝绸服饰，被后世持续演绎为时尚，甚至在后来成为18世纪的时尚[1]。

相比西方遗存，中华职业服饰在日韩及东南亚各国的遗存因地缘与历史因素更显深入、广泛与完整。日本各阶层高度崇尚唐朝衣冠，明治维新之前一度积极汲取中华服饰营养，不但派人进入中国学习服饰技术和文化，还积极引进中华工匠到日本传授纺织服饰技艺与衣冠礼制，以模仿复制的方式在奈良时代全面推行中华服制，上衣下裳、深衣、幞头、靴、袍等均曾深植于日本服饰，成就了后来和服形制主导的中世、近世职业服饰体系。宋代衣冠承袭前朝并进一步发展完善，对周边国家影响同样甚巨。《宣和奉使高丽图经》记载："逮我中朝岁通信使，屡赐袭衣，则渐渍华风，被服宠休翕然丕变，一遵我宋之制度焉，非徒采服金带而已也。"[2]还载："四民之业，以儒为贵，故其国以不知书为耻。……农商之民，……其服皆以白纻为袍，乌巾四带，唯以布之精粗为别。……高丽工技至巧，……常服白纻袍、皂巾，唯执役趋事，则官给紫袍。"[3]可见朝鲜半岛自宋代大幅承袭了中华服饰内容，其举国尊儒的价值观也同宋代，无论贵贱之服饰均能与宋代相似。进入明代，随着郑和下西洋的外交拓展，东南亚国家更快速地对中华衣冠进行了吸收与继承[4]。永乐、宣德年间，明政府也常通过给赐冠服的方式传播中国衣冠礼仪与行业等级文化，日本、朝鲜、泰国、文莱、越南等亚洲国家均有受赐[5]。明朝大儒朱之瑜（别名朱舜水）长期驻留日本，通过讲学、赠送等方式恒持初心地坚持着中华服饰的对外传播，以精湛准确的中华服饰技术和深载儒学精髓的服饰文化孵化日本受众，使其"由服膺宋学而产生了对宋代儒服的模仿热潮"[6]，令深衣、道服、裤装、头巾等宋代以来的中华服饰形制广泛影响于日本上下。

二、具体形制的中日比较

中日比较研究是中外服饰比较研究的缩影，是北宋以来中华服饰文化国际传播与影响研究的代表性内容。依此管窥北宋始成熟的"百工百衣"风尚的国际影响及其传承形势，以比较发掘中华职业服饰经典和内容，并对其中优越之处予以吸纳借鉴。

通过上述途径和方式的传播与影响，日本从奈良时代以来极大程度认可中华生活方式，在插花、点茶、挂画、焚香、服饰等生活内容上都产生了较大的依赖性。"719年，规定所有百姓的服装都由左衽改成右衽；……818年，菅原清公奏请朝廷规定天下礼仪、男女衣服悉仿唐制，五位以上的位记

---

[1] 马炎，康洁平：《从跨文化视角看东西方民族服饰的相互借鉴》，《山西师大学报（社会科学版）》，2009年第36卷第S2期，第76页。

[2] 上海师范大学古籍整理研究所：《全宋笔记》（第三编第八册），郑州：大象出版社，2008年，第35页。

[3] 上海师范大学古籍整理研究所：《全宋笔记》（第三编第八册），郑州：大象出版社，2008年，第76–77页。

[4] 肖琼琼：《从民族交融看中国传统服饰的流变》，《西南民族大学学报（人文社会科学版）》，2012年第33卷第9期，第49–50页。

[5] 张晓平：《万国衣冠拜故都——简论中国古代服饰文化对世界文明的影响》，《江苏丝绸》，2004年第4期，第35–36页。

[6] 竺小恩：《朱舜水与明朝服饰文化在日本的传播》，《浙江纺织服装职业技术学院学报》，2015年第14卷第4期，第48–51页。

都改汉式……”[1]随之，日本全社会逐渐形成跟风中华的习惯（图4-7），尽管后期对中华体制与经济文化有过不屑一顾，但基本生活方式却难脱跟从之旧习。

▲图4-7 《奈良国立博物馆的名宝——1世纪的轨迹》中的文官形象

这是日本著作《奈良国立博物馆的名宝——1世纪的轨迹》中的一幅画像，是奈良时代圣德太子着文官服饰的形象[3]。该太子裹皂色交脚幞头，着圆领小袖缺胯袍，腰扎蹀躞带，下着白色长裤、皮靴，是典型的唐代文官着装形制。

明治维新前的江户时代，日本迎来了如同宋代的平民化社会，同源于经济社会的发展，在商品经济的刺激下，平民创造力得到充分彰显。对此阶段的历史，日本“浮世绘”等记载平民生活的艺术图像为后人考证当时平民社会形态留下了宝贵资料。有研究就其社会背景指出：“中国和日本均属于汉文化圈，均受儒学影响深刻。”[2]还指出：“当时的日本从中国的长江三角洲印刷中心出版的较为廉价的书籍翻译而得中国学，并在日本作为一种‘流行文化’广为传播，改变了日本人从下至上的文娱生活。社会经济不再单纯依靠传统习俗和政府命令，而是部分地、有限度地加入了市场因素。商品经济的发展，尤其是农业的商品经济化，带动了以农书、水利工程为代表成绩的一批实用科学的勃兴。”[3]可见，此时代所受中世纪中国的导引程度，因此其可类比于中国的北宋乃至整个宋代，是封建主义过渡到资本主义，走进近世化或近代化的历史阶段。这些可以结合后文相关图像资料进一步认识。

与北宋首都汴梁百业的发展类似，当时的江户（今东京）城市工商业迅速发展，大量近郊农村人口以“奉公人”（进城务工者）的身份涌入其中，城下町（市集）迅速形成并逐步扩大，“奉公人”在提供人力时也成为消费者。于是，酒店餐饮、文体娱乐等蓬勃发展，达到了空前态势，逐渐孕育了“日本文化中那些最为人所知的、最富特色、最有魅力的部分，如歌舞伎、和服、浮世绘都是在这时确立了他们的基本模式”[4]，直至今天未有大变。尔后，消费者猛涨，消费范畴激增，阶层分化加速，公家、武士、学者、商人、手工业者、富裕农民等不同阶层、行业的

[1] 竺小恩，潘彦葵：《飞鸟奈良时代：日本服饰文化“唐风化”时代》，《浙江纺织服装职业技术学院学报》，2015年第14卷第1期，第68页。

[2] 张博：《浮世绘、武士道与大奥：日本江户时代的大众文化》，上海：上海三联书店，2014年，第10页。

[3] 张博：《浮世绘、武士道与大奥：日本江户时代的大众文化》，上海：上海三联书店，2014年，第36页。

[4] 张博：《浮世绘、武士道与大奥：日本江户时代的大众文化》，上海：上海三联书店，2014年，第51页。

生产与消费活动在不同的昼夜时段发生着。特别是“一部分有了余裕的庶民，也开始有了夜间活动。阅读小说、听说书人讲故事、玩各种棋类游戏，都是他们的消遣。另外，游廊、茶屋、小剧院等娱乐场所也在城市外围（城市的寺社用地，后发展为庶民娱乐区）逐渐发展起来。庶民甚至开始愿意花钱学习如俳谐、三味线这样的教养以资娱乐。庶民们，尤其是城市中的庶民阶层（町人），已经做好成为大众文化消费者的准备了。”[1]于是，新的职业在不断萌生，承继中国、以新面貌成长的日本社会娱乐及各类服务业态急速发展、成熟。特别是在印刷出版业支撑的信息媒介传播下，各类消费、娱乐信息迅速传播，时刻培育着潜在的消费者，积极推动了消费升级，促进了社会经济与各类职业的完善发展。就这样，江户时代近似宋代风俗的大众化全面到来。

（一）士人着装比较

江户时代，“以朱子学为官方政治思想的幕府，相比以往的政府都更重视文教。”[2]因而，士人阶层迅速增长，并成为全社会景仰的阶层，这影响了其社会消费与风俗崇尚，也无疑对后来日本国力发展中的智力资源建设奠定了基础（图4-8）。

▲图4-8 《江户时代图志》第四卷《江户一》中的插图（局部）[3]及其比较图

这是日本筑摩书房于1975年出版的《江户时代图志》第四卷《江户一》中的插图（局部），其中人物裹皂色软巾或东坡巾，着皂缘交领衣配下裳，或圆领皂袖缘缺胯衫，扎带，下着皂鞋。这是绘制在屏风上的画作，展示的人物形象与中国宋明时期的文人形象一致，借此可见这种中国文人装扮对日本士人阶层的影响。该插图右侧比较图的上图为北宋李公麟所绘《山庄图》，其中头巾与皂缘交领衣与此插图中左侧人物十分相像；而下图为《三才图会》之程颢画像，则与此插图中的右图极为相似，应为明代风格文人职业着装的直接承继表达（江户时代与明代后期有交叉，受明代文化影响较大）。比较可见，除了袖口、衣摆等局部细节差异外，其他基本相类。

[1] 张博：《浮世绘、武士道与大奥：日本江户时代的大众文化》，上海：上海三联书店，2014年，第51页。

[2] 张博：《浮世绘、武士道与大奥：日本江户时代的大众文化》，上海：上海三联书店，2014年，第101页。

[3] 西川松之助：《江户时代图志》第四卷《江户一》，日本长野：筑摩书房，1975年，插图。

基于对宋儒之崇尚，日本士人着装自然会以宋代为蓝本。其实，由图4-7所显示缘由可知，唐代以来中国士人着装对日本多阶段均有一定影响，图4-9~图4-15也给予了佐证。

▲图4-9 《通俗三国志文内·华佗为关羽刮骨疗伤图》（局部，日本江户时代，歌川国芳）中的文人形象[1]及其比较图

这是日本浮世绘大师歌川国芳创作的作品，其中左侧一人为三国志人物关平，其虽为武将，但着装却为日本江户时的士人形象。具体内容是硬脚幞头、交领右衽大袖衣，是中国唐宋文人的典型衣着，也是文官在民间的常有形象，只是幞头多配圆领袍服。而在明代，幞头则可配交领，只是多用于上流阶层（右侧上中下配图依次为南宋李唐〈传〉作品《七子度关图》、明代仇英画作《清明上河图》及《竹院品古图》的局部图）。相比而言，此日本文人的幞头脚略显宽笨，衣衫图饰也较华丽。右下角一侍役也着软顶幞头，其脚窄小，更符合唐宋习惯。

[1] 金墨：《浮世绘大观》，合肥：安徽美术出版社，2018年，第240页。

▲图4-10 《通俗三国志文内·玄德三雪中孔明访图》(局部，日本江户时代，歌川国芳)中的文人形象❶及其比较图

该浮世绘作品表达的故事情节是三国时期刘备三顾诸葛亮之茅庐，而实际则表现了日本江户时期文人与书童的形象。其裹着皂褐色附二层帽墙斜顶头巾(类明代儒巾)，右偏襟盘扣青袄，与宋代文人着头巾、褙子的方式相类似，只是在具体式样上有所差异。书童着绯色圆领右衽小袖衣、浅青色裤与布履。两者文化人形象均与宋明类似。右侧上下配图依次为南宋佚名《商山四皓会昌九老图》、南宋李唐《七子度关图》中的书童，可与之比较。

▲图4-11 《通俗水浒传豪杰一百八人系列：神机军师朱武》(局部，日本江户时代，歌川国芳)中的文人形象❷

该作品表达的人物是中国北宋背景的小说《水浒传》中的梁山军师朱武，其着装为头巾、帔巾、氅衣(日本后世的羽织)及袍裳，为日本江户时期的文人形象。其具体细节相比宋明有所差异，如头巾裹式、帔巾系结方向、氅衣门襟联结方式等，当然更突出的不同点是日式很华丽，这也应是浮世绘常用的表达风格所致。从倒地的敌军帔巾可见，日式帔巾常用颈后系结方式，同时也存在宋明的颈前系结式样(图4-12)。

◀图4-12 《水浒传豪杰百八人系列：锦毛虎燕顺》(局部，日本江户时代，歌川国芳)之武士帔巾及比较图《七子度关图》(局部，南宋，李唐〈传〉)

❶金墨：《浮世绘大观》，合肥：安徽美术出版社，2018年，第242页。
❷金墨：《浮世绘大观》，合肥：安徽美术出版社，2018年，第247页。

◀图4-13 《江户时代图志》第二十四卷《南岛》之封面图❶及其比较图

这是《江户时代图志》第二十四卷《南岛》的封面图，表现的人物角色应为文人。其所着基本服式是宋明流行的交领右衽缺胯袍，内着白色中单，腰间扎色彩鲜艳且有图案的宽头短帛带，衣长不及脚踝，下着白色宽口裤、粉底翘头履。其头裹粉红色软巾。与之相比较的右上图为北宋李公麟所绘《山庄图》中侍奉李公麟及法师的普通文人形象，其所着素雅，腰间扎有长长的绦带，衣长也不及脚踝，无饰边，整体基本形象与此封面图接近。右下图为明代仇英所绘《清明上河图》中的普通文人着装，腰间扎带但带头隐藏，整体也素雅，其他与此封面图也相近。相较而言，日本着装的首服、腰带等与中国本土不同，其更鲜艳而具较强装饰性，应是结合民族习俗在传承中华形制的基础上进行了融合改良。

▲图4-14 《竹林七贤图》（局部，日本室町时代，狩野元信）中的文人形象

这是室町时代画家狩野元信的画作《竹林七贤图》所表现的文人形象。其故事背景是魏晋时期，但人物着装则为深受宋明服饰影响的室町时代文人形象。画中人物皆着皂巾（裹戴或系扎）、皂缘交领宽袖衣和裳，腰扎长帛带，下配翘头履，也是中华文人常有形象，但这与后期江户时代更为世俗化的文人形象有所差异。

❶吉田光邦：《江户时代图志》第二十四卷《南岛》，日本长野：筑摩书房，1977年，封面图。

▲图4-15 《西王母·东方朔图》(局部，日本室町时代，狩野元信，日本东京国立博物馆藏)中的文人形象及其比较图

《西王母·东方朔图》的局部表达了一位文人形象，其着束发冠、皂缘交领大袖白衣、白色中单、白裳、翘头履等，兼其书童装扮，均可与前图涉及内容(图4-14、图4-52)相比较。其既是唐宋以来中国文人的常见装扮，也是日本室町时代的文人常有着装形象。其中，文人不着腰带的形态可在中日较多场面看到(如图4-14及该处配图即南宋马远《观瀑图》、明代仇英《清明上河图》之局部)，应是在儒、释、道综合思想影响下的洒脱超逸观念所致。

(二)农民着装比较

日本是一个传统的农耕文明国家，土地规模较小，农耕质量要求较高，其农民即农、林、牧、猎、渔等各具体农业类别从业者的职业所着，也是重要的职业服饰之一(图4-16~图4-26)。

◀图4-16 《东都御厩川岸之图》(局部，日本江户时代，歌川国芳)中的农民形象[1]

《东都御厩川岸之图》的局部表现了在雨中匆匆奔忙的农民形象，头巾、裲裆背心或半臂衫配短裤的套装形制是其主体。可能是其海岛地理环境所致，下体半裸、赤足是平民着装常态。其虽为短衣、短裤(兜裆布，可类比中国犊鼻裈)，具有对中国古代农民服饰的传承性，但与宋明相差较大。

[1] 金墨:《浮世绘大观》，合肥：安徽美术出版社，2018年，第348页。

▲图4-17 《名所江户百景夏之部：大桥暴雨》（局部，日本江户时代，歌川广重）中的农民形象[1]及其比较图

《名所江户百景夏之部：大桥暴雨》的局部图所表达服饰内容类似于图4-16，表现了在雨中匆匆奔忙的农民形象。远处的渔民也因生计而不得不在暴雨中坚持劳作。该图中行人下体着装简化、上衣下摆提起扎腰以及渔民着蓑笠的形象与中国传统相似，具体见其右侧上下比较图，分别为元代程棨《摹楼璹耕织图》、北宋许道宁《渔舟唱晚图》之局部。

▲图4-18 《东海道五十三次之滨松宿》（日本江户时代，歌川广重）中的农民形象[2]

《东海道五十三次之滨松宿》是日本江户时代浮世绘大师歌川广重的代表作系列之一，表现了其所经历的五十三个驿站之一即滨松宿的风景。其画面中松树左侧应为四个正在田头歇息用餐的农民，其着装为裹头巾或否，穿半臂衫，下身半裸并简着兜裆布，展现了此时期贫苦平民的生活面貌。

❶ 金墨：《浮世绘大观》，合肥：安徽美术出版社，2018年，第323页。

❷ 金墨：《浮世绘大观》，合肥：安徽美术出版社，2018年，第309页。

▲图4-19 《大纳言经信》(日本江户时代，葛饰北斋)中的农民形象❶

《大纳言经信》是日本江户时代浮世绘大师葛饰北斋的作品，其表现了农民的劳作场景。其农民穿着不同于图4-18，应为春天乍暖还寒气候下的衣着，其中男性多着半臂上衣搭配草裙、膝裤、草鞋或赤足等。这种富有海岛风情的上衣下裙搭配即古代中国传统衣式的传承演变之结果。

▲图4-20 《东海道五十三次之蒲原宿》(局部，日本江户时代，歌川广重)中的农民形象❷

《东海道五十三次之蒲原宿》之局部表现了冬季山庄农民的着装形象，为斗笠、披风、蓑衣、长裤等服饰配套，这是中日农民寒冷季节共有的常见传统服饰。

❶金墨:《浮世绘大观》，合肥：安徽美术出版社，2018年，第284页。

❷金墨:《浮世绘大观》，合肥：安徽美术出版社，2018年，第315页。

▲图4-21 《诸国瀑布览胜：和州吉野义经马洗瀑》（日本江户时代，葛饰北斋）中的牧马人形象[1]及其比较图

葛饰北斋创作的《诸国瀑布览胜：和州吉野义经马洗瀑》记录了江户时代畜牧业中的常有穿着形象。其形态虽可能为多水环境所迫而致，但着装结构与廓型呈现则更应是文化观念决定的结果。其着装造型为宽松上衣围裹腰间并以扎带束结，下着短裤（犊鼻裈），与中国传统牧马人的着装相类（见比较图，右侧上图为宋朝佚名《清溪饮马图》，下为明朝仇英《洗马图》）。其从一个侧面显示了两国传统服饰间的传承痕迹。

◀图4-22 《武陵桃源》（局部，日本江户时代，溪斋英泉）中的渔民形象[2]

这是浮世绘作品《武陵桃源》中的一个农民形象，具体应为渔民。其扎髻，着乌色短袖不及膝上衣，白色过膝小口短裤、赤足，是普通阶层常有的劳作适用衣裤装。

❶金墨：《浮世绘大观》，合肥：安徽美术出版社，2018年，第289页。
❷金墨：《浮世绘大观》，合肥：安徽美术出版社，2018年，第351页。

▲图4-23 《萧湘八景图卷》(局部，日本江户时代，狩野常信)中的渔民形象

狩野常信创作的《萧湘八景图卷》展现了日本江户时代真实的渔民劳作场景。其着装是扎髻、短袍之常有式样。

▲图4-24 《诸国名所百景·若狭制鲽》(局部，日本江户时代，歌川广重)中的渔民形象[1]

歌川广重的这幅作品局部表现了渔民着短袍、短裤而半裸下身的形象，与前述农民形象相似。

▲图4-25 《源宗于朝臣》(局部，日本江户时代，葛饰北斋)中的猎户形象[2]

葛饰北斋的《源宗于朝臣》表现的应是猎户形象。其裹着头巾(类似于中式风帽)，穿小袖衣、裲裆衫，下着裤、草编行縢、草鞋，扎腰带，正在挎背着武器围拢于篝火取暖。这也是典型的衣裤装，具体款式类同于武士，与其劳作内容相适应。

❶金墨:《浮世绘大观》，合肥：安徽美术出版社，2018年，第345页。

❷金墨:《浮世绘大观》，合肥：安徽美术出版社，2018年，第285页。

◀图4–26 《松本幸四郎》（局部，日本江户时代，歌川丰国）中的樵夫形象❶

该局部图是一个役者绘，即演员形象，但其着装内容表现了一个采集业的樵夫形象。基本内容是：头巾、袍服（小袖长着）、半臂、护袖（手甲）、短裤、膝裤（胫巾、脚襻）、草鞋等，适用于其所扮演角色的职业需要。另外，很有趣的是该角色还携带了一个挎包，可能溯源于中国，敦煌壁画及唐代陶俑中存有大量类似当代的挎包形象。其在这里的出现，或是装饰或是用于收存柴草售卖之所得。

（三）工巧人力着装比较

室町时代以来，特别是进入江户时代，商业逐渐繁盛，农业和工业技术也有较大发展，社会经济的各业建设加速，与宋、明时期一样，建筑工、木工、铁匠等工巧及轿夫、车夫、脚夫等受雇人力群体成长迅速并广泛存在于日本各地（图4–27~图4–45）。

◀图4–27 《东海道五十三次：吉田宿》（日本江户时代，歌川广重）中的农民形象❷

歌川广重的《东海道五十三次：吉田宿》表现了建筑工的着装，其戴头巾或斗笠，着半袖短衣搭配长裤或短裤，这与当地的海岛气候与地理特征相适应。特别是斗笠的戴着，是宋、明时期本土建筑工不常见的。

❶金墨：《浮世绘大观》，合肥：安徽美术出版社，2018年，第187页。

❷金墨：《浮世绘大观》，合肥：安徽美术出版社，2018年，第309页。

▲图4–28 《富岳三十六景：远江山中》（局部，日本江户时代，葛饰北斋）中的木工形象[1]

该图也是葛饰北斋的作品之一，此局部图表现的是木匠工作场景。可见其着装基本也是短衣（半臂）、短裤、膝裤或裸腿等搭配，也应是取其便宜之特点。其中，在巨型斜木上持锯开片的木匠所着上衣后背中缝做了开衩设计，应是后背透气排湿的有效创新处理。

▲图4–29 《清明上河图》（局部，左：元代，佚名；右：明代，仇英）中的工匠形象

这是元明版本《清明上河图》对木工、建筑工的形象表达之比较，可见温带大陆气候下的着装与上述图4–27、图4–28中的日本形象有所不同，但均为短打衣裤装的基本形态，其中着短装、卷提袖裤管及半裸身体的便捷方式也极具相似性。

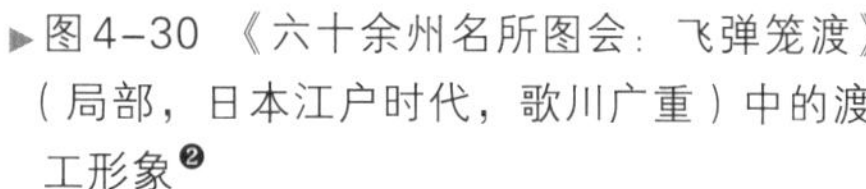

▶图4–30 《六十余州名所图会：飞弹笼渡》（局部，日本江户时代，歌川广重）中的渡工形象[2]

歌川广重所绘《六十余州名所图会：飞弹笼渡》的局部表现了山间河谷笼渡渡工的着装形象，其所着为头巾、半臂或裲裆、短裤、膝裤、草鞋的配套，极具职业化特征，也与水上工作的其他职业类似。

[1] 金墨：《浮世绘大观》，合肥：安徽美术出版社，2018年，第277页。

[2] 金墨：《浮世绘大观》，合肥：安徽美术出版社，2018年，第347页。

▲图4-31 《东都名所：两国烟花之图》(局部，日本江户时代，歌川广重)中的群众形象[1]

歌川广重绘制的《东都名所：两国烟花之图》局部展现了桥头行人的着装形象，可见其中半裸下身的形象在平日的街头也较为普遍。另外，借此可对百工衣着做出比较认识：挑夫裹头巾、裲裆短衣扎腰带，着草鞋；士人外穿对襟衫(日本称羽织，为披风类，应承继于中国褙子或氅衣)，内着交领短衣，下着阔脚裤(即袴，应是对中国阔脚裤和裙裳的兼容创新)、夹趾拖鞋；还有些士绅(商贾)角色穿着半臂交领右衽长袍(日本称小袖，大袖款被日本称为长着、广袖)并扎腰带。各阶层均有头巾出现，着鞋基本是简装式样，即夹趾拖鞋或草鞋。这些均可与中国传统相联系，只是服饰材质及装饰表达有较大差异，应是与其地理气候、风光特征相关联的结果。

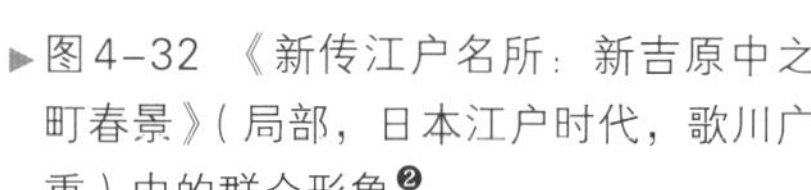

▶图4-32 《新传江户名所：新吉原中之町春景》(局部，日本江户时代，歌川广重)中的群众形象[2]

这是歌川广重描绘的江户初春街头景象，众人着装差异鲜明。其中前左二为着长款交领右衽袍服的商人形象，而左四则为着抹额、小袖短衣、长裤、拖鞋的力夫形象。其中的长裤为紧身合体造型(与图4-33近似)，可能为针织材质制作，发展了中国长裤的造型。这幅画作表达了另一种着装形态下的街头景象。

---

❶金墨：《浮世绘大观》，合肥：安徽美术出版社，2018年，第301页。

❷金墨：《浮世绘大观》，合肥：安徽美术出版社，2018年，第303页。

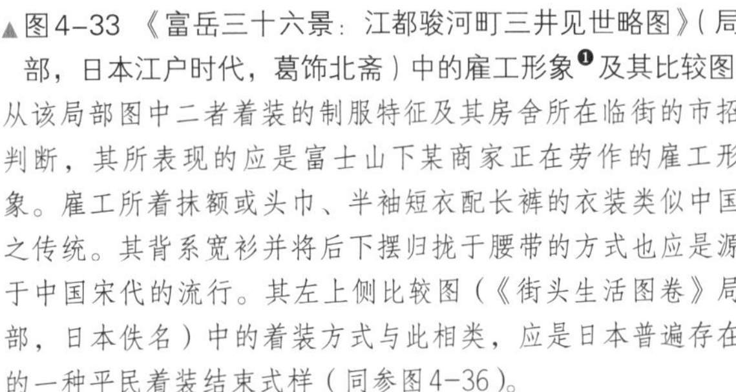

▲图4-33 《富岳三十六景：江都骏河町三井见世略图》（局部，日本江户时代，葛饰北斋）中的雇工形象[1]及其比较图

从该局部图中二者着装的制服特征及其房舍所在临街的市招判断，其所表现的应是富士山下某商家正在劳作的雇工形象。雇工所着抹额或头巾、半袖短衣配长裤的衣装类似中国之传统。其背系宽衫并将后下摆归拢于腰带的方式也应是源于中国宋代的流行。其左上侧比较图（《街头生活图卷》局部，日本佚名）中的着装方式与此相类，应是日本普遍存在的一种平民着装结束式样（同参图4-36）。

▲图4-34 《江户时代图志》第二十四卷《南岛》的封面局部图之轿夫形象[2]及比较图

左侧图所示应是江户时代的官方轿夫形象，其扎髻（束抓角儿巾），着短衣并扎腰带、宽松裤、浅口鞋，与中国相关形象极为相似，具体可见比较图。右侧上下比较图分别为北宋张择端及明代仇英的《清明上河图》之局部。

◀图4-35 《东海道五十三次之川崎宿》（局部，日本江户时代，歌川广重）中的人力形象[3]

该局部画面中有船夫、马夫等人力服务者形象，均为短装。其中的船夫戴笠帽或裹头巾，穿半臂短上衣并扎腰带，下着膝裤、草鞋等；马夫则着头巾、交领右衽短衣、短裈、草鞋；蹲在路边的赤身力夫扎抹额，着短裈、夹趾草鞋。可见，相关人力均为短衣短裤的便宜着装。

❶金墨：《浮世绘大观》，合肥：安徽美术出版社，2018年，第276页。

❷吉田光邦：《江户时代图志》第二十四卷《南岛》，日本长野：筑摩书房，1977年，封面图。

❸金墨：《浮世绘大观》，合肥：安徽美术出版社，2018年，第312页。

▶图4-36 《名所江户百景：夏之部·铠之渡小网町》（局部，日本江户时代，歌川广重）中的船夫形象[1]
歌川广重在这里所绘的船夫形象与前述稍有差异，应为男子小袖衣的着装，并以腰带将后摆提起扎腰，下肢裸露，以图方便。这种上衣齐膝的处理方式在宋代平民中十分多见。

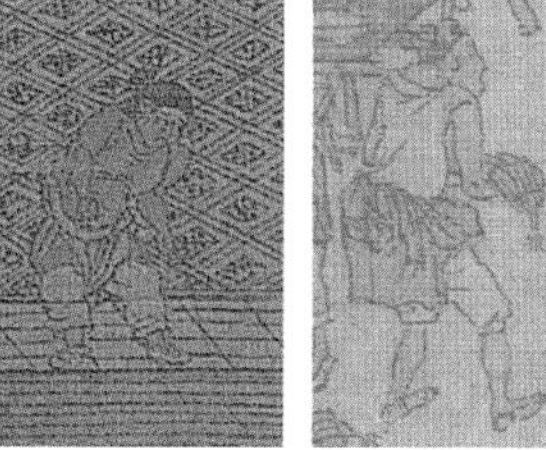

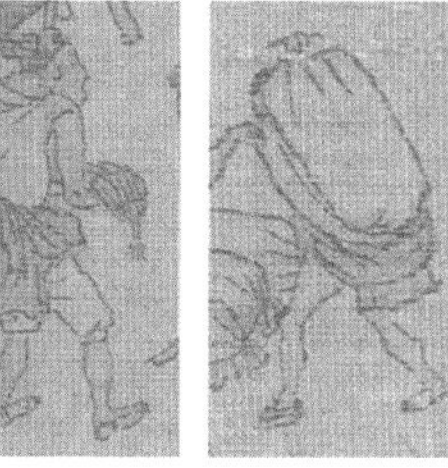

▶图4-37 《东海道五十三次：藤枝宿》（局部，日本江户时代，歌川广重）中的人力形象[2]及比较图
这是歌川广重记录的运输人力服务形象，多为赤裸身体状态，应与其自然环境相关，与中国大多数平民传统着装有明显差异，这应体现了儒家礼教观念的影响之深浅。从其下比较图（左至右依次为五代佚名《闸口盘车图》、北宋张择端《清明上河图》（左2、左3）、元代赵孟頫《浴马图》、明代仇英《清明上河图》）可理解，中国传统劳动者形象中的裸身情况只有在极为特殊的条件下才会出现，一般多为着头巾、有上衣和裤的形象。

---

[1] 金墨：《浮世绘大观》，合肥：安徽美术出版社，2018年，第321页。

[2] 金墨：《浮世绘大观》，合肥：安徽美术出版社，2018年，第309页。

▲图4-38 《诸国瀑布览胜：东都葵冈之瀑》(局部，日本江户时代，葛饰北斋)中的人力形象[1]

画面中有挑夫和清洁工等人力形象，着色基本一致。左下侧为一挑夫，其扎头巾，着长袖而开后衩的短褐，穿窄裤口并扎带的长裤和浅口鞋；右上侧为一清洁工，穿后摆提扎腰带的半臂宽衫，应为交领，下着兜裆布（护裆腹带，类似犊鼻裈）。这里短上衣做后开衩的方式具有创新性，与前述图4-28中的木工着装相类。

▲图4-39 《富岳三十六景：武州千住》(局部，日本江户时代，葛饰北斋)中的马夫形象[2]

该局部图表现了一位江户时代的马夫形象，其着笠帽、半袖至膝短衣、短裈、膝裤、草鞋的配套，是这时期人力服务业的典型套装。

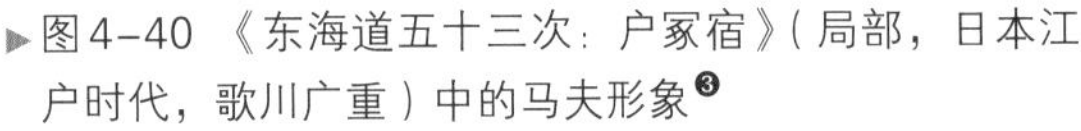

▶图4-40 《东海道五十三次：户冢宿》(局部，日本江户时代，歌川广重)中的马夫形象[3]

该局部图中的马夫所着与图4-39所示有差异。其裹头巾，所穿上衣应为交领右衽半臂短衫，下着短裈与草鞋。其腰间扎带与主体服装均饰有图案，这是日本民众着装的特色所在，与宋、明时期不同。但其头巾搭配短衣的服饰形态却基本类似于中国。

---

❶金墨：《浮世绘大观》，合肥：安徽美术出版社，2018年，第287页。

❷金墨：《浮世绘大观》，合肥：安徽美术出版社，2018年，第276页。

❸金墨：《浮世绘大观》，合肥：安徽美术出版社，2018年，第312页。

▲图4-41 《东海道五十三次：三岛宿》（局部，日本江户时代，歌川广重）中的轿夫形象[1]及比较图

在《东海道五十三次之三岛宿》的局部图中，歌川广重表现了着抹额、敞胸短衣、短裈，肩扛兜轿的轿夫形象。其中的短衣应为交领右衽半臂衣的便宜处置方式，这与宋人衣着的实用方式相类同（见配图，右侧上下分别为北宋乔仲常〈传〉《西成图卷》、元代程棨《摹楼璹耕织图》之局部）。

▲图4-42 《水浒传豪杰百八人之一个：没面目焦挺》（局部，日本江户时代，歌川国芳）之人力形象

该局部图表现了一个市井人力形象，即裹头巾，着宽腰头阔脚裤，扎长头帛带，裸露半身，较大程度还原了宋明常见的市井普通人物着装形象，当然此式样在日本江户时代也有流行。

▲图4-43 《富岳三十六景：东海道金谷之富士山景》（局部，日本江户时代，葛饰北斋）中的力夫形象[2]

该局部图表现了水中搬运货物、驮运公家人的力夫形象。其着裹巾或抹额，下着兜裆布（护裆腹带，即犊鼻裈），是典型的水中力夫（如轿夫、船夫、纤夫等）形象，在日本江户时代广泛存在。

[1] 金墨：《浮世绘大观》，合肥：安徽美术出版社，2018年，第307页。

[2] 金墨：《浮世绘大观》，合肥：安徽美术出版社，2018年，第256页。

▲图4-44 《富岳三十六景：东海道金谷之富士山景》（局部，日本江户时代，葛饰北斋）中的力夫形象[1]

该局部图与图4-43分别是同一个画面的不同局部。其表现的依然是驮运人和物的力夫形象，赤裸身体而简着头巾或抹额、短裈等是形象主体。这种着装联系其环境条件也可关联于中国传统（见图4-37中的比较图《闸口盘车图》《浴马图》）。类似穿着还可参见图4-45中的形象。

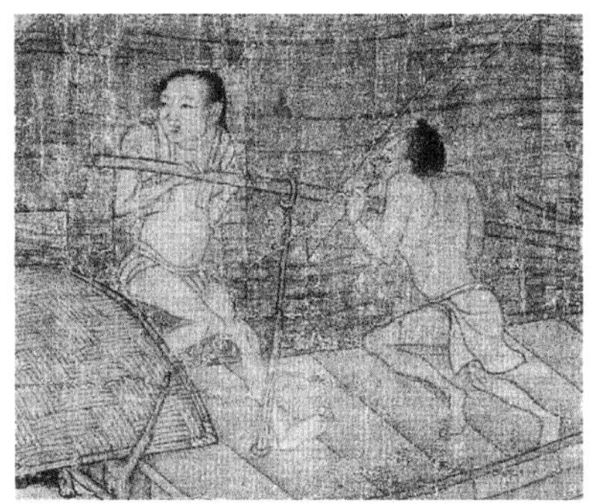

▲图4-45 《街头生活图卷》（局部，日本，佚名）中的力夫形象及其比较图

该局部图中的力夫着皂色抹额，下仅着遮羞布（兜裆布，即犊鼻裈），极简着装利于劳作、行动。借其右侧比较图（《归去来辞图》局部，南宋，佚名）可尝试推敲其间传承关系。

◀图4-46 《水浒传豪杰百八人之一个：活闪婆王定六》（日本江户时代，歌川国芳）中的商人形象

画面中的人物来自中国长篇小说《水浒传》，为一酒店店主。其着小袖短衣、阔口长裤、系带浅口鞋，外裹围裙，与中国传统店家以及中华传统固有形制即衣裳装形象类似，但其裙裳围裹方式、色彩搭配及装饰应用风格迥异。而图4-47呈现的围裙方式则更接近中国餐饮业同类形态，可见其围裙形态多样。

（四）商人着装比较

18～19世纪，日本政府基于社会建设与执政的需要，大力规范街道、修整通路，为商业及旅游经济发展提供了条件，有效刺激了工商业等领域经济的繁荣，商人形象呈现得愈加频繁，其服饰受到日益关注并形成一定规范走势（图4-46~图4-51）。

[1] 金墨：《浮世绘大观》，合肥：安徽美术出版社，2018年，第257页。

▲图4-47 《街头生活图卷》（局部，日本，佚名）中平民着围裙的形象

▲图4-48 《东海道五十三次：关宿》（局部，日本江户时代，歌川广重）中的商贩形象❶

歌川广重所绘作品《东海道五十三次：关宿》的局部描绘了处于临街货摊及市招并立之中的商贩形象，其着装与中国传统商贩着装大有不同，但款式形制为半臂、羽织、阔脚裤、膝裤搭配笠帽与草鞋等，可概括为短衣配裤的着装形态，与中国传统衣裤装的内容元素大致相类。

▶图4-49 《东海道五十三次：坂下宿》（局部，日本江户时代，歌川广重）中的商贩形象❷

该局部图右上部分表现了几个商旅形象，基本是小袖短衣（小袖羽织或交领短上衣）、长裤（窄裤或裙裤）的搭配，与图4-48相似。

❶金墨：《浮世绘大观》，合肥：安徽美术出版社，2018年，第313页。

❷金墨：《浮世绘大观》，合肥：安徽美术出版社，2018年，第313页。

◀图4-50 《堺町屋町颜见世夜芝居之图》（局部，日本江户时代，歌川丰春）中的商贩形象[1]

江户时代浮世绘画师歌川丰春所绘《堺町屋町颜见世夜芝居之图》表现了繁荣的、剧院林立的市井街头，其中不乏商贾往来其中。画面左三应为商贾形象，其着典型和服即小袖交领右衽长单，下着草鞋，内着交领右衽中单。从右一人物形象判断，该商人应不着长裤或半裤，而是短裈（兜裆布）。再者，右一形象也是普通平民常有的提摆扎腰形象。两形象均相类于中国传统服饰常有的交领深衣及衣摆扎腰形象。

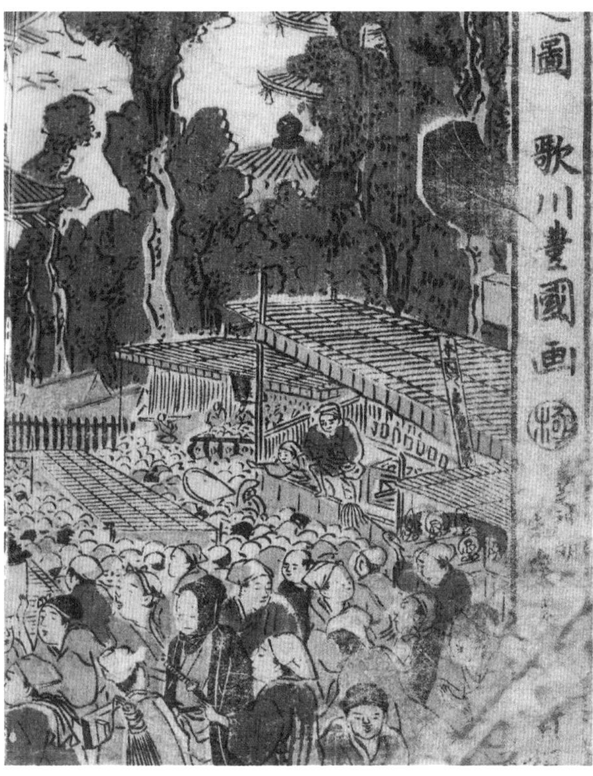

◀图4-51 《浮绘金龙山市之图》（局部，日本江户时代，歌川丰国）中的商贩形象[2]及其比较图

该局部图是歌川丰国的作品《浮绘金龙山市之图》所刻画的人头攒动的市集，其以十分近似于中国宋、明时期的形态表现了商贾服饰形象，特别是头巾或抹额式样、交领袍服形态等均有一定的复制痕迹。其中，中日头巾形态差异，会因传统发型存在髡发与扎髻的区别而外形呈现不一，但裹巾结构与基本方式却极为相似（见右侧比较图，上中下分别来自北宋李公麟〈传〉《西岳降灵图》、南宋佚名《柳荫群盲图》、明代薛近衮《绣襦记人物图册》之局部）。

[1] 金墨：《浮世绘大观》，合肥：安徽美术出版社，2018年，第269页。

[2] 金墨：《浮世绘大观》，合肥：安徽美术出版社，2018年，第293页。

（五）其他着装比较

百工之士、农、工、商等主流阶层之外，侍役、宗教、武人、文娱、乞丐等各行业的中日着装也有可比较之处，此处延续以上研究视角旨在更多挖掘中华职业服饰的基因留存以及探索中日间的经济文化交流之历史成果，并进一步获取可借鉴之处（图4-52~图4-60）。

▲图4-52 《竹林七贤图》（局部，日本室町时代，狩野元信）中的书童形象

该《竹林七贤图》表现了室町时代日本高士所伴书童的着装形象，与中国传统书童形象基本一致，是文人社会普遍存在的一种侍役形象。这种交领小袖短衣、阔脚裤、低帮鞋的搭配虽在后世各代被渐次变体演绎，但基本形态配置却不变。

▲图4-53 《戏力竞》（局部，日本江户时代，歌川丰国作品）中的小卒形象[1]

歌川国贞的浮世绘作品《戏力竞》以夸张比较的手法表现了跨立于相扑手之背部助力展开竞技的小卒（职役）形象。前者所着头巾、抹额、小袖交领衣、半臂、阔脚裤、腰带与勒帛应用（后者蓝色半臂背后应以勒帛捆扎宽袖）等，均与宋明风尚类似。

[1] 金墨：《浮世绘大观》，合肥：安徽美术出版社，2018年，第219页。

▲图4-54 《诗歌写真镜》(局部，日本江户时代，葛饰北斋)中的侍役形象❶

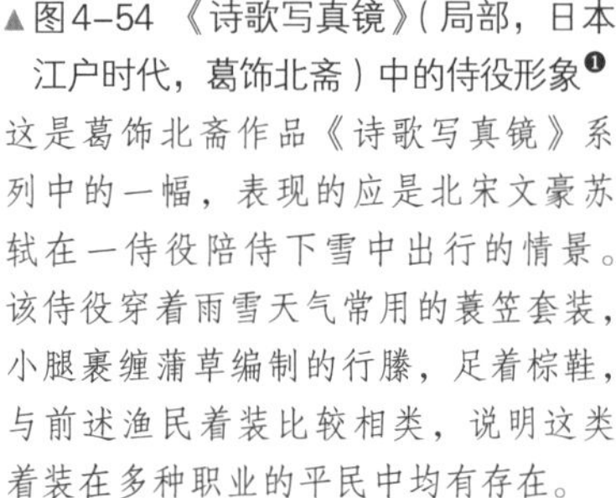

这是葛饰北斋作品《诗歌写真镜》系列中的一幅，表现的应是北宋文豪苏轼在一侍役陪侍下雪中出行的情景。该侍役穿着雨雪天气常用的蓑笠套装，小腿裹缠蒲草编制的行縢，足着棕鞋，与前述渔民着装比较相类，说明这类着装在多种职业的平民中均有存在。

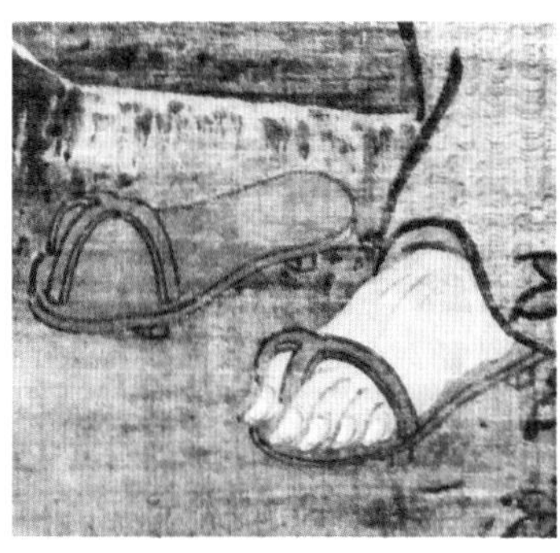

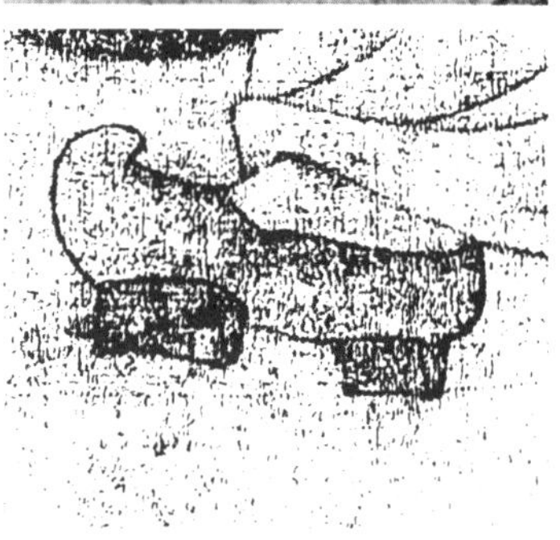

▲图4-55 《雪中栈桥上的艺人》(局部，日本江户时代，菊川英山)中的侍役形象❷及其比较图

菊川英山的作品《雪中栈桥上的艺人》之局部表现了一个侍随着两名艺伎的侍从，其着小袖交领右衽上衣，腰间扎带，下着小口长裤、木屐，持伞背箱，小心侍候在后。这种衣装形象与宋、明时期侍役衣裤装相仿。其中所着木屐是中国古人常用的游山玩水之实用型足衣(见右侧比较图，上下造型分别来自明代佚名《释真慧罗汉补衲图》、南宋佚名《归去来辞图》之局部)。《急就篇》卷二颜师古注："屐者，以木为之，而施两齿，所以践泥。"❸从而，在多水多雨、山地和丘陵遍布的日本，木屐即得以广泛传承与应用。

◀图4-56 《祖师图之沩山踢瓶》(局部，日本室町时代，狩野元信，东京国立博物馆藏)中的僧人形象

狩野元信所绘《祖师图之沩山踢瓶》之局部图表现了日本室町时代的僧人形象，其袈裟、海青等配套也是宋明佛教僧人的"标配"。可与前文所述宋代"宗教业"中图2-289、图2-290等僧侣的基本形象相比较，几乎无异。但其与江户时代的同类形象相比较却有一定差异，可视为时代演进之后结合环境条件的一种僧衣演变。

❶金墨：《浮世绘大观》，合肥：安徽美术出版社，2018年，第228页。
❷金墨：《浮世绘大观》，合肥：安徽美术出版社，2018年，第114页。
❸汤可敬：《说文解字》，北京：中华书局，2018年，第1736页。

▶图4–57 《浮绘・芝神明宫之图》（局部，日本江户时代，歌川丰春）中的宗教形象[1]及其比较图

歌川丰春的作品《浮绘・芝神明宫之图》表现了日本神道教和佛教中的平民人物形象。大多数人物着对襟小袖衣（羽织）、直垂（交领右衽小袖短衣配裙裤），或僧衣（交领右衽直裰），下着夹趾拖鞋等。其中，僧服从其后腰配饰及长衣形制看则可比较右侧上、中小图（明代仇英《清明上河图》之局部），几乎完全一致；而羽织则可与其下图（南宋佚名《商山四皓会昌九老图》之局部）的氅衣相比较。其羽织用名大概也源于中国晋代就已流行的氅衣之初始形态，即其由鹤羽编织而成，所以在日本古代称为羽织。

▶图4–58 《水浒传豪杰百八人之一个：神机军师朱武》（局部，日本江户时代，歌川国芳）中的道士形象

《水浒传豪杰百八人之一个：神机军师朱武》之局部图展示了日本江户时代也予以接纳的、宋、明时期形制的道士首服及羽扇形象，当然其中的袍服形制更是传承甚广。

[1] 金墨：《浮世绘大观》，合肥：安徽美术出版社，2018年，第265页。

◀图4-59 《通俗水浒传豪杰百八人之一个：神机军师朱武》（日本江户时代，歌川国芳）之武士形象及比较图

歌川国芳的系列代表作品之一《通俗水浒传豪杰百八人之一个：神机军师朱武》展示了一件源自宋、明时期的典型道教服饰披风（即鹤氅袖部不缝合的形制，仅延续于道教）。可从其右侧比较图中的形象做进一步理解（元代全真教道士《金阙玄元太上老君八十一化图卷》之局部）。

◀图4-60 《水浒传豪杰百八人之一个：神医安道全》（局部，日本江户时代，歌川国芳）之郎中形象及比较图

《水浒传豪杰百八人之一个：神医安道全》的局部图展示了流行于日本江户时代的郎中形象，即裹披头巾、着宽袍的形态，与中原传统郎中衣装不同（见右上比较图，明代仇英《清明上河图》之局部）。但是，其中斯文内敛的气质确实一脉相承。其头巾应源于宋、明时期士人流行的风帽（见右中比较图，南宋马远《林和靖图》之局部），而宽袍则与宋代官服中流行的大袖圆领宽衫类似（见右下比较图，宋佚名《春游晚归图》之局部）。可见，中日服饰源流体系中存在着群体层级不对等的传承关系。

至于武人阶层，我们常见其影视画面服饰形态，中日间大有不同。而其实，早在古坟时代，日本武士便有与中华传统服饰相仿的着装。有研究称："日本男子上衣下裤的服饰与中国男子裤褶……很相似。"[1]奈良时代，便如前文所述出现了全盘照搬的形势。

▲图4-61　日本古坟时代男子的衣裤装

该图为日本出土的古坟时代武士陶俑[2]，依其衣装可以判断，中日武士服饰源流历史悠久。其均以抹额（日本称额当）束发，着左衽偏襟窄袖短衣，系扎腰带，长裤为缚裤形态，下着低帮鞋，与中国传统衣裤装极为相似。

武士阶层是日本社会影响力巨大的一个权力人群，曾以实权掌握统治了日本的多个时代，其着装内容丰富，款式差异鲜明，覆盖层级广泛（图4-61~图4-73）。当然，此处我们只关注低级官职至普通武士的着装。

▶图4-62　《通俗水浒传豪杰百八人之一个：白日鼠白胜》（日本江户时代，歌川国芳）之武士形象

歌川国芳所作《通俗水浒传豪杰百八人之一个：白日鼠白胜》以江户时代典型的武士形象表现我国《水浒传》中的人物白日鼠白胜。其蓬头乱发，表情凶异，火龙纹为核心的文身效果强烈，腰间扎带并挂系锦绣上衣。而其下着青色阔口裤、膝裤、软靴（或足袋），均与中国传统服饰相类。特别是其膝裤之形制，在中国平民职业服饰中常见。再者，其文身（刺青）形象在宋代社会十分流行，是一大社会风俗，多见于年轻人。《东京梦华录》记载："妓女旧日多乘驴，宣、政间惟乘马，……少年狎客，往往随后，亦跨马，轻衫小帽。有三五文身恶少年控马，谓之'花褪马'。"[3]前文有述，当时也有锦体社之行会组织，可见文身已有相当大的行业规模。这样的风俗在当时已达高峰的中日交流中必然会传播至日本平民阶层，此从图4-63至图4-65的多图中亦可揣度。

[1] 竺小恩：《古坟时代：中日服饰文化交流形成第一次高潮》，《浙江纺织服装职业技术学院学报》，2014年第13卷第4期，第50页。

[2] 竺小恩：《古坟时代：中日服饰文化交流形成第一次高潮》，《浙江纺织服装职业技术学院学报》，2014年第13卷第4期，第49页。

[3] [北宋]孟元老：《东京梦华录：精装插图本》，北京：中国画报出版社，2013年，第151页。

▲图4-63 《通俗水浒传豪杰百八人之一个》（左：操刀鬼曹正，中：短命二郎阮小五，右：花和尚鲁智深。日本江户时代，歌川国芳）之文身形象

▲图4-64 《通俗水浒传豪杰百八人之一个》（左：浪子燕青，右：浪里白条张顺。日本江户时代，歌川国芳）之文身、着兜裆布形象

▲图4-65 《水浒传豪杰百八人之一个：浪子燕青》（局部，日本江户时代，歌川国芳）之武士形象及比较图

该局部图中的水浒英雄浪子燕青簪花且文身，是典型的年轻武士形象。簪花在宋代男装中甚为流行（见右侧比较图，上为宋代佚名《打花鼓图》中的女着男装之局部，下为南宋佚名《商山四皓会昌九老图》的局部），日本江户时代也有承继。再者，其中的帛带系结方式与宽裤腰也是中日间的一大文化关联要素，使用人群甚广。

▲图4-66 《通俗水浒传豪杰百八人之一个：青面兽杨志》（日本江户时代歌川国芳）之武士形象

歌川国芳的作品《通俗水浒传豪杰百八人之一个：青面兽杨志》所绘人物杨志的着装典型再现了宋代常见的儒雅武士形象，其衣着形态在低级将官、兵士中大量存在。其具体形制为小袖缺胯袍，腰间裹捍腰，扎革带，着宽裤、膝裤（胫巾）、战靴，均为典型的中原传统武人服饰。但在这里则以日本传统所喜用的华丽装饰风格出现，不同于宋代的质朴之风尚，应为江户时代日本武士具有的一种着装形态。

◀图4-67 《〈义经记〉人物》（局部，日本江户时代，歌川丰国）中的武士形象[1]

歌川丰国所作《〈义经记〉人物》局部图表现的是日本江户时代流行的武士形象（因其为戏剧人物，应有一定的艺术再造）。其着宽大袍服、阔裤并附膝裤，基本如中国传统宽衣风格。其重点是所穿的厚底草鞋，很值得关注，应为中华传统草鞋的加强版，以更好适应日本潮湿多水的自然环境。

[1] 金墨：《浮世绘大观》，合肥：安徽美术出版社，2018年，第182页。

▲图4-68 《入道西行义仲》（局部，日本江户时代，歌川国芳）中的武士形象❶

该局部图表现了一个普通武士形象，其扎抹额、背系勒帛，着半袖交领上衣（日式小袖衣），围扎宽腰带（日本称角带），其中渊源多在前文有提及。这里值得关注的是勒帛，是宋代武士常有的便捷做法，日本讲究服饰的实用性而予以了承继。

▲图4-69 《水浒传豪杰百八人之一个：锦豹子杨林》（局部，日本江户时代，歌川国芳）之武士形象及比较图

歌川国芳的作品《水浒传豪杰百八人系列：锦豹子杨林》所示武士着对襟背心（肩衣）、阔腿裤、膝裤及浅口镶鞋，均可从宋明传统服饰中寻得承继痕迹。其中，其背心的纽襻及纽扣极具其地方特色，但纽扣的应用也是自宋代便有，至明代则被发扬光大。相关比较见其右侧配图（右上、右中分别为元代程棨《摹楼璹耕织图》、元代佚名《吕洞宾过岳阳楼图》之局部图中的背心；下则为1970年成都凤凰山朱悦燫墓出土明代彩釉陶俑之局部图中的纽扣，藏于四川博物院）。

（1）

（2）

（3）

（4）

▲图4-70 《通俗水浒传豪杰百八人之一个》[（1）锦豹子杨林，（2）拼命三郎石秀。日本江户时代，歌川国芳]之武士形象及其比较图

歌川国芳的此两幅作品即图（1）、图（2）展示了着持斗笠、外披罩衣（半臂形态的羽织、墨染直裰）的武士形象。其二斗笠形制不同，图（1）形态在宋、明时期常见，而图（2）形态少见，应是基于阳光强烈且多雨水的地域气候借鉴了中原伞盖及油帽［图（4）］的功能、形态并进行了改良创新。此二款斗笠虽然为江户时代的日本风格，但基于其对华传承性也凸显了中式斗笠基本形制的多样（参见图（3）、图（4），图（3）上下分别为明代戴进《春耕图》（浙江省博物馆藏）、元代程棨《摹楼璹耕织图》，图（4）为北宋张择端《清明上河图》之局部）。

❶金墨：《浮世绘大观》，合肥：安徽美术出版社，2018年，第199页。

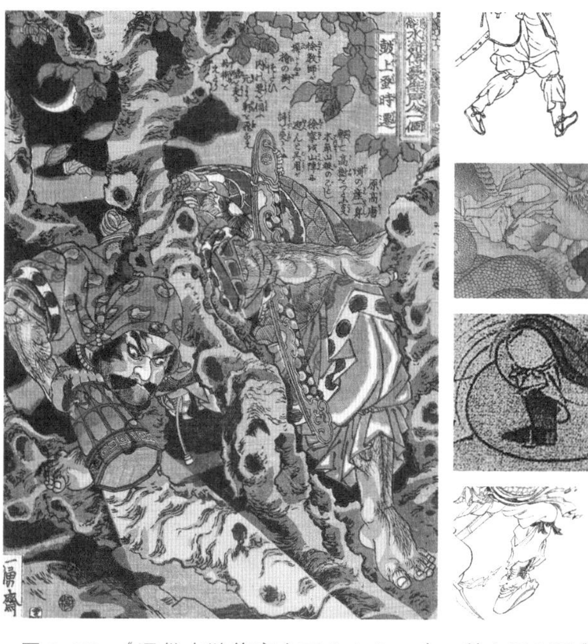

▲图4–71 《通俗水浒传豪杰百八人之一个：鼓上蚤时迁》（局部，日本江户时代，歌川国芳）之武士形象及其比较图

该局部图所示人物为水浒英雄时迁，其头裹花头巾，穿半臂，着宽松的缚裤、赤脚，是典型的低级武士形象。特别是缚裤，在此时日本虽不多见，但却是宋、明时期百工的重要着装细节（见右侧配图，自上而下分别为北宋李公麟〈传〉《西岳降灵图卷》、南宋佚名《搜山图》、元代佚名《四烈妇图》、明代佚名《搜山图卷》〈波士顿艺术博物馆藏〉之局部）。

▲图4–72 《通俗水浒传豪杰百八人之一个：双虎蝎解宝》（日本江户时代，歌川国芳）之袍服形象

《通俗水浒传豪杰百八人之一个：双虎蝎解宝》表现了一个着圆领袍服并披反向结帔巾、系腰带，下着系带蒲鞋的文生形象（前素衣者，即解宝）。其中，值得一提的是，这里的袍服肩部破缝，且内外色彩相异。可以判断此时的日本在剪裁上有不同于中国方式的突破，内外异色则说明内有衬里。整体基本形制依然为袍服，与宋、明时期相类。

▲图4–73 《合战绘》（局部，日本江户时代，歌川丰国）中的武士形象[1]及其比较图

歌川丰国所作《合战绘》的两个局部图（左图及中图）表现了日本江户时代的甲胄形态，其横向排布编结的甲片形态及整体廓型与宋代铠甲基本相类（见右图南宋刘松年《渭水飞熊图》之局部），其间应存在承继关系，这是一种较为实用、具有先进抗击力的盔甲形制。

[1] 金墨：《浮世绘大观》，合肥：安徽美术出版社，2018年，第209页。

对于日本武人及演艺人士，不能不说的是其国技从业者即相扑手。“相扑”是一项自中国西周就已常见的、历史悠久的竞技运动项目，先后因语言习俗差异而被称角力、角抵、争交、相扑等，在宫廷、军队、民间流行，唐宋最为流行。这在前文文献《东京梦华录》中已有其为民间百戏内容的记述，且形式已很多样，还有“乔相扑”表演形式之说。其还载：“军头司每旬休，按阅内等子、相扑手、剑棒手格斗。”[1]这是北宋官方相扑职业的记载。同时，前述文献《梦粱录》记载其也为南宋官方竞技内容。而在中国唐代时期，日本才有了相扑，依据其屡派遣唐使复制大唐文化的历史经历推断，其相扑之国技应传承于中国。《日本体育百科全书》也记载：“日本的相扑与中国的角抵和拳法有相互关系。”有研究更借大量实证材料论证了日本相扑源于中国的观点，并称：“正是起源于中国的相扑文化，在早期传到了日本，并有幸被日本人民保存下来，加以了发展和完善。”[2]可见日本对中国这一优秀传统运动项目的留存与发展所做的贡献。

自17世纪开始，相扑成为日本的职业性运动而在各地兴起，被称为“大相扑”。从前文“文体娱乐服务业”所附图2-139、图2-140等存世资料来看，相扑服装仅是短裤（兜裆布，亦即犊鼻裈）形态，传至日本后便仅以“护裆肚带”固定为职业服饰形态（图4-74~图4-77）。

▲图4-74 《劝进大相扑八景·稽古之图》（局部，日本江户时代，歌川国贞）中的相扑手形象[3]及其比较图

歌川国贞的作品《劝进大相扑八景·稽古之图》之局部表现了正在进行竞技的相扑手着装，重点只是“护裆肚带”。其腰部的宽带与裆部护带尺寸相当（兜裆带和腰带是相互独立的），应为护腰、缚力之需，同时也为对手留下可持抓的部件，所以裆部和腰部所存布带均为必需。可见，相扑运动应是越少穿着就越有利于竞技，借前述相扑考古图像及比较图可加深认知（见右图，右图上下分别为湖北省江陵县凤凰山出土秦代木梳漆画、敦煌莫高窟唐代藏经洞相扑线描图）。借右图比较中日的服饰相似性也可推断、理解日本服饰对中国服饰的传承性。

[1] [北宋]孟元老：《东京梦华录：精装插图本》，北京：中国画报出版社，2013年，第64页。

[2] 罗时铭：《中日相扑传承关系探析》，《体育文史》，1997年第1期，第34页。

[3] 金墨：《浮世绘大观》，合肥：安徽美术出版社，2018年，第220页。

▲图4-75 《横纲入土俵之图》（局部，日本江户时代，歌川国贞）中的相扑手形象❶

歌川国贞的这幅作品表现了另一个相扑形象，即着大围裙和白色饰带的装扮。这个围裙是化妆围裙，为棒针织方式制成，说明了当时这种纺织技艺的普遍存在；白色饰带被称为纲，同围裙一样都是高级别职业相扑手才可以佩戴的。这套服饰结合宽腰带的基本形态与宋、明时期的围肚（袍肚）、捍腰有些神似，审美功用相类，并应与传统中国围裳式下装及腰间有饰的服饰文化关系密切。

▲图4-76 《大相扑东之方》（局部，日本江户时代，歌川国虎）中的相扑手形象❷

歌川国虎所绘作品《大相扑东之方》局部图表现的江户时代大相扑着装也与图4-75一样展现了棒针织材质用于围裙的形态。同时，其还展示了相扑裆腹带的系结方式，这是东方文化圈在宽衣文化中延续至今的一种带结基因。

❶金墨：《浮世绘大观》，合肥：安徽美术出版社，2018年，第217页。

❷金墨：《浮世绘大观》，合肥：安徽美术出版社，2018年，第220页。

◀图4-77 《琉球风俗图卷二》（局部，日本，佚名）中的相扑形象

此局部图所表现相扑人物形象应早于江户时代，其所着兜裆布前还垂挂一布帘，应取其遮羞与装饰功用，类似图4-45中的整体形态。此着装中的布帘形态应与高级职业相扑手所着化妆围裙存有一定演变关联。

表4-2汇总提炼日本对中国“百工百衣”经典元素的传承与创新。适应职业行为与特征的头巾、交领小袖衣、袴、草鞋、木屐、笠帽、蓑衣以及染缬工艺等中华传统之“百工百衣”风尚构建的经典元素被日本百工发扬光大，成为海外留存的典型代表。对于中日两国平民职业服饰间的承继关系还有一个重要证明反映，即其内在本质特征的趋同性，如上衣无论交领、圆领或直领，其结构设计、剪裁方式呈现一脉相承的“十字型、整一性、平面化”[1]之特征，另有袴的剪裁直线化、腰裆结构平面宽松化也同为一致特征，这在本质上不同于其他文化圈。基于其源于中华并忠实传承、发展的历史实际，上述形制与元素被以“经典”封印的同时更以恒久之历史印记在学术比较之中折射了中华平民职业服饰基因的基本形态。

在此基因序列中，存在广泛、发展创新的主体形制为衣裤装，这是极具生命力、随丝绸之路盛传于国际的中华衣装基本形制。值得一提的是，在承继过程中，上述服饰元素被平民阶层结合当地地理气候及风俗文化进行了创新性发展和创造性转化，

[1] 刘瑞璞，陈静洁：《中华民族服饰结构图考·汉族篇》，北京：中国纺织出版社，2013年，第312–313页。

具体局部、细节中融入了其民族沉淀已久、装饰主义与实用主义风格兼具的元素，如外套、披风廓型横向外张，局部结构做开衩、裂口、破缝，袍服、短裤长度更短，材质更挺括适用（排湿透气、不贴身），装饰元素更丰富华丽，腰带、扣襻更简洁实用，整体舒适性、装饰性、适用性、民族性等内涵均有提升，细节与整体均闪烁着日本海岛民族经济、文化与生活方式的特色光辉。总之，日本民族对传统服饰文化的传承与创新值得今人学习与借鉴。

就以上研究也可以确定，日本江户时代因工商业的繁荣而诞生了十分多样的行业职业，基于有序竞争的需要，在着装上借鉴了宋、明时期百工形象的差异化，而实现了本土以“衣裤装”为主体的“百工百衣”风貌。总之，“百工百衣”风尚的日本及其他东方遗存中较为完整、系统的中华职业服饰元素史料及其保留实物为我们深化相关研究提供了较充分的实证。

表4-2　日本对中国“百工百衣”经典元素的传承与创新

元素	存在阶层	存在时代	说明
头巾	全阶层	江户时代及前多代	与宋明相类，但色彩、图案、方式多样，时有夸张，装饰性强
抹额	武士为主，农、工兼有	江户时代及前多代	日本称额当，系结方式、色彩、图案等有创新
笠帽	士农工商多阶层，十分普遍	江户时代及前多代	依据材质与形态不同，被日本称为菅笠、网代笠、涂笠等。与其多雨、强光照等气候相适应，相比中国式的高顶斜下沿，其顶至檐多为圆鼓渐收的形态，具体式样、编结工艺更多样
袍服	士、商、武多见	江户时代及前多代	日本有小袖长着、道服、直裰、中单（下着、单）等式样与之相应。色彩绚丽，纹饰丰富，直线特征更鲜明，材质更挺括，短促敞阔的造型适用其地理条件下的排湿透气之需
短衣	农、工、武多见	江户时代及前多代，但江户时代更典型	即短褐、半臂、单等，依据具体式样日本称为羽织（平民短款）、素袄等。式样有交领、半臂、裲裆等方式，花色、结构等均有创新。后身有中缝下做开衩者，是一种创新
帔巾	武士、僧侣多见	江户时代及前多代	基本类同宋明，但有反向（颈后）系结的情形，方式、花色等也有创新
腰带	全阶层	江户时代前后多代、当代	传统布帛裁制，系扎方式、长度、花色等均有创新，生命力强大。这种传统腰带方式在创新中得以强劲发展，直至今天的和服
袍肚、捍腰	士、武、商、艺等多见	室町、江户时代为主	类似于宋、明时期，但有演化，花色、方式多样，在艺伎、武士群体通过形态创新而传承较久（腰间围裹物可归此类）。应因气候因素未能广泛传播

续表

元素	存在阶层	存在时代	说明
裙裳	士、农、商、武、艺等多阶层	江户时代及前后多代	虽然袴得以广泛发展，但裳则在农民草裙、商人及武人围裙等特殊服饰中也有发展，花色材质丰富，式样、工艺也多样
衣摆上束	士、农、工、商、武等多阶层	江户时代及之后多代	这种提摆扎腰的方式得以光大，多数阶层的多类着装均有此便捷方式，且方式有创新
勒帛	农、工、武、僧等多阶层	江户时代及前多代	作为便捷与装饰方式而传承，被发展为多种应用方式，花色丰富
长裤	全阶层	江户时代及前后多代，至今	含切袴、括袴、大口等多种款式。其中的小口紧身长裤被日本称股引（类似当今秋裤）。包括有裆和无裆等款式，结构创新性强，花色丰富，是和服主体要素
短裈	全阶层	江户时代及前后多代，至今	多为兜裆布式样，白色，有形制创新。平民阶层常直接将其与各类上衣搭配，半裸下身的形象在江户时代多见
行縢、膝裤、胫甲	农、工、商、武、艺等大多数阶层	江户时代及前多代	日本称胫巾、脚绊、臑当等，宽松、紧身均有，花色、质地更多样，相比中国应用更加普遍
鞋履	全阶层	江户时代及前后多代，至今	日本早期多赤足，后有鞋履。平民各阶层多草鞋、木屐、夹趾拖等，上流社会及宗教、武士等有着布履、靴的情形，款式多样。其材质、结构、造型、花色均有创新性发展

第三节　平民职业服饰古今比较

上述中日共有并具有承继关系的、以衣裤装为主体的百工服饰在后世发展中并未断线，而是恒久不息、不断演进的。为从历史演变中获取些许发展认知，此处尝试以军警、医生、人力、商业等职业为例梳理“百工百衣”风尚的前世今生之异同，以证明其内蕴要素的职业适用性和超时空生命力。为突出古今比较的典型性，此处的“古”，即“百工百衣”风尚成熟的宋、明阶段；而“今”则指21世纪的当下时代。

一、军警类服饰比较

军警类服饰可以从防护性、可穿性、舒适性等方面进行比较（表4-3）。宋、明时期军警服饰的实用功能性达到了古代高峰，头盔、胸甲、胫巾或腿甲等形态、功能被当今大幅度借鉴，其便捷性等较多方面古今相仿。

表4-3　军警职业服饰古今比较

类项	古	今	说明
首服	 宋代兵士	 防暴警察	均基于防护观念而配置，形态相仿 古图：宋代《道子墨宝·地狱变相图》局部 今图：笔者依据中国防暴警察专业服饰电脑绘制
上装	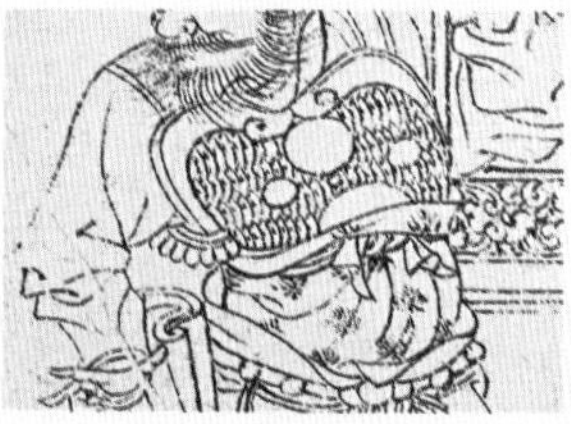 宋代兵士	 防暴警察	均以裲裆形制做重点防护，兼顾舒适性 图：同上
下装	 宋代兵士	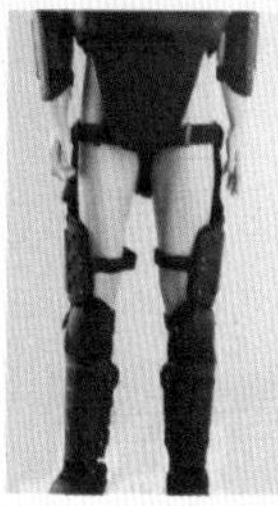 防暴警察	腰腹、裆部及腿部的防护与功能性设计相类 图：同上
足服	 宋代兵士	 警靴	足部防护及功效之诉求相似，均为皮革类（宋代低职军官及兵士均为履式皮靴❶） 古图：南宋佚名《搜山图》局部 今图：同上

❶《宋史》卷一百五十三《舆服五》载："乾道七年(公元1171年)，复改用靴，以黑革为之，大抵参用履制，惟加勒焉。其饰亦有絇、繶、纯、綦，大夫以上具四饰……从义、宣教郎以下至将校、伎术官并去纯。"见[元]脱脱，等：《宋史》，北京：中华书局，1977年，第3569页。

二、医疗类服饰比较

医生、护士所着服饰以轻松舒适、方便实用为上，古今也有诸多类似之处（图4-78）。

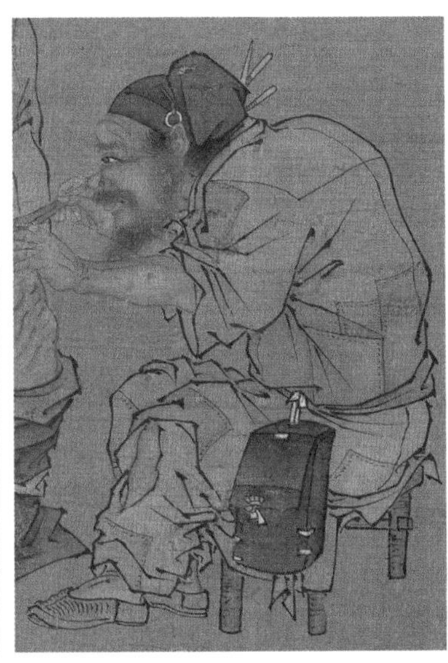
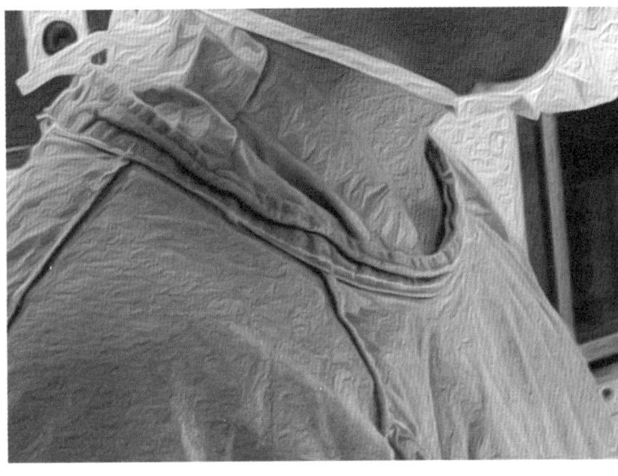
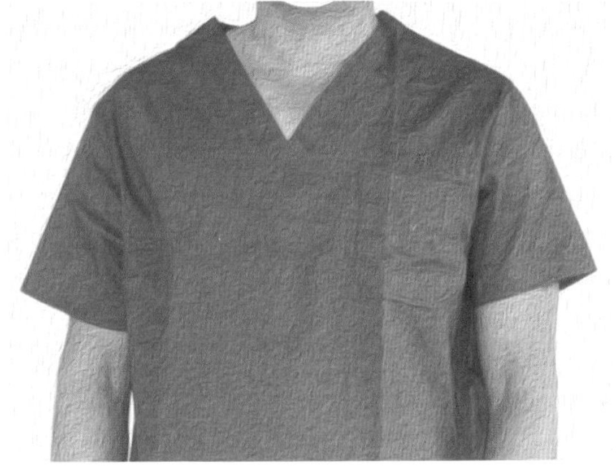

▲图4-78　医疗职业服饰古今比较

该处四图虽然彼此没有直接联系，但可以比较得出，舒适性、适用性是其共同点。元代朱玉〈传〉所作《太平风会图》（左上图）的局部表现了街头卖药的郎中穿着，其所着圆领窄袖衣与当今小袖圆领手术服类似。今天医生治疗实践中穿用的袍服式服装以及套头式半袖首先是基于实用方便的考虑（左下图、右下图，笔者），这种诉求与右上图（南宋《炙艾图》）所示便捷实用的短衣、腰包之村医着装类似。此比较对今天实用性服饰的古代结构、形制之借鉴是具有启发的。

三、人力类职业服饰比较

古今人力职业类别有着较大的范畴及特征差异，但是因体力劳动的工作诉求相近，在着装基本特征上还是存在类似之处的（图4-79）。

▲图4-79 人力职业服饰古今比较

上左一图为清洁工着装，与上左二图（南宋刘松年《山馆读书图》局部）所示书童着装类似之处是便捷的小袖短衣配裤之套装。上右二图中的建筑工及上右一图中的广州公交车司机着装也均为小袖短衣配裤，简洁灵便，体力劳作的适用性强。由下图（元代朱玉〈传〉《太平风会图》局部）可见，短衣长裤普遍为人力类工作所需关键形制，其便捷之处从画面劳作中可以理解，不言而喻。基于中华文化的一脉相承，可断定当今衣裤装是承继于传统方式的便捷适用之处。

四、商业类职业服饰比较

具有代表性的还有古今商业类职业之比较。其商业类别的专业性要求其必须有专业的服饰与之匹配，而且其着装因经营内容的相似性也存有古今间的类同性（图4-80）。

▲图4-80　商业类职业服饰古今比较

由此处诸图比较可见，无论古今，商业一线着装都具有一定行业标识性，且类似职业存在较大视觉与功效的近似性。上左图为《吕洞宾过岳阳楼图》（局部，元代佚名）中的酒保，着裲裆背心，围着围裙，着裤；其上右、上中图为当代酒保职业着装，分别着系颈围裙、马甲背心，其下应均着长裤。下左图为《清明上河图》（局部，北宋张择端）中的肉铺店家，下中图为当今特色小吃商贩，两者均着围裙。下右图为《皇都积胜图》（局部，明代佚名，中国国家博物馆藏）中的货郎，所着巾帽、帔巾、腰间系带等是其职业特色化装扮，类同于今天的街头特色类货品商贩。整体来看，无论是哪种行业，从业者服饰套装形制基本都着衣裤装。

需要强调的是，“百工百衣”风尚中的职业服饰元素在后世的传承中显示了与中日之间传承轨迹相似的特征，即存在较大范畴的非职业、非性别对应性，其色彩、结构、材质、工艺、造型线等不少元素在生活类时装或者女装中传承痕迹突出（图4-81）。另外，还可以从表4-4中的代表性服饰进一步理解这种非对应性传承中古代职业服饰元素的强大魅力与生命力。

从上述比较看，基于社会发展程度及生活方式的不同，具体服饰的古今形貌差异不可避免，两者间存在选择性、适用性承继与发展的痕迹。随着社会的发展升级，生活方式陡然变化，宅家工作成为多数人的常态，士、商等较大范畴人群的职业着装特征已不明显。不过，便捷而实用功效突出的分体式衣裤装之形制已势不可挡地被各层级人群沿袭。而至于衣裤装是否为中华传统服饰的始发形制，本研究的初步答案是肯定的，不过尚需进一步深入探索。

◀图4-81　古代职业服饰与当代时装的比较（左图：南宋佚名《醉僧图卷》，右图：街拍）

表4-4　古代代表性职业服饰及其当代称名、应用比较

古	今	当代传承范畴说明
裹巾、幞头、抹额	帽、裹巾、扎巾	各色式样的男女时尚头巾；帽墙可折放的军警作训帽、各类布帽等
笠帽	各类宽檐帽	形制多样，时装、职业装全覆盖
裲裆、半臂	马甲、背心、短袖衣等	时装、职业装全覆盖
褙子	以对襟衫为主体	多见于时装、新中装
中单	各类衬衣、内衣	时装、职业装全覆盖
短褐	各类小袖短衣	时装、职业装全覆盖
帔巾	领巾、领带	时装、职业装全覆盖
腰带	腰带	革带、帛带、绦带等，适用各类服装
披风（帔、氅衣等）	大衣及披衣类	形制完善，时装、职业装全覆盖
盔甲	各类护具	运动服及军警服装备
襻膊	可调节袖长、衣长、围度等要素的襻带、抽带	时装、职业装全覆盖
袍肚、捍腰	腰封、肚兜、腹带等	各类材质匹配不同功用，时装、职业装全覆盖
下裳、围裙	裙、围裙	男女装均有，时装、职业装全覆盖
内裤、短裤	内裤、短裤	形制不断完善，材质多样
袴、裈	长裤	日本直垂还存在无裆裤。可肥瘦长短，形制多样

续表

古	今	当代传承范畴说明
股衣	长筒袜、套裤、腿甲等	各领域内衣、防护衣类
膝裤、行縢	长袜、护膝、袜套、胫甲等	时装、普通职业装、健身服、特殊功能服等
缚裤、缚袖	裤口、袖口抽带等	时装、职业装、健身服等
鞋履	低帮鞋、高帮鞋靴等	形制完善，式样多种，市场覆盖全面
袜子（宽松型）	各类贴体袜	花色、形制丰富，市场覆盖全面

第五章 『百工百衣』风尚研究启发

“百工百衣”
风尚
图考

通过以上系列比较研究，“百工百衣”风尚的前述基因形态与文化内容被进一步证实与明晰，同时萌生了以下系列启发。

第一节　中华职业男装概念的形成

“百工百衣”风尚形象地呈现了中华文化系统中的职业男服体系之关键内容，即平民服饰。通过中日古今比较，也令人更清晰地认知了这个体系中成熟的观念、元素和方式，启发了不同于国际化、异域化职业形象的中华民族职业形象的思考。

一、概念研讨

自从中国历史进入阶级社会，人群开始有了不同的职业等级与类别，其着装也渐具鲜明的标识性、象征性，这便是职业男装产生的基础。随着社会的进步，职业类别越来越多，这种象征身份、职业、层级的着装日益规范和多样化，这就自然地诞生了“百工百衣”之中国平民职业男装体系。那么对于这种职业男装应该怎么称呼呢?

作为以汉族“儒学”为主体的文化系统在封建王朝统治下绵延不绝地发展了数千年[1]，日益成熟与完善，以至于博大精深而深受四邦各族崇尚。这个文化系统是华夏民族一脉相承、长期沉淀而成的“人们所具有的共同的思想和准则”[2]，被今人称为中华传统文化。其中“中华”是指古代中原及其政权所达之处[3]，其辽阔的统治区域内包含多种民族，其文化影响也遍及所辖各民族，中华传统文化也就具有了全中国文化的代表性。也因此，中华民族就指代了全国各民族[4]。可以说，中华传统文化体系下的职业服装在当前世界语境下就是中国传统职业服装的代名词，可以泛化代表各民族传统职业服装。中华文化体系下的职业服装，特别是“十二章纹”礼服

[1] 肖海鹰:《传统文化与中国现代化》,《南昌师范学院学报(社会科学)》，2014年第35卷第5期，第59页。

[2] [美]本尼迪克特:《文化模式》，王炜邓，译; 杭州: 浙江人民出版社，1987年，第232页。转自肖海鹰:《传统文化与中国现代化》,《南昌师范学院学报(社会科学)》，2014年第35卷第5期，第58页。

[3] 王平:《反思与检讨:“中华民族共同体”研究规范化的若干基本问题》,《思想战线》，2017年第43卷第3期，第58页。

[4] 王平:《反思与检讨:“中华民族共同体”研究规范化的若干基本问题》,《思想战线》，2017年第43卷第3期，第60页。

等官方正装自周代设置了相关礼制后一直到袁世凯称帝时都未曾有本质的变化[1]（民国时期除外），其中的核心元素构成数千年来逐步固化，所蕴含文化未曾变异或中断，哪怕是异邦他族文化的融入或侵扰也未使之改变传承的基本方向[2]。所以，这样境况下的帝王冕服、百官朝服、“百工百衣”之平民衣冠等职业服装沉淀了中华独有的、系统的、成熟的、无法更替的特色元素与文化建构内容，鲜明区别于其他文化圈，被诸多学者称为“中国传统职业装”“中国古代（或古典）职业装”等[3]。但这些称谓稍显泛化，都不足以明确其文化系统归属，缺少代表性、典型性。相较于“中国古代”“中国古典”“中国传统”，“中华”则旗帜鲜明地表征了其文化始发、地域归属与含义流变，且因“中华”可囊括中国，甚至可延伸至海外华人圈，所以冠以“中华”就更加准确和具体。其中的职业男装部分即中华职业男装，是可比较于国际职业男装的民族形态。特别是其中的“中华”一词即可启发大众对中国人自己专属职业男装的文化认知与形态想象。

综上所述，中华职业男装是以中华职业发展历史为背景，以中华传统文化为给养，并以中华元素为形象与内涵核心，适用于职场生活、诠释职场文化、标识职业归属的男装范畴。它具有宽阔的历史跨度，适用于古今一切具有此概念内涵的职业服装服饰。不仅包含古代中华男性群体的冕服、朝服、军装、巫师服以及“士农工商”等平民专属职业服饰，还包含在传承中不断创新的当代各类中华风格职业男装。

二、内涵思考

唐代学者赵蕤题写的《嫘祖圣地》碑文曰：“谏诤黄帝，旨定农桑，法制衣裳，兴嫁娶，尚礼仪，架宫室……”[4]可以推测，四五千年前的黄帝可能已建立服饰制度和礼仪规制。《帝王世纪》记载：“黄帝始去皮服。为上衣以象天，为下裳以象地。”[5]这显示衣裳形制的始创灵感源自天与地。《易·系辞下》又记载：“黄帝、尧、舜，

[1] 阎步克：《宗经、复古与尊君、实用(下)——〈周礼〉六冕制度的兴衰变异》，《北京大学学报(哲学社会科学版)》，2006年第43卷第2期，第101页。

[2] 张竞琼，张宇霞，周开颜，等：《从中国现代文员职业装的形成和发展看引入外来样式的一般路径与模式》，《浙江工程学院学报》，2001年第18卷第1期，第56页。

[3] 张竞琼，张宇霞，周开颜，等：《从中国现代文员职业装的形成和发展看引入外来样式的一般路径与模式》，《浙江工程学院学报》，2001年第18卷第1期，第56页；战登瑞，朱牡，吴汉荣：《我国职业装发展探析》，《中国个体防护装备》，2007年第6期，第42页；徐俭，张竞琼：《中国近现代职业装的演变》，《南通工学院学报(社会科学版)》，2003年第19卷第1期，第67页。

[4] 中国文物学会专家委员会：《中国艺术史图典·服饰造型卷》，上海：上海辞书出版社，2016年，第10页。

[5] 中国文物学会专家委员会：《中国艺术史图典·服饰造型卷》，上海：上海辞书出版社，2016年，第11页。

垂衣裳而天下治，盖取诸乾坤。”[1]即衣裳形制取自乾、坤之二卦含义，并依此进行天下治理。所以，中华职业男装从一开始就承载了统治者的管理意志与礼仪制度，乾坤世界观指导始终，大自然之天地万物成为直接灵感源。这些决定了中华职业男装与其他文化圈职业男装的根本区别。

后来周代制定了堪为后世教科书的职业冠服制度，要求“非其人不得服其服”[2]。汉代对周代制度高度推崇，孝明皇帝依据《周官》《礼记》《尚书》重制礼制[3]，各职业等级标识愈加鲜明。宋代更以“恢尧舜之典则，总夏商之礼文”“仿虞周汉唐之旧”等[4]为方针，大幅度复古，迎来“儒释道”融合新时代，推动中华职业男装承载乾坤思想、中华礼制走向古代巅峰，更成为社会等级划分、礼序管理和思想阐释的有效工具。其间，在其对外交流发展过程中，虽然不断融入了胡人元素而出现了圆领缺胯袍衫、小裤短衣等，但无论如何变幻，其离体宽松的直线剪裁、被体深邃的主体形制、等差鲜明的标识设计、“天人合一”的思想秉持等特征始终未变，保持了对儒家礼仪、乾坤观念予以“载礼释道”的核心功能与价值坚守。

所以，中华职业男装不只是一个民族职业服装类别，还是承载信仰、诠释思想、传承文化、昭示规范、明辨立场、标识归属的社会工具，更会是当代职场华人文化自信的态度坚守与语言表达。冠以“中华”二字，中华职业男装即成为中华文化系统职业行为与形象的想象力唤醒器，更能使人以独特的形制体系主动感悟中华民族长期信奉的文化观念、文化符号与文化方式等信息内容。

第二节　职业管理的服饰价值

相较唐代及其以前职业服饰管理价值的懵懂认识，宋代职业服饰在城市管理中的大胆应用及细化管理已能证明其已掌握了职业服饰的综合应用能力。特别是“载礼释道”的文化价值也被其灵活驾驭，这是今人所难以企及的。

一、阶层秩序的规范

宋代崇尚儒学，更以“儒释道”融合后的宋学为方针进行社会管理。其以“天

❶中国文物学会专家委员会:《中国艺术史图典·服饰造型卷》，上海：上海辞书出版社，2010年，第7页。
❷沈从文，王孖:《中国服饰史》，北京：中信出版社，2018年，第18页。
❸上海市戏曲学校中国服装史研究组:《中国历代服饰》，上海：学林出版社，1984年，第36–37页。
❹朱河:《设计社会学视域下程朱理学对宋代造物的影响探析》，武汉理工大学硕士学位论文，2013年，第31页。

道”为依据，以“天人合一”为理念进行层级秩序的调控，而其中的具体手段则较以前有了新的转向。在城市“坊市制”管理措施废除后，宋代统治者充分认识到职业服饰便是可接力的合适工具，从而强化了职业服饰的应用范畴，从唐代统治阶级职业服饰的秩序化跃升至民间服饰的高度职业化与秩序化，实现了“坊市制”破移后杂乱市井秩序的重新规范。

二、社会发展的促进

“百工百衣”风尚的形成，不只是促进了社会秩序的规范，还大幅度促进了行业组织建设的规范，提升了行、会、社、团等同类组织的标准化管理水平，加强了标识性建设，简化、节约了程序。特别是职业服饰的实用功效在先进科技支撑下实现了进步，提升了效率，促进了生产，在宋代经济社会不断发展并持续繁荣的物质架构中价值突出。

另外，宋代职业服饰融入了高效价值突出的胡人服饰，促进了文化融合，突出了“开放包容、海纳百川”的中原文化特质，更大限度地体现了中华文化“儒释道”融合下国学内涵在服饰中的升级，此文化系统不断沿袭至元明，更突出了“中庸”品格及“天人合一”思想的与时俱进。

总之，“百工百衣”风尚的宋代成熟、元明延续及海外传播，证明了它的独特魅力和顽强生命力。其服饰价值多元而立体，在物质、精神多层面绽放了跨时空光芒。它奠定了今天中华职业男装体系的基础，展现了当代难以企及的成熟职业服饰观，内蕴的认知水平深值持续探究。

第三节　职业服饰承继的日本民族路径

通过前述比较可知，日本在承继、借鉴中华平民职业服饰的过程中，结合其民族风俗、文化崇尚、海岛特征及实际需要进行了较大程度的改良与创新。其中暗含的民族化、本土化承继路径值得探究。

一、民族风俗导向

日本民族崇尚明丽跳跃的装饰风格，在接受外来文化的过程中也积极融入了这些风格要素。比如宋、明时期平民衣裤色彩均较单一，更少纹饰，而被日本民族接受后则给予了大胆的改良，各类纹样装饰被充分应用于抹额、头巾、短衣、长衫、阔口袴等，展示了丰富华丽的海岛衣装风格。再者，在装饰手段的发展过程中，源自中华的染缬技术得以创造性地、充分地应用。

二、实用需求导向

日本处于多雨多水、潮湿的地理环境，基于这个特征，多层而严密裹缠的中华服饰被给予了造型、结构、系结方式等方面的创造性改进，不同于中式服饰曲线造型的直线化、挺括性的造型更多见，衣长减短，着装结构去繁就简、破缝分解，衣袖、裤管等末端开口加大，这些创新性传承利于增加体热的散发面积和排湿通路，也利于其席地而坐的生活方式，总之增加了着装的舒适性、便捷性。再者，木屐被充分应用于出行服饰，更符合其多山地、多水域的地理环境。

三、先进方式导向

随着科技的进步，组织结构弹力化的服装面料被广泛应用，修身贴体服饰（如股引、手甲、胫衣等）被充分促进。皮革设计制作、金属锻造应用技术的进步也推动了甲胄等防护性服饰及民用箱包的多样化。笠帽、木屐、草鞋等配件在科技支撑下均获得了式样的丰富和功能的提升。

日本民族对待外来文化的承继方式是在其独特哲学思想统领下的民族文化价值观之体现，是科学承继中的选择性、适用性与创新性的合一，也是日本对中华哲学中“载礼释道”“致用利人”思想的理解与表达。借此粗浅认知之基础，本研究认为上述三大方向的路径方式尚需更深入、专门的系统研究，以图更全面、科学地提炼总结其中的价值。

第四节　当代服饰研发应有的认识与坚守

通过系列中日古今比较发现，古代优越的民族文化内容在当代中国的职业着装中还不够突出。而日本则不同，其在日式料理、相扑运动等各类特色职业着装中较早应用了民族元素，文化标识性凸显适当。其生活时装也同样注重融入民族元素而魅力不俗，在世界形成较强影响力。进入21世纪，中国本土也积极探索中式职业元素的当代传承与应用，只是还不够成熟。本研究认为“百工百衣”风尚在宋明等朝代及海外的发展与演进是基于其独特而优越的文化支撑与健全的功效体系达成的，这是我们今天的服饰研发与创新性文化传承应该深刻认知和深切关注的。

一、“百工百衣”风尚的启发

正如前述，汴梁因其风俗典礼之成熟性与科学性而被敬为“四方之师”，可见其所承载中华文化体系的魅力与优越性，深值得今人细细品味并慢慢提取而恰当用之。

其一，“百工百衣”坚守中庸之道，深持乾坤思想，灵活应用“天人合一”价值观。这是当今中式服饰研发大多缺乏之处，因此而少有深度，缺少精品。

其二，“百工百衣”即百工则百衣，工种不同穿着不同，且发挥着不同的实用功效，对行业发展、生产力促进和社会秩序构建都有着深刻的意义，更折射了中华传统创意能力的强大。从历代百工服饰之间的演进与承继（见表4-1图例及相关阐释）可以看出，一类服饰在变迁中总是不断汲取时代给养进行着合理的再造，比如头巾可以演绎出各种超乎想象的造型来适应社会的发展、应用，哪怕在同一时代（如宋代）也能有数不清的巾式可用，其中的结构、部件设计更是饱含了奇思妙想。如此演绎发展，因时而异，但皆以和而不同之情景呈现，可见百姓创造力的强大，这很好支撑了“百工百衣”风尚格局的构建。更值得体味的是，“百工百衣”之各行业岗位所着服饰的不同不只体现在表面，还以色彩、图案、材质、结构、尺寸、形制等要素构建、表达不同的内在意蕴，且颇具深度。今天行业的千行一面、千牌一面，缺少特色、内涵与独到功用的着装格局可与之比较、反思。

其三，“百工百衣”不仅体现了其卓越的实用性，还在结构、色彩、工艺、造型等多方面创意中表达了对传统文化与信仰的深度承继，具有审美内涵、文化意蕴、构建形态上的稳定承继性，这些内容便是征服周边国家的魅力所在。

其四，“百工百衣”还反映了中原文化所特有的“开放包容”特质。长期以来其虽有稳定沿袭和发展，但并非故步自封，而是在不断结合具体实际汲取着各类民族文化给养和时代先进之处，实现了胡汉融合、异域融通下的新陈代谢，时刻保持应有的先进蜕变。所以，在我国少数民族聚居区及日、朝、泰、越等地区，“百工百衣”也有着生动的演绎与发展。其中存有的先进方式与文化积淀都值得今天借鉴。

二、当代服饰研发的应有态度

古今比较下，无疑能够窥见当代大多研发所存在的文化空洞与信仰缺乏之处；中日比较中，又可见到今人所用方式的生硬与刻板。总之今人需要更深刻的体验和自省，以不断提升传承与创新之能力。在此之前，我们更应该做的是中华态度和方式的坚守。

日本、朝鲜及东南亚各国民众，身穿中华服饰，行以中华礼节，膜拜于中华文化。直至今天，和服、韩服等源于中华传统的外邦民族服装服饰依然是其地方百姓生活中的重要内容，其中蕴含的儒学信仰被恒久传承。古人与友邦恒持的文化信仰勾画了中华正统的文化面貌，也为当代人提供了承袭发展传统文化的范本，更诠释了中华民族构建文化自信应有的态度和方式：

第一，华为根。华夏、中华，不仅是地域名称，更是文化属性。古人深入中华传统文化发祥地与承载地生活、体验、学习、深造，才得以建立信心，坚定态度，获得再造。当代人不仅应该以中华之名行事，更应深入中华之中育化自我，在充分理解的基础上应用好、阐释好中华传统。

第二，天为魂。“天人合一”是汉学沉淀的灵魂精华，是当代创新传承的根本所在。具体创造中，即以自然规律、流行规律为指导，采撷自然之元素，应用“合乎天道”的“中庸”思想塑造文雅含蓄的新物态。

第三，我为形。“我”是传统文化被传承发展的载体与对象，是具有个性特征的、具象的个体，具有具体客观性，其以不同时代、不同空间、不同目标左右了具体创造表达，则创造的具体形貌具有不确定性。所以，以“华为根”“天为魂”之不变内涵与准则，采取与时俱进的具体表达，才能为具体的“我”做出适宜的传承与创新。最终的“我”就是恒持文化自信的物化成果，是独特时代的独有形象。

加布里埃·香奈儿（Gabrielle Chanel，法国，1883—1971）说过：“时尚易逝，风格永存。”[1]当下市场风云变幻莫测，而只有满怀文化自信、持恒坚守汉学精华才能铸就风格永存、魅力永在。

随着小众、直播等各类新型经济业态的发展，特色功能与独特视效突出的职业时尚形象急需开发。而基于此，“百工百衣”风尚应能给予更具体、更深刻的可挖掘和借鉴之营养内容。

[1] 苏昉：《法国奢侈品产业发展趋势与运营策略》，《法语国家与地区研究》，2018年第1期，第47页。

后记

这本书是笔者主持的2018年度国家社科基金艺术学一般项目《北宋男服“百工百衣”式样图绘及其构建思想研究》（立项编号：18BG112）的阶段性成果，是项目研究前期及过程中积累的大量图文成果材料集合，是本项目最终成果《北宋男服“百工百衣”图绘研究》的前期理论与实证基础研究。在项目研究的原计划中并没有这本书的撰写任务，但随着研究的深入，笔者手头积累了大量的、将来可能不会公开发表的图像资料和文字内容，而这些资料又都是珍贵的历史遗存珍贵资料，虽然其中不少图像都有过广泛的传播度，但常是碎片化的信息存在，而经过专题性系统整理后其应能发挥一定的集约性信息启发价值，所以觉得有必要就此呈现给世人。

这本书的内容涉及北宋男服“百工百衣”风尚的起源、背景、建构及相关国内外历代比较等内容研究，并借其中的系列启发针对中华职业男装概念及内容、职业男装及其他相关中式服饰研发策略也进行了些许探讨与粗浅梳理。也因日本传统平民服饰与宋代风貌息息相关，所以在中外比较环节主要做了中日比较。在各种联系比较中，逐步凝练提取其中的代表性款式、典型元素、文化符号内容，以及与当今社会发展十分合拍的理性时尚观念与方式，以期为当代职业装及其他领域的相关创意提供些许参考。研究中应用的图像相关资料多是通过多方比较考证而最终确定的准确服饰形象实例，而有的难以认定的历史着装则通过历史文献、关联图像及相关研究成果阐释进行推断类比，最终提出了基本形象图例来予以认定，还有一些不能确定的职业形象则留足了研讨空间，以做后续交流以深化研究。

笔者本人是一名高校教师及时装设计师，自1998年任教并从事时装设计工作以来一直困惑于西洋时尚的跟风之中，甚至陷入一种不得不跟的痛苦情景。所以，总想在相关研究中取得理念与应用突破。但是，在实际的设计实践中常常又因各种观念羁绊或市场导向而不能如愿以偿，最终还是处于跟风西方、以西方时尚为经典的难堪境地。同时，作为教师的我经常出入于各类国际国内时尚学术会议，众多中国学者常以“包豪斯”“法国时尚”等为范例或切入点饶有兴致地进行设计学范畴的高谈阔论，从他们的表情神态中颇能感受到一种深切享受、玩味不尽的意味。另外，教学中总会遇到学生不自觉拿国外案例交流，哪怕是在专门布置的汉文化类服饰创意作业中也会不自觉以西方服饰元素为主体，当问到一些诸如襕衫、披风等传统形制时竟然一脸懵懂。由此笔者深感民族文化探索与准确呈现的责任所在。笔者不断发问，中华文明博大精深、源远流长，难道就没有值得拿出来细细品味的设计精品、创意范例？难道我们的祖先就没有一套值得当代发扬光大的设计学理论体系？

后来，笔者借各界朋友的厚爱获得了一些国际品牌的设计兼职机会，在设计研发过程中时常有设计观念的探讨、碰撞，有时候很激烈地涉及民族观念孰尊孰卑的问题，还被外国老板责备没有民族精神、缺少文化自信，而连连受伤，几次愤而离去，暗下决心深探自己的民族文化精华与设计资源，建立属于自己的设计方式和内容体系。所以，在接下来的品牌研发中，开始着手花费大量精力研读《二十四史》《周礼》《诗经》《说文解字》等原著文献，依据自己的兴趣特别研究了《宋史》《全宋笔记》《文献通考》等专题文献，探索、挖掘了其中的服饰相关内容和传统设计思想，着眼于寻求中华民族的时尚话语方式，撰写了一些中华内容相关的专业文章。业余之外，还尝试了申报相关选题的科研项目，逐步积累研究经验和成果资料，为自己的研发提供了越来越多的基础能量，并在此基础上获批了国家社科基金艺术学项目。通过系列研究发现，我们老祖宗有着非常了不起的设计智慧，有非常多的、值得今天延续和发扬的物质创造与精神成果，我们完全可以建立自己民族的、能够支撑当代设计创意长足发展的设计资源数据库和设计学理论体系，重构再现中华民族创造智慧的设计文明系统。同时，中华设计文明长期汲取世界各民族文明资源，有着开放包容、自信博大的吸收胸怀，西方设计给养在不断地融入化合，所以我们自己的设计理论体系应该是很先进的，我们今天的设计实践完全可以依法于中华方式与中华理念，适当参考西方观念和资源也可以实现各类科学、先进的设计研发。

这本书的研究是立足于职业男装范畴而展开的，初衷是想为改造现有的职业男装面貌尽一点力，以借助基因元素的提取、应用促进中华男性职业文化形象的重构，力图为在全球范围以西洋为主体的职业男装体系中树立我们自己的、独特的民族形象做出点小贡献。研究后发现，“百工百衣”风尚成熟所在之北宋处于中国封建社会经济文化科技发展的高峰，而其沿袭丰富所在之南宋则是文化兴盛、物质创造发达的关键阶段，从而使宋代职业男装体系成为封建社会最为成熟的风尚范畴，其中有十分庞大的、值得当今研发汲取的营养，无论是结构、造型细节或功能性设计等方面，都有着不可尽数的启发存在，这使我的民族自豪感再度强力提升，文化自信满满。笔者深深认识到，接下来在该方向的研究应会有更大的空间拓展，特别是作为设计师，民族文化的深研与应用之脚步是不能放慢的。当然，笔者个人研究能力有限，所取得的成果总是不敢轻易拿出来分享，但基于多种原因又不得不就此呈现，总觉得虽然有很多不尽人意之处，但抛砖引玉的作用还是应有的，希望学界专家、各界朋友对其中的疏失、不足之处，提出指教，不胜感激。

黄智高

于河南郑州

2021年3月2日

作者简介

黄智高

- 研究生导师、副教授
- 首项男装领域国家社科基金艺术学项目主持人
- 中宣部国家重大文化出版工程项目《中国大百科全书》首席时尚撰稿人
- 四川省科技成果奖励评审专家
- 河南省哲学社会科学规划项目评审专家
- ICSSH 国际会议主席团主席
- 中国流行色协会理事兼色彩教育委员会副秘书长
- 中国服装设计师协会学术工作委员会委员
- 河南工程学院纺织服装博物馆负责人
- 教育部高等学校国内访问学者（中央美术学院）
- 一线艺人礼服设计师、中华能量养生服饰设计师、理性时尚倡导人
- 首届中国国际高等院校色彩设计大赛策划人
- 中原色彩论坛、中原色彩时尚周、中原青年设计师时装作品大赛、中原大学生时尚布艺设计大赛发起人及中原国际时装周联合发起人
- 曾任美国纽约高级礼服品牌、德国男装品牌、香港礼服品牌等多个国际品牌设计总监，“寻找东方优雅女神”全国活动艺术总监，北京“优雅SPACE”机构特邀总顾问
- 研究方向：时装设计、时装摄影、东方优雅文化、时尚绘画、时尚传播

百工百衣